内蒙古主要作物
需水量及优化灌溉制度

柳剑峰　宋日权 等　著

U0238178

中国水利水电出版社

www.waterpub.com.cn

·北京·

内 容 提 要

本书通过收集、整理、分析内蒙古自治区灌溉试验站、农业试验站、推广站等主要农作物需水量和灌溉制度试验成果，解析 ET_0 数据，计算作物系数 K_c，基于 GIS 系统对主要农业区和农作物相关数据矢量化，开发高效用水数据分析平台，实现作物需水量、灌溉制度数据查询信息化。

本书主要内容包括：作物需水量及灌溉制度优化的研究背景、意义、进展；主要作物适宜种植条件及区域研究；典型站点参考作物蒸散量计算及其影响因素分析；内蒙古不同灌溉分区 ET_0 时空变异性；内蒙古主要作物需水量和需水规律研究；内蒙古主要作物灌溉制度制定；高效用水数据平台研发。

本书可为水资源优化配置、行业用水定额、水资源三条红线管理、农业种植结构调整以及高标准农田建设、高效节水灌溉等方面提供理论依据。

本书适合农业水土工程领域的研究、管理、技术人员参考，也适合高等院校相关专业的师生参考。

图书在版编目（CIP）数据

内蒙古主要作物需水量及优化灌溉制度 / 柳剑峰等
著. -- 北京：中国水利水电出版社，2023.11
ISBN 978-7-5226-1989-7

Ⅰ. ①内… Ⅱ. ①柳… Ⅲ. ①作物需水量－内蒙古②
灌溉制度－内蒙古 Ⅳ. ①S311②S274

中国国家版本馆CIP数据核字(2023)第251968号

书　　名	内蒙古主要作物需水量及优化灌溉制度 NEIMENGGU ZHUYAO ZUOWU XUSHUILIANG JI YOUHUA GUANGAI ZHIDU
作　　者	柳剑峰　宋日权　等著
出版发行	中国水利水电出版社 （北京市海淀区玉渊潭南路 1 号 D 座　100038） 网址：www. waterpub. com. cn E - mail：sales@mwr. gov. cn 电话：(010) 68545888（营销中心）
经　　售	北京科水图书销售中心 电话：(010) 68545874、63202643 全国各地新华书店和相关出版物销售网点
排　　版	中国水利水电出版社微机排版中心
印　　刷	清淞永业（天津）印刷有限公司
规　　格	184mm×260mm　16 开本　12.5 印张　304 千字
版　　次	2023 年 11 月第 1 版　2023 年 11 月第 1 次印刷
印　　数	0001—1000 册
定　　价	**78.00 元**

凡购买我社图书，如有缺页、倒页、脱页的，本社营销中心负责调换

版权所有·侵权必究

本书编写人员

主　　编： 柳剑峰　宋日权　李　宁　张　炜　佟长福　刘　虎

参编人员（姓氏笔画为序）：

于　洋	马力蛟	马鹏飞	王治国	王家乐	王雯雯
巴　图	史宽治	由冬至	付小军	刘天琦	刘雅君
刘殿君	杜世勇	李风云	李正中	李生众	李伟帅
李　玮	李和平	李静薇	杨永军	杨　璐	吴素利
佟长福	张　琼	陈金鹏	张峥君	苗庆丰	苗恒录
范越美	尚海灵	庞治成	郑和祥	赵　莹	夏玉红
柴志福	徐亮亮	高　峰	高天明	高文慧	黄永平
曹雪松	梁　威	韩仲强	程　波	鲁耀泽	潘美玲
冀　如					

前言
FOREWORD

    内蒙古自治区土地面积 118.3 万 km^2，总人口 2511 万人。属典型干旱、半干旱地区，降水少而不匀，水资源匮乏，生态环境较为脆弱。2022 年内蒙古粮食作物播种面积 695.2 万 hm^2，农田灌溉亩均毛用水量 $214m^3$，农田灌溉用水量 131.96 亿 m^3，占全区总用水量的 68.2%，农田灌溉水利用系数由"十二五"末的 0.52 提高到 0.574，与发达国家 0.7～0.8 的利用系数差距很大。

    2020 年内蒙古自治区党委、自治区人民政府印发《关于加快推动农牧业高质量发展的意见》，明确指出：以水资源为刚性约束，发展高效节水农业。近年来，内蒙古自治区灌溉农业的灌溉方法、种植结构、作物品种、生产水平、土壤肥力、气候条件都发生了较大的变化。而用于指导灌溉工程设计、规划、行业用水定额制定的技术成果数据，还是主要依据 20 世纪 80—90 年代灌溉试验成果，过去的灌溉试验成果已远不能满足新时代农田水利发展、灌溉工程设计、节水灌溉管理和农牧业宏观决策的要求。2000 年以来内蒙古自治区水利科学研究院及其他科研院所，在区内主要代表灌区陆续开展了高效节水作物需水量及灌溉制度的研究；同时内蒙古自治区灌溉试验站按照灌溉试验规划在全区代表区域开展了相关灌溉试验，开展了灌溉试验基础数据采集、墒情监测预测、高效节水灌溉制度制定、灌溉新技术与新方法测试等研究。

    虽然近些年各个科研院所开展了许多相关灌溉试验，但是并无对内蒙古自治区进行全面的灌溉试验资料整编和作物需水情况分析。故由内蒙古自治区水利科学研究院牵头，联合水利部牧区水利科学研究所、内蒙古自治区气象局以及内蒙古自治区灌溉试验站网（1 个中心站＋6 个重点站）成立项目研究团队，对内蒙古自治区主要作物节水灌溉制度与需水量等值线图研究中的关键技术问题组织攻关，实施过程中注重不同气候、地理特征等代表性，开展试验研究中以点带面，通过收集整理分析内蒙古自治区灌溉试验站、农业试验站、推广站等主要农作物需水量和灌溉制度试验成果，计算分析作物系数 K_c；通过与内蒙古自治区气象局合作，对内蒙古自治区典型站点 ET_0 进行计算和影响因素分析，对不同灌溉分区的 ET_0 时空变异性进行分析，整理解析内蒙古自治区各地区 ET_0 数据，并基于 GIS 系统对内蒙古自治区主要农区和农作物相关数据矢量化；通过灌溉试验成果优化内蒙古自治区主要作物高效节水灌溉制度。同时考虑到内蒙古自治区地域辽阔，水土资源差异大，项目成果数据的有效推广和应用，以及后期随着灌溉试验成果丰富，动态对作物需水量的进行修正和完善。项目团队在项目研究的基础上基于 GIS 系统研发了全区高效用水数据分析平台，实现作物需水量、灌溉制度数据查询信息化，需水量、灌溉制度数据实时修正和动态调整。

本书由柳剑峰、宋日权等负责编审与统稿。全书共 9 章，各章节执笔人如下：第 1 章概述，由柳剑峰、李宁执笔；第 2 章研究区概况，由佟长福、刘虎执笔；第 3 章主要作物适宜种植条件及区域研究，由宋日权、史宽治执笔；第 4 章典型站点参考作物蒸散量计算及其影响因素，由苗庆丰、佟长福执笔；第 5 章内蒙古不同灌溉分区 ET_0 时空变异性，由苗庆丰、柳剑峰执笔；第 6 章内蒙古主要作物需水量和需水规律研究及第 7 章内蒙古主要作物灌溉制度制度，由柳剑峰、佟长福、宋日权、刘虎执笔；第 8 章高效用水数据平台研发，由宋日权、梁威执笔；第 9 章结论与展望，由柳剑峰、张炜执笔。

本书的研究成果由数名研究人员历经 2 年时间共同完成，参加研究的人员有：史宽治、高峰、程争鸣、李和平、杜世勇、高文慧、柴志福、赵莹、李静薇、刘殿君、李风云、尚海灵、冀如、于洋、王治国、王雯雯、李玮、李伟帅、张琼、巴图、郑和祥、曹雪松、高天明、苗恒录、程波、付小军、李正中、潘美玲、夏玉红、黄永平、鲁耀泽、刘雅君、马力蛟、宗建文、吴素利、马鹏飞、李生众、杨永军、庞治成、陈金鹏、由冬至、刘天琦、王家乐、梁威、范越美等，在研究过程中，全体研究人员本着科学认真的态度密切配合，相互支持，圆满完成了研究任务，在此对他们的辛勤劳动表示感谢！

在项目研究和本书编写过程中，内蒙古自治区水利科学研究院、水利部牧区水利科学研究所、内蒙古农业大学、内蒙古自治区水利水电勘测设计院有限公司、内蒙古自治区气象局信息中心、通辽市水利技术服务中心、巴彦淖尔市水利科学研究所等单位领导及相关专家给予了大力支持，在此一并表示衷心感谢！

由于灌溉试验成果资料的不足，加之作者研究水平有限，书中表达内容及相关数据难免存在不妥之处，敬请读者批指正。

作者

2023 年 11 月

目录
CONTENTS

1

概　　述

1.1　研究背景与意义

1.1.1　研究背景

灌溉是我国农业发展的命脉、国家粮食安全的基石。据统计，截至目前，全国灌溉面积达到 11.1 亿亩，居世界第一，其中耕地灌溉面积 10.2 亿亩，占全国耕地总面积的 50.3%。2022 年内蒙古粮食总产量达 3900.6 万 t，居全国第六位，是重要的粮食生产和输出地区，为稳定国家粮食产量、确保国家粮食安全发挥了积极作用。2004—2020 年中央一号文件连续将"三农"问题和"粮食安全"列为治国理政的头等大事。内蒙古自治区（以下简称内蒙古）是我国北方重要生态安全屏障和祖国北疆安全稳定屏障，又是北方地区优质农畜产品生产基地，同时也是全国重要的粮食输出基地。发展高效节水灌溉是全区可持续发展的必由之路。因此亟须开展全区高效节水条件下主要农作物与牧草需水量研究，科学指导农牧业以水定规模、以水定结构及以水布局经济社会发展的有力保障。

作物需水量是农业用水的重要组成部分，是整个国民经济中消耗水分的主要部分，也是确定作物灌溉制度以及地区灌溉用水量的基础，同时它还是流域规划、地区水利规划、灌排工程规划等工作的基本依据。20 世纪八九十年代内蒙古自治区水利科学研究院分别在巴盟（巴彦淖尔市）、乌盟（乌兰察布市）、赤峰市、哲里木盟（通辽市）和呼伦贝尔盟（呼伦贝尔市）等地区完成了小麦、玉米、大豆、水稻、人工牧草及甜菜、马铃薯、蔬菜等经济作物的需水量研究，并积累了大量基础数据，并研究制定了《内蒙古自治区主要作物灌溉制度与需水量等值线图》。这些成果在灌区建设和灌溉用水管理、农业发展，特别是粮食生产方面发挥了重要作用，并一直沿用至今。

内蒙古属典型干旱、半干旱地区，降水少而不匀，水资源匮乏，生态环境脆弱，自然灾害频繁，水利工程建设在内蒙古国民经济和社会发展中占有举足轻重的战略地位。2022 年内蒙古农作物总播种面积 869.0 万 hm²，其中粮食作物播种面积 695.2 万 hm²，粮食产量 3900.6 万 t，农田灌溉亩均毛用水量 214m³，农田灌溉用水量 131.96 亿 m³，占全区总用水量的 68.2%，经过近些年高标准农田建设，高效节水灌溉工程的实施，农田灌溉水利用系数由"十二五"末的 0.52 提高到 0.574，但仍与发达国家 0.7～0.8 的利用系数差距很大。2020 年内蒙古自治区党委、自治区人民政府印发《关于加快推动农牧业高质量发展的意见》，明确指出：以水资源为刚性约束，发展高效节水农业。近年来，内蒙古灌溉农业的灌溉方法、种植结构、作物品种、生产水平、土壤肥力、气候条件都发生了较大的变化，尤其是灌溉方式，并且从计算方法分析研究上看，近些年专家学者对参考作物腾发量计算方法的修正式以及一些其他的参考作物腾发量准确性进行了大量的研究评价，使得计算方法更先进、更准确。内蒙古早期的灌溉工程设计、规划、行业用水定额制定主要参考 20 世纪 80—90 年代灌溉试验成果。该成果对于指导内蒙古农村牧区水利工程建设、水行政主管部门的管理和决策等起到了重要的指导作用。然而，随着水利新技术的发展、水土资源限制因素改变、农牧业种植技术模式转变和国家对北方省区"节水、增效和增粮"的要求，过去的灌溉试验成果已远不能满足新时代农田水利发展、灌溉工程设计、节水灌溉管理和农牧业宏观决策的要求。

内蒙古属典型干旱半干旱地区，发展高效节水灌溉能有效减少内蒙古灌溉用水量，为工业用水、生态用水等方面提供水资源，促进了内蒙古的经济发展和生态环境改善。但同时期内蒙古作物需水量成果并未进行更新，严重影响了内蒙古水资源优化配置、水资源管理、农业种植结构调整以及高标准农田建设的决策。2000 年以来，内蒙古自治区水利科学研究院及其他科研院所，在主要代表灌区陆续开展了高效节水作物需水量及灌溉制度的研究；同时内蒙古灌溉试验站按照灌溉试验规划在代表区域开展了相关灌溉试验，开展了灌溉试验基础数据采集、墒情监测预测、高效节水灌溉制度制定、灌溉新技术与新方法测试等研究。

随着国家最严格水资源管理政策的实施、《内蒙古自治区新增"四个千万亩"高效节水灌溉实施方案（2016—2020 年）》的发布和内蒙古规模化高效节水灌溉技术及智能化管理的迅速发展以及灌溉水利用系数测算工作的全面启动，为提高内蒙古灌溉技术水平，系统全面地监测和研究作物需水规律，凝练灌溉试验成果，健全试验成果的转化与推广应用机制，保障试验站高效、长期的运行，内蒙古农牧业高效用水提供科技支撑和指导。以试验站为平台，为内蒙古节水乃至国家的节水灌溉事业提供科研基础和科技支撑。

通过对内蒙古主要作物节水灌溉制度与需水量等值线图研究中的关键技术问题组织攻关，实施过程中注重不同气候、地理特征等代表性，开展试验研究中以点带面，同时结合资料收集、数据分析计算，形成全面覆盖内蒙古作物需水量及指导农业灌溉的基础数据成果，并建立高效用水数据分析平台，实现作物需水量、灌溉制度信息化，对实现内蒙古农牧业可持续发展具有重要的现实意义和深远的战略意义。

1.1.2 研究意义

（1）研究成果为内蒙古自治区控制农业用水、提高用水效率、落实水资源管理"三条红线"提供重要依据。农业用水是内蒙古自治区第一用水大户，农业用水比重大、用水效率低双重叠加直接加剧了内蒙古水资源供需的矛盾。为了缓解水资源供需矛盾，首先要提高农业用水效率，而确定农业的用水总量，必须有精确的灌溉试验资料做依据；通过灌溉试验站开展试验来提供基础数据支撑。因此，开展灌溉试验研究、灌溉试验数据整编，对制定科学合理的农业用水总量、提高农业用水效率、缓解水资源供需矛盾具有十分重要的现实意义。

（2）研究成果直接服务于农田灌溉事业，依托灌溉试验开展农业气象、土壤墒情和作物生长过程监测等，进行农田灌溉预报，及时应对极端天气或旱涝灾害，降低农业旱、涝风险，保证作物稳产、高产，保障国家粮食安全。

（3）研究成果为节水灌溉工程前期优化措施配置、后期效益评估和科学运行调度提供准确可靠的数据来源，为新形势下水利工程规划设计、水资源评价和综合开发利用、灌溉管理、农牧业宏观决策提供重要的参数和依据。

（4）研究成果是发挥示范带动、强化公共服务职能的迫切需要。内蒙古土地流转加快，集约化、专业化、社会化新型农业经营实体不断涌现，迫切要求提供灌溉预测预报等公共服务，以提高作物单产和品质。需要开展农田灌排新技术、新材料、新方法的示范引导和培训，推动灌溉新技术的应用与转化，指导当地农业灌溉和用水管理。

（5）研究成果是灌溉试验站网及科研院所对水利灌溉基础工作的价值体现。近些年灌溉试验站网及科研院所通过开展灌溉试验基础数据采集、高效节水灌溉制度、灌溉新技术与新方法等研究，以及面向生产开展节水技术普及推广，为缓解内蒙古水资源供需矛盾，促进农牧业现代化发展提供决策依据和技术保障。项目研究是对基础灌溉试验成果的总结及延伸拓展，让试验成果形成有效的指导数据，是水利灌溉基础工作的价值体现。

（6）研究成果是全区系统性、全面性地指导农牧业高效用水，可为新形势下全区水利工程、高标准农田建设规划设计、水资源评价和综合开发利用、灌溉管理、行业用水定额、农牧业宏观决策提供重要的参考和依据。

本研究作为新时期指导内蒙古自治区的数据成果，具有较高的学术价值，将构建主要作物节水灌溉制度与需水量数据成果通过信息数据平台，可在高效节水灌溉条件精准推求内蒙古自治区典型作物与牧草灌溉制度与需水量，同时也可实时查询全区所有行政区不同灌溉条件下的典型作物与牧草的需水量、需水量等值线图、不同年型有效降雨量、灌溉定额等，可为全区农牧业用水区划、水利工程、高标准农田建设规划设计、水资源评价及综合开发利用、农田灌溉管理和农业宏观决策提供重要参数和依据。

1.2 研究基础

本研究通过收集灌溉试验站网（列入国家站的 7 个：内蒙古灌溉试验中心站、鄂尔多斯灌溉试验站、长胜节水盐碱化与生态试验站、沙壕渠节水盐碱化与生态灌溉试验站、达茂旗灌溉试验站、赤峰市中小型水利灌溉试验站、海拉尔灌溉试验站；内蒙古自治区一般站 1 个：西辽河流域丰田灌溉试验站）2000 年以来已完成及正在开展的高效节水灌溉试验成果与典型经验总结以及 2000 年以来各相关科研院所、高等院校、农业灌溉站、推广站在各地区完成的高效节水灌溉的灌溉试验及研究成果，对已有试验成果进行分析整理汇总，利用全区气象资料整理解析内蒙古各地区 ET_0 数据，最终得到全区作物需水量等值线图及高效节水灌溉制度。

1.2.1 灌溉试验的发展

内蒙古自治区灌溉试验从 20 世纪 50 年代开始，限于当时的生产条件，灌溉试验以简单的灌溉制度、作物需水量和沟、畦灌水技术研究为主。进入 80 年代以后，灌溉试验开始大规模发展，主要研究作物需水量。分别在巴盟（巴彦淖尔市）、乌盟（乌兰察布市）、赤峰市、哲里木盟（通辽市）和呼伦贝尔盟（呼伦贝尔市）等地区完成了小麦、玉米、大豆、水稻、人工牧草及甜菜、马铃薯、蔬菜等经济作物的需水量研究，并积累了大量基础数据。在此基础上，研究制定了《内蒙古自治区主要作物灌溉制度》与《需水量等值线图》，在灌区建设和灌溉用水管理、农业发展，特别是粮食生产方面发挥了重要作用。80年代末至 90 年代中期，主要以非充分灌溉试验为主。研究了水分亏缺后对作物生长及生理的影响，应用实测资料对国内外的应用模型进行了检验并进行了修正。90 年代中期至今，针对迫切的节水需要，开展了不同作物的多种节水技术研究。

1.2.2　灌溉试验站网的基本情况及成果

依据水利部印发的《水利部关于印发全国灌溉试验站网建设规划的通知》（水农〔2015〕239 号）和内蒙古自治区水利厅印发的《内蒙古灌溉试验站网建设规划》（内水农〔2015〕23 号）对全区灌溉试验站网进行规划建设。目前内蒙古自治区纳入全国灌区试验站网的是 1 个中心站和 6 个重点站，中心站为内蒙古灌溉试验中心站（隶属内蒙古自治区水利科学研究院）；重点站为海拉尔谢尔塔拉灌溉试验站、鄂托克前旗牧草灌溉试验站、达茂旗灌溉试验站、曙光节水盐碱化与生态试验站、沙壕渠节水盐碱化与生态试验站和赤峰市中小型水利灌溉试验站。2019 年新建西辽河莫力庙灌区灌溉试验站。2014—2020 年，中央和内蒙古自治区匹配资金 1750 万元，对灌溉试验站进行配套建设，试验站基础设施和常规监测设备在一定程度上得到了改善。

中心站近几年在呼和浩特市、巴彦淖尔市和乌兰察布市开展了不同灌溉工程条件下（膜下滴灌、高垄滴灌、中心支轴式喷灌、微喷、引黄滴灌、地面滴灌）典型作物（玉米、葵花、马铃薯、胡萝卜、小麦）需水量、灌溉制度和水肥一体化的连续监测、试验和推广，取得了较好的科技带动和工程样板展示作用，对实现旱区水资源优化配置和节水灌溉工程设计具有重要的科技支撑和宏观决策意义。中心站除了开展试验站本职工作之外，还开展了化控综合节水技术、旱作化学立体调控技术、喷滴灌灌溉工程技术、喷滴灌条件下农艺节水技术措施、节水管理措施技术示范与推广工作。

海拉尔谢尔塔拉灌溉试验站于 2014 年经内蒙古自治区水利厅批准成立，归属谢尔塔拉农牧场管理。到目前完成的工作及取得的成果有：①小麦水肥一体化高产灌溉试验；②油菜、甜菜、玉米、马铃薯的需水量灌溉试验；③编写了《谢尔塔拉农牧场节水灌溉应用手册》；④指导落实《谢尔塔拉农牧场节水灌溉应用手册》。

赤峰市中小型水利灌溉试验站近些年承担的重要工作及取得的成果：编制赤峰市玉米膜下滴灌工程发展规划、制定赤峰市玉米膜下滴灌技术模式及赤峰市玉米膜下滴灌技术操作规程，主要作物的膜下滴灌试验和优质牧草大型喷灌试验与示范，同时进行地埋式滴灌的试验与监测等；与内蒙古自治区水利科学研究院等科研单位协作，承担东北四省区"节水增粮行动"及"内蒙古自治区新增四个千万亩节水灌溉工程科技支撑"项目的"玉米膜下滴灌综合配套集成技术与示范"研究和推广工作。

达茂旗灌溉试验站成立以来开展了水利部行业公益科研专项经费项目、东北四省区"节水增粮行动"及"内蒙古自治区新增四个千万亩节水灌溉工程科技支撑"项目的"玉米膜技术集成与示范"。通过项目的开展，完善了玉米、苜蓿单作和立体种植条件下的非充分灌溉技术和水肥耦合技术，玉米、苜蓿立体种植条件下的优化灌溉制度，集成了单作青贮玉米、饲料玉米、紫花苜蓿和玉米苜蓿立体优化组合种植模式及综合高产技术管理模式，形成了饲草料高效节水综合技术体系，对内蒙古乃至北方地区饲草料节水高效生产具有重要的指导意义。

曙光节水盐碱化与生态试验站近些年来开展了巴彦淖尔市典型作物的需水量和灌溉制度试验研究收集、整理及编制工作。在参照分析历年试验和项目的研究基础上收集、整理巴彦淖尔市典型作物需水量和灌溉制度，进行灌域内土壤墒情预报及地下水动态的监测工作。同时曙光站主要利用新建 12 组标准测坑及 2 套蒸渗仪对灌区主要粮食作物玉米在不同地下水埋深下的灌溉需水量和地下水利用量进行试验研究。

沙壕渠节水盐碱化与生态试验站是一个集水利科研与灌溉管理为一体的基层试验站，多年来在沙壕渠灌域开展了主要作物灌溉试验，取得了丰富的灌溉试验和非充分灌溉等科研成果。

鄂尔多斯灌溉试验站位于鄂尔多斯市鄂托克前旗，地处毛乌素沙漠的腹地。属于内蒙古高原牧区，在内蒙古自治区具有典型的代表性。近年来主要完成项目有：①国家社会公益类项目"西北牧区水草畜平衡与生态畜牧业模式研究"（2002DIB50109）；②水利部行业公益项目"鄂尔多斯地区综合节水与水资源优化配置研究"（200801034）；③内蒙古自治区新增区综合节水与水资源优化配置研究（200801034）；④水利部科技推广计划项目，如"西北牧区水草畜平衡管理和饲草地节水增效技术示范与推广"（TG1401）等项目；⑤中国水利水电科学研究院科研专项"紫花苜蓿地下水滴灌水肥药一体化技术及优化灌溉决策研究"（MK2016J18）。

新建的西辽河灌溉试验站代表着内蒙古东部西辽河平原区中部的莫力庙灌区、西辽河灌区、舍力虎灌区总灌溉面积为 118 万亩农业节水水平，也是节水增粮的重点建设目标。2020 年该站与通辽市水利技术推广站开展了莫力庙灌区玉米浅埋滴灌灌溉制度试验研究。

1.2.3 其他科研院所灌溉试验成果

内蒙古自治区水利科学研究院自 2000 年以来在各地开展的高效节水灌溉方面的科研项目有 30 余项，以"内蒙古新增四个千万亩节水灌溉工程科技支撑项目""北方渠灌区节水改造技术集成与示范、引黄灌区滴灌高效节水技术的集成研究与示范""内蒙古东部节水增粮行动高效节水灌溉技术集成与规模化示范""基于测坑条件下内蒙古典型作物需水量研究"为主的科研项目为本研究提供了大量的数据支撑和理论依据。同时其他科研院所，如巴彦淖尔水利科学研究所、乌兰察布水利推广站、赤峰水利科学研究所、通辽水利推广站近些年相继开展了高效节水灌溉的试验，所属区域试验成果数据较为丰富。

1.2.4 气象资料的收集

本研究的开展离不开气象数据的支撑，并且研究区域覆盖面广，需要分析的气象数据资料繁杂，为了使研究顺利开展，收集了全区 100 多个气象站点的 30 年气象数据，为实现全区各点主要作物 ET_0 分析计算提供了基础数据保障。

1.3 国内外研究进展

1.3.1 ET_0 估算方法

自 19 世纪初，美国、英国、法国、日本、俄罗斯等国就开始采用简单的筒测法与田测法对比，进行作物腾发量的观测。关于蒸散的研究最早可以追溯到 1802 年的道尔顿风速定律，为近代蒸散理论的创立奠定了坚实基础。在过去的 30 多年时间里，有关测定和估算田间作物腾发量的方法研究取得较大进展。参考作物腾发量（ET_0）的概念由彭曼于 1948 年首先提出。1979 年 FAO（联合国粮农组织）对其进行了定义，并推荐使用修正彭曼公式。1990 年 FAO 在意大利罗马召开的作物需水量计算方法专题研讨会上，推荐使用 Penman-Monteith 公式计算 ET_0。1998 年 FAO 推荐 Penman-Monteith 公式作为计算 ET_0 的唯一标准方法。

ET_0 的估算方法大致可划分为蒸渗仪测定、蒸发皿估测以及利用气象观测数据通过公式计算等 3 种途径。利用气象数据通过公式计算 ET_0 的方法又可归纳为经验公式法和理论公式法两类。经验公式中常采用辐射、温度、水汽压、相对湿度、风速及日照时数等气象观测数据作参数，按照某种与 ET_0 的经验函数关系进行估算，如 Blaney-Criddle（1950）、Ture（1961）、FAO-24Radiation（1977）、Hargreaves（1985）等的研究；理论公式法主要有修正 Penman 法和 Penman-Monteith 方法等。Penman-Monteith 方法是目前世界范围内广泛采用的计算 ET_0 的方法。不少学者采用该方法对参考作物腾发量进行了研究，如 Jensen（1990）、Hossein Dehghani-SanU（2003）、Ntonio Roberto Pereira（2004）等。

国外的研究主要集中在 ET_0 计算公式的创新与修正以及作物系数、修正系数计算等方面。Doorenboos 和 Pruiit（1997）给出转换系数用于从蒸发皿数据估测 ET_0。A. WAbdelhadi 等（2000）研究 ET_0 的月际变化趋势，并分析了降水与水汽压对 ET_0 的影响。A. Martinez-Cob 等（2003）进行了半干旱地区用 Hargreaves 公式估算 ET_0 的研究。Daniel Itenfisu 等（2003）对 ASCE（美国土木工程师协会）标准 PM 方法（2000）与 ASCE-PM（1990）方法和 FA056-PM（1998）方法在不同气候下估算的 ET_0 结果进行了比较。David M. Summer 等（2004），对 Penman-Monteith 公式法、Priestley-Taylor 公式法、蒸发皿法等估算作物实际需水量的方法进行了比较。Richard G. Allen 等（2005）进行过 FAO-56 双作物系数法估算作物腾发量的研究。Slavisa Trajkovic（2005）对 4 种基于温度的 ET_0 计算公式的计算结果与 FA056-PM 计算结果进行了比较分析。J. Berengena 等（2005）在高平流半干旱环境下实测作物腾发量，并与几种模式 ET_0 计算结果进行了比较。在这些研究中，大部分学者都是以 Penman-Monteith 公式的计算结果作为标准进行比较。

国内在 ET_0 估算方面的研究多是基于国外的计算公式进行地区性修正或应用比较，近年来利用遥感等技术进行 ET_0 的估算也得到了广泛应用。茆智自 1980 年以来开始长时间地对作物充分供水和水分胁迫条件下作物需水量、作物系数及土壤水分修正系数的变化规律进行了研究。王健等（2002）通过实测，分析了蒸发皿系数的变化规律，并利用蒸发皿法估算了作物农田蒸散量。佟长福等（2004）充分利用 ET_0 区域信息的特征，采用 Kriging 无偏最优估计方法对区域信息进行最优估计，并据此绘制了参考作物 ET_0 最优等值线图。李晓军等（2004）将 Hargreaves 公式应用于东北地区 ET_0 的计算，并与 Penman-Monteith 公式计算结果进行对比，认为 Hargreaves 方法适用于东北地区。李茜等（2006）运用零通量法估算了农田蒸发蒸腾量，并与水量平衡法、作物系数法等其他方法进行了比较。王新华等（2006）在西北干旱区分别应用 Hargreaves 公式和 Penman-Monteith 公式计算 ET_0，并进行了比较分析。在 GIS 方面的应用，佟玲等（2004）详细阐述了作物耗水量的计算方法与应用情况及 RS 和 GIS 在区域作物耗水时空分布这一研究领域的应用。徐新良等（2004）应用 Penman-Monteith 公式和 GIS 的空间分析功能，通过建立区域 ET_0 的空间分布模型计算了中国东北地区自 20 世纪 90 年代以来 ET_0 的时空变化特征。王景雷等（2005）详细叙述了传统方法和遥感方法在区域作物需水量方面的应用。武夏宁（2006）等对水均衡中采用不同时间和空间尺度时的蒸散发估算结果进行了比较分析，以区域平均埋深和累积生长日为变量，建立综合因子，结合 ET_0 建立了区域蒸散发的估算模型。

这些方法尽管考虑了复杂地形的某些因素对作物需水量的影响，严格说来得到的大多是某种作物在某一栅格内的作物需水量，如果想得到整个区域的作物需水量，还必须得到土地利用情况和作物种植结构等基础数据。特别是在我国，近几年随着城市化进程的加快和作物种植结构布局的调整，土地利用情况和作物种植结构变化很大，要想快速获取这些资料，就必须利用遥感影像及时提取相关信息。

遥感技术的迅速发展以及与地面微气象的结合，为大面积 ET_0 的估算提供了新途径，是区域蒸发量研究最有前景的方法。但是这种方法在区域资料的获取中存在一定难度，在技术上也有待提高。遥感技术在区域，特别是在下垫面较复杂的区域运用精度往往达不到实际要求。

1.3.2 ET_0 变化特征及影响因素

很多科技工作者都进行过 ET_0 随时间变化规律方面的研究，许多研究表明我国大部分地区的 ET_0 呈现减少趋势，这些研究还从气候影响因子角度探讨了 ET_0 减少的原因。高歌等（2006）对全国 ET_0 变化趋势研究后发现，我国绝大多数流域的年的腾发量和四季的 ET_0 均呈现减少趋势，日照时数和风速的减少可能是导致大多数地区 ET_0 减少的主要原因。倪广恒等（2006）分析了中国不同分区、不同时段 ET_0 的变化情况，得出在干旱地区、半干旱地区和半湿润地区 ET_0 呈减少趋势，认为在同纬度地区 ET_0 与太阳辐射（日照时数）最为相关的结论。张淑杰等（2006）通过对辽宁省 1981—2006 年间 18 个代表站点常规气象资料的分析，建立了不同供水条件下农田蒸发量的模拟模型，并分析了辽宁省不同地区农田蒸发量的变化情况。Peterson（1995）、Brutsaert（1998）、Roderick（2002）等研究发现北半球蒸发皿观测的蒸发量在过去几十年中的减少趋势具有普遍性。Taichi 等（2005）通过对泰国湄南河流域蒸发皿蒸发量的时空趋势分析后，发现蒸发皿蒸发量近十几年来呈下降趋势，蒸发皿蒸发量与辐射有很好的相关关系。Xu Chongyu 等（2006）对长江流域 ET_0 和 ET_c 作了计算和对比，发现近年来二者都有减小的趋势，主要是太阳净辐射和风速的明显减小所导致。白薇等（2006）利用 SQL Server

2000 数据库服务器存储数据，同时利用 GIS 软件 Arcmap 9.0 对山西省 ET_0 进行时间和空间上的分析。倪广恒等（2006）分析了中国不同分区不同时段 ET_0 的变化情况，得出在干旱地区、半干旱地区和半湿润地区 ET_0 呈减少趋势，认为在同纬度地区 ET_0 与太阳辐射（日照时数）最为相关。任玉敦等（2007）对北京昌平、河南开封惠北及湖北团林 3 个灌排试验站的近几十年 ET_0 年际变化规律及其机理探讨研究后发现，惠北及团林站年均 ET_0 在近几十年呈现随时间而下降的趋势，而昌平站年均 ET_0 则随时间而上升，ET_0 的变化是由于气象环境变化所引起，其中相对湿度是最主要原因。李宝萍等（2008）应用 Penman-Monteith 公式计算了郑州地区 ET_0，分析了 ET_0 的月际变化和年际变化特征。赵秀芳（2008）等以 1972—1991 年的气象资料为依据，利用彭曼-蒙特斯公式计算了额济纳绿洲 20 年的 ET_0，分析了不同月份 ET_0 的变化特性，并用平均气温和水面蒸发量和 ET_0 进行回归分析。佟玲、胡顺军等（2004）和孙静（2006）等都得出相似结论。

上述研究均对 ET_0 的变化趋势进行了分析，并找出所研究地区影响 ET_0 的气象因素。从以上分析中可以看出，除任玉敦所述的昌平站年均 ET_0 随时间而上升外，其余各地区的 ET_0 均呈现随时间而下降的趋势；影响因素分析则表明不同地区其影响因素也有所不同，其中大部分地区是受太阳辐射的影响。

1.3.3 需水量和灌溉制度

作物需水量，是指作物生长发育所需要消耗的水量。在相当长的时期内，作物需水量方面的理论研究成果，一直是农田水管理与决策的理论基础。近年来的研究表明，作物本身具有生理节水与抗旱能力，作物各生育阶段的需水量不同，各生育阶段对水分的敏感程度也不同。

1.3.3.1 作物需水量

国外作物需水量的计算方法有很多，概括起来主要有四类：第一类是通过中间试验来确定作物需水量与其影响因素之间关系的，可直接计算出作物需水量的方法，属于经验公式类方法；第二类是通过公式计算作物蒸散量 ET_0，再根据作物的实际情况确定作物系数和土壤水分修正系数后，计算实际作物需水量的半经验方法；第三类是借助计算机技术、实验仪器、GIS、遥感、遥控技术分析作物需水量；第四类是通过建立数学模型预测作物需水量。

我国关于农作物需水量的研究起步相对较晚。1926 年，中山大学农学院的丁颖教授首次对水稻进行需水量试验，并总结了水稻蒸散量与水面蒸发量比值的关系。在 1950 年初，大量的灌溉试验站全国各地设立，开始了全国范围内作物需水量及相关问题的探究。1970 年开始计算机技术、遥感、遥测技术兴起，因观察、测量土壤水分含量时采用并引进一批具有先进技术的仪器，从而进一步完善了水分平衡法。1980 年我国学者侧重在土壤理化性质及水力学等方面的研究，原武汉水利电力大学多位学者对比分析了不同条件下作物需水量的变化特征，并进一步提出了计算模型。1985 年，200 多个灌溉试验站在全国各省区建成，开启了全国范围内的主要农作物需水量与不同区域的灌溉制度的试验研究，出版了《中国主要作物需水量与灌溉》等著作，并绘制了全国范围内作物需水量等值线图等。之后，在对我国北方地区 20 多种主要作物的作物需水量和灌溉需水量进行研究后，总结和出版了《北方地区主要农作物灌溉用水定额》，为在全国范围内开展的农作物需水量等类似研究提供参考。近年来，我国作物需水量的研究主要集中在蒸散量的研究和预测模型的开发及应用。

目前，国外主要侧重研究蒸散量 ET_0 创新计算与系数修正等方面。国内较多采用蒸发皿法、产量法和多因素法。国际上较为通用的是参考蒸散量来计算作物需水量，而其中彭曼方法是目前全球范围内研究 ET_0 的最好计算方法。作物需水量近 50 年来一直是国内外的研究热点，相关学者提出了很多测定和估算方法，这些方法在其各自的应用范围内虽然都具有一定的精度，但得到的往往是点上数据。由于作物需水量具有较大的空间变异性，这些定点数据大多不能直接用于其他点上，更不能代替某一较大面积上的平均值。因此很多学者一直在探索研究作物需水的空间异质性、寻找作物需水的采样策略及由点到面的尺度转换技术。另外，在当前的灌溉管理过程中，往往需要未来一段时间的作物需水量来回答什么时候灌、灌多少的问题，提出了很多基于气象资料的作物需水量计算方法。

为了更为精确地估算区域作物需水量，对作物需水信息的空间异质性分析、监测站点的代表性确定和不同尺度作物需水信息转换方法等方面都进行了比较系统的研究，但在作物需水信息空间异质结构的存在形式、采样策略的优化、站点的代表性分析和不同尺度作物需水信息的推绎方法等方面仍然存在诸多问题和困难，特别是尺度转换问题正逐渐成为地理科学、水文科学等研究领域的热点和难点，因此进行不同尺度作物需水信息的特征分析和尺度转换方法研究对于优化区域灌溉制度、实现区域农业水资源可持续发展有着非常重要的理论和实际意义。

1.3.3.2 牧区饲草料的高效用水技术

牧区草地节水灌溉技术是内蒙古水利研究中的一个重要研究方面。宏观上主要开展牧区水、草、畜平衡与草地可持续利用研究，寻求草地开发利用与生态保护的发展对策。在节水灌溉方面，主要开展牧草高效节水灌溉丰产综合技术、节水灌溉与水分高效利用技术、节水灌溉与水肥调控关键技术等实用技术的研究；同时开展人工灌溉草地对缓解天然草地压力、减少天然草地放牧或干扰的程度、对天然草场生态修复的影响评估方面的研究。而且从机理上开展牧区草地生态需水、牧草水分生理与水分运移规律等方面的基础理论研究。针对草地灌溉的关键技术问题，20 世纪 80 年代以来，先后开展了披碱草、紫花苜蓿、苏丹草、御谷、青贮玉米、饲用玉米等人工饲草料作物以及天然牧草群落需水规律与需水量的大田实验研究，推进了我国人工和天然草地需水研究进展。从牧草水分生理生态的角度，在分析灌溉饲草料地耗水特性的基础上，提出了"起始耗水量、经济耗水量和最大耗水量"的耗水阈值特性，确定了披碱草、紫花苜蓿等灌溉饲草料地经济耗水量的阈值指标，为草原节水灌溉的发展奠定了技术基础。近年来，随着草地灌溉研究的不断深入，牧草水分生理生态与胁迫诊断技术、草地-土壤-植物-大气连续体（Soil-Plant-Atmosphere Continuum，SPAC）系统水分运移规律、作物-水模型等受到关注，先后开展了毛乌素沙地的饲草料作物在节水灌溉条件下生理生育指标和作物水分响应模型等研究工作，建立了紫花苜蓿的 BP 神经网络模型，研究了紫花苜蓿、披碱草等灌溉饲草料地 SPAC 系统中的能量分布规律和水分规律。同时为解决区域性的生态需水问题，开展了草地生态系统需水量与水分高效综合利用研究，典型区域水-草-畜平衡与草地生态-生产系统综合优化技术与发展模式研究。经过多年的发展，草地灌溉研究已从单纯的作物需水规律、灌溉制度研究逐渐转变为基础理论不断完善、综合性应用技术持续发展的阶段。

1.3.3.3 节水高效农业发展状况

随着全球性水资源供需矛盾的日益加剧，世界各国，特别是发达国家都把发展节水高效农业作为现代农业可持续发展的重要措施，在工程节水、农艺节水、生物节水和用水管理节水等各方面均有较深研究，取得长足进步，同时十分重视各单项技术的有机结合与集成。

1. 工程节水技术

在采用激光控制土地精细平整技术基础上，实现了精细地面灌溉，水平畦田灌和波涌灌等先进的地面灌溉方法也成为可能。

除地面灌溉技术外，发达国家十分重视对喷、微灌技术的研究和应用。微灌技术是所有田间灌水技术中能够做到对作物进行精量灌溉的高效方法之一。美国、以色列、澳大利亚等国特别重视微灌系统的配套性、可靠性和先进性的研究，将计算机模拟技术、自控技术、先进的制造成模工艺技术相结合开发高水力性能的微灌系列新产品、微灌系统施肥装置和过滤器。

为减少来自农田输水系统的水量损失，许多国家已实现灌溉输水系统的管网化和施工手段上的机械化。

2. 农艺节水技术

农艺节水技术措施主要包括耕作保墒、覆盖保墒、增施有机肥与秸秆还田、水肥耦合、节水农作制度和选用节水型品种、化学调控等技术措施。根据农艺节水机制，可分为保墒节水类措施、提高作物光合效率减少低效蒸腾类措施及二者相结合的措施。

节水农作制度主要是研究适宜当地自然条件的节水高效型作物种植结构，提出相应的节水高效间作套种与轮作种植模式。例如，在澳大利亚采用的粮草轮作制度中，实施豆科牧草与作物轮作以避免土壤有机质下降，保持土壤基础肥力，提高土壤蓄水保墒能力。

近年来，水肥耦合高效利用技术的研究已将提高水分养分耦合利用效率的灌水方式、灌溉制度、根区湿润方式和范围等与水分养分的有效性、根系的吸收功能调节等有机地结合起来。通过改变灌水方式、灌溉制度和作物根区的湿润方式达到有效调节根区水分养分的有效性和根系微生态系统的目的，从而最大限度提高水分养分耦合的利用效率。美国、以色列等国将作物水分养分的需求规律和农田水分养分的实时状况相结合，利用自控水肥一体化滴灌系统向作物同步精确供给水分和养分，既提高了水分和养分的利用率，最大限度地降低了水分养分的流失和污染的危险，也优化了水肥耦合关系，从而提高了农作物的产量和品质。

3. 生物节水技术

将作物水分生理调控机制与作物高效用水技术紧密结合开发出诸如调亏灌溉（RDI）、分根区交替灌溉（ARDI）和部分根干燥（PRD）等作物生理节水技术，可明显提高作物和果树的水分生产率。目前国际上有关调亏灌溉的研究主要是针对果树和番茄等蔬菜作物，对大田作物的研究较少。

目前的重点是将单点的单一作物耗水估算模型的研究扩展到区域尺度多种作物组合下的耗水估算方法与模型研究上，根据作物及其不同生育期的需水估算，使有限的水最优分配到作物的不同生育期内，为研究适合不同地区的非充分灌溉制度提供基础数据和支撑。遥感技术的应用使得采用能量平衡法估算区域作物耗水量成为可能，通过遥感获得的作物冠层温度来估算区域耗水量分布的研究变得十分活跃，并在一些发达国家得到了一定的应用。

4. 用水管理节水技术

用水管理节水技术主要指将灌溉技术与信息技术、自动控制技术、计算机网络技术结合，实现灌溉的信息化、自动化、智能化管理，在减少灌溉输水调蓄工程的数量、降低工程造价费用的同时，既满足用户的需求，又有效地减少弃水，提高灌溉系统的运行性能与效率。

美国、澳大利亚等国已大量使用热脉冲技术测定作物茎秆的液流和蒸腾，用于监测作物水分状态，并提出土壤墒情监测与预报的理论和方法，将空间信息技术和计算机模拟技术用于监测土壤墒情。根据土壤和作物水分状态开展的实时灌溉预报的研究进展也很快，一些国家已提出几种具有代表性的节水灌溉预报模型，在此基础开展的适合不同地区的非充分灌溉模式的研究是干旱缺水条件下灌溉用水管理的基础，随着水资源短缺的不断加剧，其研究在国内外得到普遍重视。

亦有采用系统分析理论和随机优化技术，开展灌区多种水源联合利用的研究，以网络技术支持的智能化配水决策支持系统为基础，建立起多水资源优化配置的专家系统，提出不同水源组合条件下的优化灌溉与管理模式，合理利用和配置灌区的地表水、地下水和土壤水，对其进行统一规划和管理。在最大限度地满足作物对水分需求的同时，改善灌区的农田生态环境条件。

5. 各种高效用水技术的集成与应用

以埃及、巴基斯坦、斯里兰卡、印度等为代表的经济欠发达国家，受社会经济与技术水平的限制，主要采用工程节水与农艺节水相结合的农业节水技术发展模式，而以美国、以色列、日本、澳大利亚等为代表的经济发达国家，在农业生产实践中，把提高灌溉（降）水的利用率、单方水的利用效率、水资源再生利用率作为研究重点和主要目标，在采用工程节水和农艺节水技术措施的基础上，十分注重对生物节水技术和用水管理节水技术的研究与应用，在研究农业高效用水基础理论上，将生物、信息、计算机、高分子材料等高新技术与传统的农业节水技术相结合，提升农业高效用水技术的科技含量，建立适合国情的农业高效用水技术体系，加快由传统的粗放农业向现代化的精准农业转型的进程，构建现代农业高效用水技术发展模式。

1.3.3.4 国内高效节水作物需水量研究状况

我国在过去 20 年里，十分重视农业高效用水技术研究，将"现代节水农业技术体系及新产品研究与开发"列为国家重大科技专项，实施了一批重点科技攻关计划项目和国家重大科技产业工程项目，取得不少优秀成果，为建立中国特色的现代节水农业技术体系打下坚实基础。主要成绩如下：

（1）研发了一批适合国情、具有自主产权与国际竞争力和具有较好性价比的节水新产品，初步实现产业化，基本摆脱农业节水产品长期依赖进口的被动局面。

（2）在前沿与关键技术创新方面取得突破性进展，为现代农业节水技术发展提供了强有力的技术储备与支撑。在抗旱节水植物品种筛选、作物水分生理调控与非充分灌溉、精细地面灌溉与精量控制灌溉、区域节水型农作制度与节水高效旱作保护耕作、非常规水安全利用等农业节水前沿与关键技术研究上取得突破性进展，部分领域达到国际先进水平，提升了我国节水农业技术原始创新能力，初步构建起以提高灌溉水和降水利用率与利用效率为核心符合国情的现代节水农业技术体系，为我国现代农业节水技术的发展提供了强有力的技术储备与支撑。

（3）将现代节水农业关键技术及产品设备和实用技术相结合，提出了适合我国国情和不同区域特点的现代农业节水技术发展模式，取得了显著的经济社会效益。这些现代节水农业发展模式包括节水型灌溉农业、节水型旱作农业和节水型生态农业等 3 种，适合我国北方干旱内陆河灌区、半干旱平原井灌区、半干旱平原渠灌区、半干旱平原抗旱灌溉区、集雨补灌旱作区、半湿润井渠结合灌溉区、半干旱生态植被建设区、半干旱都市绿地灌溉区、南方季节性缺水地区等 9 种区域，每种模式都建立了相应的试验示范区。

（4）创立了国家、部门与地方、企业、科技人员与农民联合推动的农业节水发展新机制，初步实现了国家节水战略目标和农民节水增收目标的统一。在专项实施过程中，由科技部、水利部与农业农村部共同作为实施组织部门，前沿与关键技术创新课题以高校和科研单位为主承担，产品与设备研制课题以企业主并联合技术依托单位共同承担，技术集成与示范课题由示范区所在省（自治区、直辖市）的科技部门主持，由示范区所在地主管单位和技术依托单位共同承担，形成了示范区建设与国家节水工程建设相结合的组织新体制。

1.3.3.5 农业高效用水技术发展趋势

农业高效用水技术是在传统的农业节水技术中融入了生物、计算机模拟、电子信息、高分子材料等一系列高新技术，具有多学科相互交叉、各种单项技术互相渗透的明显特征，其涉及的既不是简单的工程节水和用水管理节水问题，也不是简单的农艺节水和生物节水问题。从支撑农业高效用水技术的基础理论而言，需将水利工程学、土壤学、作物学、生物学、遗传学、材料学、数学和化学等学科有机地结合在一起，以降水（灌溉）—土壤水—作物水—光合作用—干物质量—经济产量的转化循环过程作为研究主线，从水分调控、水肥耦合、作物生理与遗传改良等方面出发，探索提高各个环节中水的转化效率与生产效率的机理。农业高效用水技术又需要生物、水利、农艺、材料、信息、计算机、化工等多方面的技术支持，构建适合我国国情的技术体系。

随着 20 世纪中叶以来科学技术出现的重大突破，农业节水领域中大量借助于土壤水动力学、植物生理学的理论和现代数学方法及计算模拟手段，试图从整体上来考虑水—土—作物—大气间的互动作用与关系，定量描述土壤—植物—大气连续体中水分和养分运移的转化过程，据此制定科学的水、肥调控方案，这使得对农业高效用水技术的研究已由以往单纯的统计或实验性质变为一门有着较为严谨的理论基础与定量方法的科学。计算机技术、电子信息技术、红外遥感技术以及其他高技术的应用，使得在土壤水分动态、土壤水盐动态、水沙动态、水污染状况、作物水分状况等方面的数据监测、采集和处理手段得到长足发展，促进了农业用水管理水平的提高，而高分子复合材料和纳米材料的研制创新正在促使渠道防渗、管道灌溉、覆膜灌溉、坡面集雨等方面孕育着技术上的重大突破。

在提高农业用水利用率和作物水分生产率的农业高效用水技术研究中，不仅涉及与土壤—植物—大气系统中的界面过程，水分传输和系统反馈的机制，水分调控的途径以及大气水、地表水、地下水、土壤水转化关系等相关领域内的前沿技术，还与利用现代高新技术对水资源、土壤水分和作物水分进行监测调控，根据作物需水规律进行精量灌溉等关键技术有关。为此，必须以具有学科交叉性的重大前沿性技术研究为基础，研发农业高效用水关键技术，探索建立适合我国国情的农业高效用水技术体系。

1.3.4 作物需水量等值线图和灌水量查询系统研究进展

在 20 世纪 80 年代中期，水利部曾组织全国各省区的 200 多个灌溉试验站，对全国主要农作物的需水量与灌溉制度进行了试验研究，并以这些试验数据为基础出版了《中国主要作物需水量与灌溉》专著（陈玉明，1993；1995）。此后，在南水北调规划项目中，水利部农田灌溉研究所与中国水利水电科学研究院合作，对北方地区 20 多种主要作物在不同典型年下的作物需水量和灌溉需水量进行了研究，在积累大量基础数据的同时，也为在全国范围内开展类似的研究积累了经验。作物需水量通常采用 FAO 推荐的 Penman-Monteith 方法计算各研究区历年逐日的参照腾发量，用作物系数法计算主要作物的需水量和净灌溉需水量，并用各地灌溉试验站的实测资料进行检验（段爱旺，2004）。基于GIS 的空间分析功能，采用反距离加权插值法得到主要作物多年平均作物需水量与净灌溉需水量的分布图。选择种植面积最广的作物，分析其作物需水量与净灌溉需水量的空间分布特征，得到不同地区的灌溉需求指数，在此基础上分析典型地区不同作物的需水量和等值线图（刘珏，2009）。

适宜条件下，植株的蒸腾量与棵间蒸发量及构成植株体的水量被称为作物需水，农田作物的需水计算是规划和管理农田灌溉活动的重要内容，快速而准确地获取作物需水量是当前许多农业灌溉节水研究的重点。根据作物需水进行精准灌溉，有利于实现农业水资源的高效利用。实现精准灌溉，需要了解作物的实际需水情况，根据作物的需水情况进行合理灌溉，做到"按需分配"。目前计算作物需水的方法主要分为两大类：一种是直接法测量，另一种是间接估算法。直接测量法是指通过田间实验方法，获取作物需水的数据，常见的直接测量方法主要有蒸渗仪测定法、量法（K 值法）、蒸发皿法（α 值法）、积温法、日照时数法、水量平衡法（魏荣博 等，2022）。Navarro 等（2016）采用土壤传感器结合气象数据的方式对作物需水量进行预估，来减少单一数据带来的误差。王景雷等（2017）通过对积温与叶面积指数、叶面积指数与作物系数的关系进行耦合，得到了基于积温的主要作物不同生育期的作物系数模型，构建了基于天气预报信息的作物需水量估算模型，模型估算结果精度达到了 80% 以上。间接估算法是指选择参考作物相关的参数来计算作物需水量的方法。常见的间接估算法主要有彭曼-蒙特斯公式法、Hargreaves 经验法、

Blaney-Criddle 法、Makkink 法、Priestley-Taylor 法、Mc-Cloud 法、波文比仪法等（许建武，2019）。孙芳等（2007）利用灌区历年数据，建立了 BP 作物神经网络作物需水预测模型，估算了主要农作物各生育期的需水量。彭曼-蒙特斯公式法，是一种基于能量平衡和水汽扩散理论，综合考虑空气动力学、能量辐射和作物生理特征等因素的一种方法。彭曼-蒙特斯公式是对彭曼法进一步的改进，采用标准气象数据日照、温度、湿度和风速，并进一步引入阻力因素进行计算，已经在世界上许多国家和地区广泛使用，已被公认为计算 ET_0 的标准方法（赵永等 2005）。徐永远等（2018）运用彭曼修正公式、K_c 值公式等数学推导公式建立了作物需水预报模型，并根据灯塔灌区的历史气象数据进行检验，系统的预测结果均与人工计算相近。

目前基于 GIS 条件下，利用彭曼-蒙特斯公式法和典型区试验数据获取代表区典型作物 K_c 值仍是作物面域需水量的主要分析和计算方法，同时利用周边气象站计算获得典型作物不同生育阶段的 ET_0、ET_c 和 K_c 值，通过克里格插值法形成闭合的作物需水量等值线。

1.4　研究内容与技术路线

1.4.1　研究内容

1. 研究目标

收集整理分析内蒙古自治区灌溉试验站、农业试验站、推广站等主要农作物需水量和灌溉制度试验成果；收集、整理解析内蒙古各地区 ET_0 数据，计算作物系数 K_c；基于 GIS 系统对全区主要农区和农作物相关数据矢量化；完成"内蒙古主要作物节水灌溉制度与需水量等值线图研究"；在内蒙古主要作物高效节水灌溉制度、作物需水量、灌水量分析报告和等值线图等研究成果的基础上，开发高效用水数据分析平台，实现作物需水量、灌溉制度数据查询信息化。本研究最终目标为今后内蒙古自治区水资源优化配置、行业用水定额、水资源三条红线管理、农业种植结构调整以及高标准农田建设、高效节水灌溉等方面提供理论依据。

本研究在七个试验站点建立集中连片的高标准高效用水示范区，并且综合配套水利、农业、农机相关技术，对现有试验研究成果开展试验、示范与推广，同时开展对基层技术与管理人员和农民的技术培训、召开现场会、组织参观学习。

2. 研究内容

参照《中华人民共和国气候图集》（颜宏 等，2002）中采用年干燥度指数划分气候区域的方法，并结合中国年降水量等值线分布图及《内蒙古自治区行业用水定额》（DB15/T 385—2020）将研究区分为 5 个区，分别为温凉半湿润区、温凉半干旱区、温暖半干旱区、温暖干旱区、温热半干旱区。

（1）主要作物需水规律与需水量研究。依托内蒙古自治区灌溉试验站网站点（列入国家站的 7 座：内蒙古灌溉试验中心站、鄂尔多斯灌溉试验站、长胜节水盐碱化与生态试验站、沙壕渠节水盐碱化与生态灌溉试验站、达茂旗灌溉试验站、赤峰市中小型水利灌溉试验站、海拉尔灌溉试验站；内蒙古自治区一般站 1 座：西辽河流域丰田灌溉试验站）及其他科研院所、农业试验站、推广站等开展的内蒙古主要作物在高效节水灌溉条件下灌溉试验成果、灌溉水利用率监测和研究，推求站点所在位置作物系数 K_c，揭示需水量、降水量、气象要素与作物生长和产量之间的关系。

（2）主要作物高效节水灌溉下土壤水分环境研究。主要作物不同生育时期对土壤湿润深度、湿润比、含水率上下限要求的研究。通过灌溉试验研究高效节水灌溉条件下主要作物不同生育时期根系分布情况，得出滴灌条件下典型作物水分湿润控制深度和湿润比，同时推求各层土壤水分对产量和水分变化，推求不同生育时期对各层土壤水分上下限的要求。

（3）不同降雨年型下作物灌溉制度与优化研究。调研收集全区主要灌区的作物与牧草灌溉数据，根据典型区域降雨量、湿润度、灌溉特点进行气候分区，并且通过种植结构、气候特征和缺水程度进行需水量分区。结合灌溉站点的实测数据，制定内蒙古各分区不同降雨年型的灌水时间和灌水定额，得出不同年型的典型作物的滴灌灌溉制度并优化。编制《内蒙古主要作物与牧草需水量与灌溉制度》和《内蒙古主要作物与牧草需水量、缺水量等值线图册》。

3. 建立完善高效用水数据服务平台

整理全区各个气象站点 1990—2020 年逐日气象要素（温度、湿度、风速、日照时数、降雨、太阳辐射、水面蒸发），分析计算各个站点降雨排频，采用彭曼公式计算各个站点潜在腾发量，使用 FAO-56 推荐的作物系数法推算不同站点的作物腾发量。构建行政代码、经纬度、气候类型、灌溉分区、有效灌溉面积、灌溉方式、种植结构、灌溉试验成果、气象资料等数据库，基于地理信息系统（ArcGIS）建立包括典型作物需水量、气象要素、推荐灌溉制度等查询功能的内蒙古高效用水数据服务平台。

1.4.2　技术路线

本研究涉及面广，研究开发（推广）的方法总体如下：收集灌溉试验站网 2000 年以来已完成及正在开展的高效节水灌溉试验成果与典型经验总结，收集 2000 年以来各相关科研院所、高等院校、农业灌溉站、推广站在各地区完成的高效节水灌溉的科研成果，推求站点所在位置作物系数 K_c，揭示需水量、降水量、气象要素与作物生长和产量之间的关系；根据代表区域试验站点已有作物系数 K_c 值，分析计算非站点作物系数 K_c 值，收集全区长系列气象资料数据采用优化彭曼公式分析计算 ET_0，推求无试验资料地区的作物需水量，并对计算作物需水量数据根据实地调查比对，校验计算数据。通过上述方法，最终得出全区作物需水量数据，根据需水量时空分布插值优化及预测分析绘制作物需水量等值线图。

依据全区各个区域近 30 年气象资料数据，得出全区各个区域作物各个生育期有效降雨量，进行降雨频率分析。通过水量平衡计算法推算出各个区域主要作物需水量，确定全区各个区域主要作物节水灌溉制度。

依据全区主要作物需水量及等值线图、节水灌溉制度数据成果，构建数据库，采用克里格差值方法，搭建基于地理信息系统（ArcGIS）的主要作物高效用水数据管理平台，实现典型作物需水量、气象要素、推荐灌溉制度查询功能。数据平台可以更直观、更高效反映全区高效用水数据、气象资料等。技术路线见图 1.4-1。

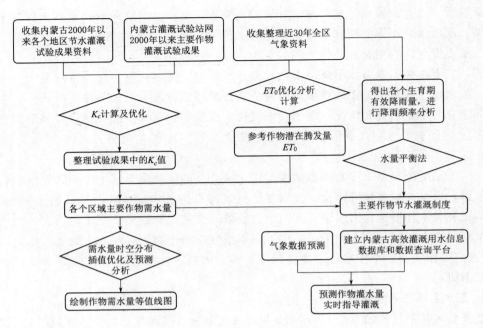

图 1.4-1 技术路线图

2

研 究 区 概 况

2.1 自然地理

2.1.1 地形

内蒙古自治区位于亚洲中部蒙古高原的东南部及其周沿地带,自东北向西南呈弧形带头。境内地形多样,有高原、山地、丘陵、平原、盆地、熔岩台地和沙地等。东部有东北—西南向的大兴安岭斜贯,中部有东西走向的阴山山脉横亘,西部有南北走向的贺兰山山脉,构成了内蒙古大地的"脊梁"。"脊梁"地区的海拔在 1500~2000m 之间,把内蒙古自治区分成了内蒙古高原(包括呼伦贝尔高原、锡林郭勒高原、乌兰察布高原和巴彦淖尔-阿拉善高原)、鄂尔多斯高原、平原(包括嫩江西岸平原、西辽河平原、河套-土默特平原)三大部分。由东向西或由南向北呈平原、山地与高原镶嵌排列的带状分布。

2.1.2 地貌

内蒙古自治区属于高原区地貌区。地势高平,辽阔坦荡,1000m 以上的高原面积占全区总面积的 1/2。全区分为内蒙古高原、大兴安岭山地、阴山山地、贺兰山-卓子山山地、河套-土默特平原、鄂尔多斯高原、西辽河-嫩江平原、老哈河-教来河中上游丘陵台地八大地貌区。

内蒙古自治区境内河流、湖泊较多,流域面积大于 200km² 的河流有 258 条,大于 100km² 的淡水湖泊有 7 个。但是水资源分布不均,东部地区河网密集而水丰,西部地区河流稀疏而水贫。区内较大的河流有黄河、额尔古纳河、嫩江、西辽河等,此外还有流量不等的山川沟溪和季节性河流。黄河流入内蒙古自治区境内经口堂、磴口、包头、托克托至准格尔旗榆树湾出境,河道在内蒙古段呈倒 U 形;额尔古纳河系黑龙江的上游,发源于大兴安岭西侧的吉鲁契那山山麓,自东而西横贯呼伦贝尔高原中部;嫩江系松花江北源,南北纵贯呼盟及兴安盟东部边缘,是内蒙古自治区东部最大的河流;西辽河在哲盟境内,其上游为赤峰市境内的西拉木伦河、老哈河、教来河三大水系。内蒙古自治区的天然湖泊近 1000 个,较大的有呼伦贝尔市西部的呼伦湖、贝尔湖,克什克腾旗西北部的达里淖尔，乌拉特前旗的乌梁素海，凉城县的岱海，察哈尔右翼前旗的黄旗海，阿巴嘎旗的查干淖尔，额济纳旗的嘎顺淖尔和苏古淖尔等。

自然地理位置、地形和地貌影响着热量、水分在地表的再分配，导致内蒙古自治区自然景观和自然资源的多样性，有草原景观、森林景观和荒漠景观三大类型。

大兴安岭、阴山和贺兰山山脉的位置和走向决定了内蒙古自治区自然地理条件的显著差异和自然景观的明显变化，也影响着内蒙古自治区的气候。全区为湿润、半湿润季风气候向半干旱、干旱性大陆性气候的过渡型，具有冬季严寒漫长、夏季温热短促的特点。东部、南部地区处在夏季风的边缘，降水稍多；大兴安岭以西，阴山山脉以北，冬季风影响大，干旱少雨，寒暑变化剧烈，属于典型的大陆性气候。贺兰山是夏季风的西界，冬春季对来自西北边的寒潮起削弱作用。内蒙古自治区的热量指数自东北向西南递增，年平均气温等值线大致呈东西走向略向南弯曲。降水量自东向西递减，由 550mm 递减至 40mm。干湿状况由湿润、半湿润到半干旱、干旱依次更替。自然景观分界线和干燥度 4.0 等值线大体相符。

2.2 农牧业自然资源

2.2.1 水资源

内蒙古自治区境内共有大小河流千余条，祖国的第二大河——黄河，由宁夏石嘴山附近进入内蒙古，由南向北，围绕鄂尔多斯高原，形成一个马蹄形。流域面积在 $1000km^2$ 以上的河流有 107 条；流域面积大于 $200km^2$ 的有 258 条。有近千个大小湖泊。全区地表水资源量为 406.60 亿 m^3，与地表水不重复的地下水资源量为 139.35 亿 m^3，水资源总量为 545.95 亿 m^3，占全国水资源总量的 1.92%。另外黄河分水 58.6 亿 m^3，黑河分水 8 亿 m^3。全区多年平均水资源可用量 253.44 亿 m^3，其中地表水可用水量 140.14 亿 m^3，地下水可用水量 113.93 亿 m^3，其他水源可用水量 7.68 亿 m^3。年人均占有水量 $2200m^3$，耕地每公顷平均占有水量 0.76 万 m^3，平均产水模数为 4.61 万 m^3/km^2。内蒙古水资源在地区、时程的分布上很不均匀，且与人口和耕地分布不相适应。东部地区黑龙江流域土地面积占全区的 27%，耕地面积占全区的 20%，人口占全区的 18%，而水资源总量占全区的 67%，人均占有水资源量为全区均值的 3.6 倍。中西部地区的西辽河、海滦河、黄河 3 个流域总面积占全区的 26%，耕地占全区的 30%，人口占全区的 66%，但水资源仅占全区 24%，大部分地区水资源紧缺。

内蒙古自治区多年平均地表年水资源量约 406.60 亿 m^3。由于河川径流受大气降水及下垫面因素的影响，年径流量地区分布不均，水资源也不平衡，局部地区水量丰富而有余，而大部分地区干旱缺水。同时，河川径流年内分布不均，年际间变化比较大。年降水集中在 6—9 月，汛期径流量占全区径流量的 60%～80%。历年间径流量大小不匀，相差很大。年径流量最大与最小的比值，东部林区各河流为 4～12，中部各河流为 6～22，西部地区各河流高达 26 以上。

内蒙古自治区地下水平均资源量为 236 亿 m^3。与地表水的重复量是 97 亿 m^3。内蒙古自治区地下水资源的分布受大气降水、下垫面条件和人类活动的影响，具有平原多、山丘区少和内陆河流域更少的特点。平原区扣除与山丘区地下水资源量间的重复计算后的地下水资源模数，一般在 5.9 万～6.5 万 m^3/km^2，为山丘区地下水平均水资源模数的 2.2～2.7 倍。内陆河流域地下水资源模数为 1.1 万 m^3/km^2，因而地下水资源十分贫乏，只是在内陆闭合盆地的平原或沟谷洼地，地下水才比较富集。全区按自然条件和水系的不同，分为：大兴安岭西麓黑龙江水系地区；呼伦贝尔高平原内陆水系地区；大兴安岭东麓山地丘陵嫩江水系地区；西辽河平原辽河水系地区；阴山北麓内蒙古高原内陆水系地区；阴山山地、海河、滦河水系地区；阴山南麓河套平原黄河水系地区；鄂尔多斯高平原水系地区；西部荒漠内陆水系地区。

2.2.2 光能资源

全区年辐射总量为 4750～6250MJ/(m^2·a)，自东向西新增多。呼伦贝尔市大兴安岭林区，总辐射量在 4750MJ/(m^2·a) 以下，为全区最低值。兴安盟、通辽市、赤峰市、锡林郭勒盟东部，总辐射量为 5200～5500MJ/(m^2·a)；锡林郭勒盟中、西部，乌兰察布市、鄂尔多斯市为 5500～6000MJ/(m^2·a)；巴彦淖尔市西部、阿拉善盟为 6200MJ/(m^2·a) 以上，是全区辐射量最高区，仅次于青藏高原，比华北、东北、长江中下游及华南地区多 600～1600MJ/(m^2·a)；年总辐射量的季节分布为：4－6月太阳辐射强，总辐射量直线上升，5月达到全年最大值，7－8月太阳总辐射相对减少，9月以后迅速减少，12月为全年最低值。

内蒙古各地光合有效辐射相当于太阳总辐射的 49%～51%。光合有效辐射的地区分区、分布和变化，与总辐射量的特征基本一致，呼伦贝尔市最少，阿拉善盟最多，冬、春季少，夏、秋季多。目前，内蒙古的光能利用水平还不高。如按光合有效辐射计算，光能利用率仅为 0.2%～0.6%。如果光能利用率能提高到 1%，粮食单产可提高 3～5 倍。因此，从提高光能利用率入手，挖掘内蒙古的增产潜力，大有可为。年日照时数，全区各地在 2600～3400h，年日照时数自东向西南递增。一般认为在日平均气温 ≥10℃ 且日照时数 ≥6h 的日数为太阳能最佳利用日数。以此衡量，呼伦贝尔市大兴安岭地区日照时数短，全年太阳能最佳利用日数只有 90 天，大兴安岭北端原始林区仅有 80 天，是全区太阳能最佳利用日数最少的地区。大兴安岭岭东地区和兴安盟西北部，呼伦贝尔草原的太阳能最佳利用日数在 90～110 天，兴安盟东南部广大地区，赤峰市、通辽市的大兴安岭山地为 110～120 天，其余广大地区为 120 天以上，中西部地区多达 130 多天。阿拉善盟的额济纳旗，年太阳能最佳利用日数最长，多达 163 天，是全区太阳能最丰富的地区。全区日照时效的季节变化是，5月、6月的日照最长，每日 8～11h，可照时数 14～16h，5月、6月正是部分农作物的生长季节，此时日照时间长有利于农作物的成熟。

2.2.3 热量资源

内蒙古年平均气温为 −4～8℃，大兴安岭北段平均气温为 −2～4℃，是内蒙古而且也是全国最冷的地区之一，年平均气温由北向东南和西南递增，大兴安岭东侧为 0～3℃、乌兰浩特市为 4～5℃、西辽河平原为 5～7℃。呼伦贝尔高原东部和大兴安岭南坡为 −1℃，呼伦贝尔高原西部和锡林浩特为 −1～1℃，锡林浩特西部及阴山山地和丘陵地区为 0～2℃。乌兰察布市的后山及前山地区为 3～5℃。河套平原、鄂尔多斯高原为 5～7℃，阿拉善盟为 8～9℃。

一年之内的气温，1月最低，7月最高。1月平均气温为$-10\sim-32℃$。大兴安岭山地、根河—图里河一带最冷，平均最低气温在$-37℃$以下。1月极端最低气温为$-30℃$，大北安岭林区在$-40℃$以下。7月各地平均气温均为$16\sim26℃$，巴彦淖尔市西部、阿拉善盟为$24\sim26℃$，是全区夏季的高温区，最高气温为$36\sim40℃$。总之，热量的季节变化特点明显，冬季寒长，夏季温凉。春温骤升，秋温剧降，春温高于秋温，变化剧烈。

农业界限温度到达日期及时空分布情况，春天日平均气温稳定达到$0℃$的日期自西向东逐渐推迟，阿拉善盟平均在3月12—20日，呼伦贝尔市北部及大兴安岭地区平均在4月15—25日。图里河平均在4月27日，为全区气温稳定达到$0℃$的最晚日期。秋天温度下降到$0℃$以下的日期，自西向东逐渐提前。气温稳定达到$10℃$时，阿拉善盟、赤峰市南部、通辽市南部最早，图里河最晚。从吉兰泰到图里河，春天气温稳定达到$10℃$以上的日期相差49天。秋天，气温稳定达到$10℃$的终止日期，自西向东逐渐提前。

农业界限积温及其保证率情况，全区大部分农耕时期稳定达到$0℃$的持续日数长达$160\sim230$天，作物生长期稳定达到$5℃$的持续日数为$130\sim200$天，生长活跃期稳定达到$10℃$的持续日数为$85\sim170$天，以上各级界限积温相应为$1600\sim4100℃$、$1700\sim4000℃$、$1800\sim3600℃$。内蒙古$\geqslant0℃$、$\geqslant5℃$、$\geqslant10℃$的积温从西向东变化很大，年际变化也大。年$\geqslant10℃$的积温达$400\sim800℃$，$\geqslant0℃$和$\geqslant5℃$的积温为$300\sim500℃$。

2.2.4 风能资源

内蒙古的风能资源丰富，年平均风速从东向西、由南到北逐渐增大，绝大部分在$3m/s$以上，阴山以北风速为$4\sim6m/s$，大于$8m/s$的保证率为$60\%\sim80\%$。呼伦贝尔市西部、通辽市、赤峰市、锡林郭勒盟、鄂尔多斯市、阿拉善盟等地风速为$3\sim4m/s$，大于$3m/s$的保证率为$50\%\sim60\%$。大兴安岭林区及岭东、乌兰察布市前山，河套平原及土默川平原风速为$3m/s$，不小于$3m/s$的保证率为$30\%\sim50\%$。

年大风日数，东部各盟市有$20\sim40$天，西部各盟市$40\sim60$天，其中锡林郭勒盟西南部和阿巴嘎旗、乌兰察布市、巴彦淖尔市沿国境一带可达$60\sim100$天，大兴安岭、土默特、河套平原20天左右。冬春大风日数占全年总日数的50%左右，年际变化较大。内蒙古的风能资源约占全国的30%。潜在电能为5.4亿kW。

2.2.5 土地资源

内蒙古自治区土地辽阔，高原、山地、丘陵、平原等地貌类型都有分布，但大部分是高原、山地，海拔较高。

内蒙古自治区由于所处的地理位置，东西之间随着距海的远近、降水的多少以及生物等诸多因素的递变，形成了不同的土壤类型及明显的水平分布。自东向西依次分布着暗棕壤带、黑土带、黑钙土带、栗钙土带、灰漠土带、灰棕荒漠土带。自治区的南部边缘自东向西断续分布有褐土带、灰钙土带。各水平带内，相对高度较大的山地，土壤的垂直带分异也比较明显，全区分布最广的为中等肥力的栗钙土和低肥力的风沙土，各土类的适宜性和限制性差异很大。

内蒙古的土地资源具有数量大、质量差、呈明显的带状分布的特征。与相邻省区比较，土地资源丰富，土地面积是黑龙江省的2.5倍，辽宁省的8.1倍，吉林省的6.3倍，山西省的7.6倍，陕西省的5.8倍，甘肃省的2.6倍，宁夏回族自治区的17.8倍，北京市的 72.0 倍。与世界一些国家相比，是日本的 3.1 倍，法国的 2.1 倍，意大利的 3.9 倍。按人均计，每人占有土地 79.50 亩，是全国平均数的 6.3 倍；每人占有耕地 4.95 亩，是全国平均数的 6.6 倍；每人占有林地 12.90 亩，是全国平均数的 5.4 倍。特别是草地的人均占有量，远远高出全国平均水平。

土地质量差，具有中等肥力的栗钙土和低肥力的风沙土为多数，广泛分布于全区。现有土地利用现状表明，全区 17255 万亩的耕地中，质量好的耕地占 36.7%，其余为中下等地。中下等地各盟市均有分布，生产力不高，限制因素较多，部分可通过改造提高产量，一部分不宜作为农用地，应退耕造林种草。天然草地面积虽然很大，但大部分质量较差，退化也比较严重。全区一等草场占 12.8%，二等草场占 30.9%，三～五等草场占 56.3%。退化面积占可利用草地的 20% 以上。

土地具有明显的带状分布规律。内蒙古地处温带内陆，是东北、华北湿润、半湿润的森林、森林草原向亚洲腹地的干旱荒漠过渡地区，也是东北平原、冀北山地、黄土高原和河西走廊跨入亚洲中部蒙古高原的过渡地区。"过渡地区"的位置，再加上复杂的地质构造和东北西南走向的大兴安岭—阴山—贺兰山的影响，使全区的土地呈现明显的带状分布规律，即从东向西或从南向西北呈现平原—山地—高原的带状分布。全区从东到西横跨五个自然带，各自然带的分界大体上与气候的湿润系数 0.6、0.3 和 0.013 等值线相吻合。各自然带的水热不同，土壤肥力不一，土地自然生产力高低也不同，从东北向西南土壤肥力、土地自然生产力及土地的适宜性呈递减规律。

2.3 自然资源利用状况

2.3.1 气候资源利用

内蒙古自治区所处纬度较高，距离海洋较远，大兴安岭由东北向西南贯穿于内蒙古东部，阴山山脉横亘于中部，地形地势复杂多样，形成了内蒙古气候资源的多样性和立体性特点。内蒙古日照充足，光能资源非常丰富，日照与太阳辐射从东北向西南逐渐增多，太阳总辐射量为 $4500\sim6500MJ/m^2$，$\geq0℃$ 的光合有效辐射 $1800\sim2400MJ/m^2$。年日照时数 $2600\sim3400h$，日照百分率为 53%～78%，内蒙古平均光能利用率仅为 0.2%～0.6%，个别地区可达到 1%。作物生长季日照时间长，有效利用率高，可以弥补作物生长期短的不足。

内蒙古地居内陆，地势较高，热量偏低，无霜期较短，冬季寒长，夏季冷凉，平均气温和无霜期均短于同纬度的东北和新疆地区。热量资源由南到北递减，年平均气温 $0\sim8℃$，$\geq0℃$ 的活动积温为 $2000\sim4000℃$，日较差 $12\sim16℃$，昼夜温差大，温度有效性高，有利于植物同化作用和干物质的积累。无霜期大多在 $120\sim200$ 天，可以满足一年一熟的喜温和喜凉作物生产及牧草作物的返青和生长。南北热量资源差距较大，形成内蒙古偏北宜于发展林牧业，偏南适合发展种植业的格局。

内蒙古降水量小，变率大，蒸发多，空气相对干燥。全年降水量为 $50\sim500mm$，大部分地区夏季降水量占年降水量的 65%～75%，年降水相对变率为 15%～40%，80% 保证率的年降水量只占平均年降水量的 70%，限制了农业生产的发展。内蒙古水热分布不平衡，农业气象灾害频发，主要有干旱、冰雹、大风、霜冻、低温冷害、干热风、雨涝、牧区黑白灾等，其中干旱经常发生。

内蒙古风能资源丰富，全年大风日数平均在 10～40 天，70％发生在春季，多年平均风速为 1.4～5.5m/s，内蒙古 3～25m/s 的年有效风速时数为 1300～7500h。风旱、风沙对农牧业生产具有不利影响，但同时风力又是取之不尽的无污染能源，内蒙古风能资源总储量为 10.18 亿 kW，约占全国风能资源储量的 1/3。

气候资源对内蒙古农牧业生产的不利影响主要表现在以下几个方面：

（1）水热不匹配影响了内蒙古气候资源的有效利用。内蒙古温度生产潜力呈西南多东北少的纬向地带性分布，降水生产潜力呈西南少东北多的纬向地带性分布，光温资源和降水资源的不匹配，对农业气候资源生产潜力的开发产生不利影响。内蒙古粮食单产仅占温度生产潜力的 24％，占降水生产潜力的 47％，在内蒙古地区降水对农业生产的限制作用大于温度，内蒙古多年平均气候资源利用率为 45％，实际生产力与气候资源生产潜力还有较大差距。

（2）干旱是发展农牧业生产的主要限制因素。内蒙古降水普遍不足，加之蒸发量大，时空分布不均，造成干旱的概率大，持续时间长。据多年资料分析，有十年七旱，三年雨；三年两小旱，七年一大旱的规律。年降水量不足 300mm 的地区约占一半以上，而蒸发量一般要超过降水量的 3～5 倍，西部地区可超过 10 倍。按 80％的保证率计算，内蒙古年降水量在 350mm 以上的只有大兴安岭东南部地区，湿润系数不小于 0.6，属于半湿润区，年降水量在 250～350mm 之间的有呼伦贝尔西部、兴安盟东南部、赤峰市、通辽市、锡林郭勒盟东南部、乌兰察布盟南部、呼和浩特市和鄂尔多斯市南部，湿润系数不小于 0.3，属于半干旱区，再向西逐渐向干旱区、严重干旱区和极干旱区过渡。湿润系数 0.3 等值线是内蒙古旱作农业的西界，此界以西如无灌溉条件就无法进行旱作农业。

（3）气候变化导致农牧业生产的不稳定性增加。内蒙古气温变化以增温为主。生长季增温速率为 0.49℃/10a，降水量整体呈减少趋势，减少速率为 19.55mm/10a（$P = 0.05$）。主要农业区不小于 10℃的积温增加了 350～570℃·d，东西部农业区降水差别较大。内蒙古西部地区气候暖湿化，东北部地区气候暖干化。内蒙古荒漠草原以冬季增温最为明显，年降水量自东南向西北呈条带状逐渐减少，近 10 年来的下降尤为突出，年平均干燥度呈条带状自东南向西北逐渐递增。一方面，气候变暖导致积温增加，作物生长期延长，引起农业生产布局与结构变动；另一方面，气候变暖使昆虫繁衍的代数增加，使各种病虫害出现的范围扩大，危害加剧。另外，在降水增加不明显的条件下，气候变暖导致蒸发加剧，加速了土壤干旱化程度，水分制约更加明显，冬季地表积雪减少，土壤水分散失加快，土壤墒情下降，甚至使沙尘暴强度加大。内蒙古荒漠草原植被生长受温度的影响较小，降水的作用较大。

2.3.2 水资源利用

从水资源总量看，内蒙古在我国属于水资源比较匮乏地区。内蒙古拥有地表水资源量 813.52 亿 m³，占全国地表水资源的 3.03％，地下水资源量 249.33 亿 m³，占全国地下水资源的 3.09％，扣除重复计算部分内蒙古水资源总量为 959.81 亿 m³，占全国水资源总量的 3.44％。内蒙古人均水资源量低于 2000m³，国际上认为人均水资源量 2000m³ 为严重缺水边缘，2007 年人均水资源量最少，仅为 1232.25m³，为当年全国人均水资源量的 64.3％。2013 人均水资源量最多，达到 3848.6m³，比全国人均水资源量 2059.69m³ 高出 86.85％。内蒙古地下水供给占水利工程供给量的比重较大。其中地表水源供水量、地下水源供水量和其他供水量分别占总供水量的 80.98％、18.21％和 0.81％。地下水资源的持续过量开采不利用内蒙古农牧业的可持续发展。从用水结构看，内蒙古农业用水占总用水量的比重比较大。其中农业用水、工业用水、生活用水和生态用水占总用水量的比重分别为 63％、23％、12％和 2％。

水资源是制约内蒙古农牧业可持续发展的主要障碍因素，其对农牧业的不利影响主要表现在以下方面：

（1）地区差异大，大部分地区水资源短缺。内蒙古水资源的分布规律是从东北向西南逐渐减少，仅呼伦贝尔市水资源总量占到内蒙古的 76.12％，兴安盟、通辽市、赤峰市等东部 3 个盟（市）的水资源总量略高于中西部地区，三地水资源总量占内蒙古的 14.51％，锡林郭勒盟、呼和浩特市、包头市、乌兰察布市等中部 4 个盟（市）水资源总量占内蒙古的 6.49％，乌海市、鄂尔多斯市、巴彦淖尔市、阿拉善盟等西部 4 个盟（市）水资源总量占内蒙古的 2.87％。

（2）河川径流较少，开发利用条件较差。内蒙古属于我国河川径流分布较少的地区，内蒙古外流水系的主要河流有黄河、永定河、滦河、西辽河、嫩江、额尔古纳河，内陆河水系主要有乌拉盖尔河、巴音河、额济纳河、黄旗海和岱海等。其中嫩江右岸和额尔古纳水系占绝对优势，黄河水主要来自上游，广大山区、丘陵区和高原则多属于无流区，处于荒漠区的阿拉善盟水量很少。水资源利用除了充分利用地表水、洪水和泥沙资源外，还要大力开发利用地下水补给用水需要，从长期看，则需从区外调水满足工农业生产、生活与生态的需要。

（3）地表水资源年际、年内变化大，加大了农牧业生产的不确定性。内蒙古地区地表水在丰水年和枯水年的水量往往相差几十倍，河川径流量的 70％集中在夏秋季，在 4—5 月农田和饲草料基地春旱灌水期，河川径流只占 5％～10％，使农牧业生产得不到持续、稳定的用水保障。

（4）可分配给农业的用水量逐渐减少。内蒙古地区在用水方面农业历年都是占主体地位的，水资源对农业发展具有不可替代的作用。近年来，由于注重构建节水型农业，农业用水增长逐渐放缓，但短期内不会骤然减少，而且目前大部分农业粗放式生产模式，水资源灌溉用水效率低，浪费的现象层出不穷，所以促进水资源利用效率应该注重该地区农业用水利用率的提高。

2.3.3 土地资源利用

内蒙古土地面积 118.3 万 km²，占全国总面积的 12.3％，是我国第三大省区。内蒙古拥有耕地面积 17255 万亩，农村居民家庭人均经营耕地面积在 31 个省（自治区、直辖市）中仅低于黑龙江省，是全国人均耕地的 4.44 倍。拥有草原总面积占全国草原总面积的 20.06％，在 31 个省（自治区、直辖市）中草原面积仅低于西藏自治区。可利用草原面积，占全国可利用草原面积的 19.21％，丰富的土地资源为农牧业生产提供了有利条件。森林灰色土、黑土、黑钙土、栗钙土、棕钙土、漠钙土、灰棕荒漠土等土壤类型由东北向西南呈弧形带状分布，土壤的腐殖质含量和自然生产力以及土地的适宜性呈递减规律，在西辽河平原、土默川和河套平原，水热条件较好，有灌溉条件，土地生产力较高；在大兴安岭东麓平原和西麓丘陵，土地生产力次之；在广大的干草原栗钙土地区，旱作不稳定，土地生产力较低，西部荒漠和半荒漠，土壤贫瘠，土地生产力很低。内蒙古土地资源对农牧业生产的不利影响主要表现在以下几个方面：

（1）耕地质量差。全国农用地等别调查与评价结果表明，内蒙古属于全国耕地质量最差，现有耕地平均利用等别为14等，内蒙古农用地利用等别为14等和15等的耕地面积占耕地总量的60%以上。

（2）耕地以旱地为主，农业生产受水资源约束明显。在内蒙古现有耕地面积中，旱地、水田和水浇地分别占耕地的68.17%、0.95%和30.88%。耕地中0°～15°坡耕地占99.3%，15°～25°的坡耕地占0.7%。旱坡地数量大，耕地利用方式粗放，利用率和产出率低下，旱坡地亩产不足150kg，水资源短缺是制约其产出水平的主要因素。

（3）土质沙性大，荒漠化和沙化现象比较严重。由于内蒙古生态系统脆弱和利用不当，内蒙古成为我国荒漠化和沙化土地最为集中、危害最为严重的省区之一。据第四次全国荒漠化和沙化监测统计，内蒙古荒漠化土地占内蒙古总土地面积的52.2%，占全国荒漠化土地面积的23.5%；沙化土地总面积占内蒙古总土地面积的35.05%，占全国沙化土地面积的24%。

3

主要作物适宜种植条件
及区域研究

3.1 玉米适宜种植条件及区域

3.1.1 适宜种植条件

玉米在内蒙古自治区的粮食中占有重要地位。提高玉米产量对于内蒙古乃至全国粮食安全和农牧民增收及发展具有重要意义。玉米是喜热作物,同时玉米的产量高度依赖于农田土壤水分养分变化。其中玉米从播种至成熟对积温和无霜期要求较高,一般以气温不小于10℃来选择品种和种植方式,此外玉米生长期间要求计划湿润层土壤含水率下限不低于65%(体积含水率)。不同玉米的生育时期(不同气候区)对作物需水量影响较大,同时灌溉制度也因地制宜。

3.1.2 适宜种植区域

内蒙古属北方春播玉米区,玉米种植主要分布在气温不小于10℃、活动积温大于1800℃的地区,种植的玉米品种囊括了我国北方春玉米区的各种熟期组别。目前内蒙古种植的玉米品种逐步向多样化发展,但粒用玉米仍占主导地位(93.0%);中晚熟、中熟品种占63.6%,是主体熟期组别,中早熟、早熟、极早熟、超早熟合计占29.3%,为辅助熟期组别;青贮玉米约占6.7%,种植比例提升较快;鲜食玉米占0.4%,规模种植主要靠订单农业,以赤峰市、乌兰察布市为主,邻近京津冀是鲜食玉米发展的优势。

1. 超早熟玉米区

2021年统计超早熟玉米种植面积为17.77万 hm^2 ,占全区玉米种植面积的4.6%,其中呼伦贝尔市占该生态区的84.3%,占当地玉米种植面积的23.1%,是超早熟玉米品种的主要种植区;锡林郭勒盟占该生态区的7.4%,种植的普通玉米基本为超早熟品种;乌兰察布市、兴安盟、赤峰市也有少量面积。

超早熟玉米适宜种植在气温大小于10℃、活动积温小于1950℃的地区,种植面积为5万~20万 hm^2 ,包括呼伦贝尔市东部、锡林郭勒盟大部和兴安盟、赤峰市、乌兰察布市北部。受气候、市场价格和政策因素影响,种植面积波动较大。主要分布在大兴安岭东南温凉半湿润半干旱区、阴山丘陵温凉半干旱区，年均气温 0℃ 以上，种植行政区包括：鄂伦春旗东南部，莫力达瓦旗、阿荣旗西北部；科尔沁右翼前旗西北部，阿尔山市南部；阿鲁科尔沁旗、巴林左旗、巴林右旗、林西县北部，克什克腾旗西部；东乌珠穆沁旗、正蓝旗、多伦县、太仆寺旗大部；化德县、商都县、察右后旗、察右中旗、四子王旗部分。

2. 极早熟玉米区

2021 年统计极早熟玉米种植面积为 32.21 万 hm²，占全区玉米种植面积的 8.3%，其中呼伦贝尔市占该生态区的 67.1%，占当地玉米种植面积的 33.4%，也是极早熟玉米品种的主要种植区；兴安盟、乌兰察布市、赤峰市、包头市占该生态区的 15.7%、10.2%、4.4%、2.3%，是极早熟玉米品种的辅助种植区，其中乌兰察布市极早熟品种占当地玉米种植面积的 28.8%；包头市、呼和浩特市阴山北麓也有少量面积。

极早熟玉米适宜种植在气温不小于 10℃、活动积温为 1950～2150℃ 的地区，种植面积为 15 万～35 万 hm²，包括呼伦贝尔市东部、锡林郭勒盟南部和兴安盟、赤峰市、乌兰察布市、呼和浩特市、包头市北部。受市场价格和政策因素影响，种植面积波动较大，是发展早熟青贮玉米的主要区域。主要分布在大兴安岭东南温凉半湿润半干旱区、阴山丘陵温凉半干旱区，年均气温 0～1.5℃，包括：呼伦贝尔市鄂伦春旗大部，阿荣旗、莫力达瓦旗北部；兴安盟科尔沁右翼前旗、扎赉特旗偏北部，阿尔山市南部；赤峰市阿鲁科尔沁旗、巴林左旗、巴林右旗、林西县、克什克腾旗偏北部；锡林郭勒盟多伦县、太仆特旗、东乌珠穆沁旗南部；乌兰察布市化德县、商都县、察右后旗、察右中旗、四子王旗大部，兴和县、察右前旗、集宁区、卓资县偏北部；呼和浩特市武川县，土默特左旗北部；包头市固阳县、达茂旗。

3. 早熟玉米区

2021 年统计早熟玉米种植面积为 31.63 万 hm²，占全区玉米种植面积的 8.1%，其中呼伦贝尔市占该生态区的 58.0%，占当地玉米种植面积的 28.3%；兴安盟占该生态区的 27.9%，占当地玉米种植面积的 12.3%，也是早熟玉米品种的主要种植区。赤峰市、乌兰察布市分别占该生态区的 7.6%、5.1%，是早熟玉米品种的辅助种植区；通辽市、呼和浩特市、包头市等也有一定面积。

早熟玉米适宜种植在气温不小于 10℃、活动积温为 2150～2350℃ 的地区，种植面积为 20 万～35 万 hm²，包括呼伦贝尔市东部、兴安盟与赤峰市中北部、乌兰察布市中部、通辽市扎鲁特旗北部、呼和浩特市与包头市北部。种植面积有所波动，是发展中早熟青贮玉米的主要区域。

4. 北方中早熟春玉米区

2021 年统计中早熟春玉米种植面积为 32.80 万 hm²，占全区玉米种植面积的 8.4%，其中兴安盟占该生态区的 50.5%，占当地玉米种植面积的 23.1%，是中早熟玉米品种的主要种植区。呼伦贝尔市、赤峰市、乌兰察布市分别占该生态区的 28.0%、14.3%、4.1%，是中早熟玉米品种的辅助种植区。呼和浩特市、通辽市、包头市等也有一定面积。

中早熟玉米适宜种植在气温不小于 10℃、活动积温为 2350～2550℃ 的地区，种植面积为 25 万～40 万 hm²，包括兴安盟大部、呼伦贝尔市南部、赤峰市中北部及西部、乌兰察布市南部、通辽市扎鲁特旗中部和呼和浩特市、包头市、鄂尔多斯市、巴彦淖尔市沿山区。种植面积波动较小，是发展中熟青贮玉米的主要区域。主要分布在大兴安岭东南温凉半湿润半干旱区—科尔沁温暖半干旱区、阴山丘陵温凉半干旱区—阴山南麓温暖半干旱区过渡区域，年均气温 3.0～4.5℃，包括：呼伦贝尔市阿荣旗南端，扎兰屯市南部；兴安盟扎赉特旗、科尔沁右翼前旗、突泉县、乌兰浩特市大部，科尔沁右翼中旗中西部；通辽市扎鲁特旗中北部；赤峰市阿鲁科尔沁旗、巴林左旗、巴林右旗中南部，翁牛特旗中西部，喀喇沁旗西部；乌兰察布市丰镇市、凉城县中部；呼和浩特市赛罕区和林县、清水河县中部，土默特左旗北部；包头市固阳县中西部、石拐区、九原区、东河区沿山；鄂尔多斯市伊金霍洛旗、乌审旗、鄂托克旗、鄂托克前旗山区；巴彦淖尔市乌拉特前旗东南部沿山。

5. 北方中熟春玉米区

2021 年统计中熟春玉米种植面积为 90.23 万 hm²，占全区玉米种植面积的 23.1%，主要分布在兴安盟、赤峰市、呼和浩特市、鄂尔多斯市、巴彦淖尔市、包头市、通辽市及乌兰察布市，种植区域分布较广；中熟品种是呼和浩特市、包头市及鄂尔多斯市主体玉米熟期组别；呼伦贝尔市、锡林郭勒盟积温有限，基本无本适宜生态区；而乌海市、阿拉善盟积温偏高，种植面积小。

北方中熟春玉米适宜种植在气温不小于 10℃、活动积温为 2550～2750℃的地区，种植面积为 85 万～110 万 hm²，包括赤峰市、呼和浩特市、包头市、鄂尔多斯市大部、兴安盟南部、通辽市中北部、乌兰察布市南部、巴彦淖尔市沿山区、阿拉善左旗。种植面积波动较小，是中晚熟青贮玉米规模化种植的主要区域。主要分布在科尔沁温暖半干旱区、阴山南麓温暖半干旱区、河套灌区温暖干旱区，年均气温 4.5～6.0℃，包括：兴安盟扎赉特旗、科尔沁右翼前旗南部，突泉县、科尔沁右翼中旗中东部；通辽市扎鲁特旗南部，科尔沁左翼中旗、开鲁县北部；赤峰市阿鲁科尔沁旗、巴林左旗、巴林右旗南部，松山区、红山区、元宝山区、宁城县、翁牛特旗、喀喇沁旗、宁城县大部，敖汉旗西部；乌兰察布市丰镇市、凉城县中部小区域；呼和浩特市玉泉区、赛罕区和林县、土默特左旗、托克托县大部，清水河县西部；包头市土默特右旗、九原区、东河区大部；鄂尔多斯市准格尔旗、达拉特旗、杭锦旗、东胜区、伊金霍洛旗、乌审旗、鄂托克旗、鄂托克前旗大部；巴彦淖尔市乌拉特前旗、乌拉特中旗、五原县、临河区、乌拉特后旗、杭锦后旗、磴口县沿山；阿拉善盟阿拉善左旗东部沿黄区。

6. 北方中晚熟春玉米区

2021 年统计中晚熟春玉米种植面积为 157.83 万 hm²，占全区玉米种植面积的 40.5%，种植区域分布也较广；其中通辽市占该生态区的 57.3%，占当地玉米种植面积的 88.8%，是中晚熟玉米品种的主要种植区；赤峰市占该生态区的 14.6%，占当地玉米种植面积的 40.0%，巴彦淖尔市、鄂尔多斯市、阿拉善盟、乌海市的中晚熟玉米品种占当地玉米种植面积 50% 以上，中晚熟玉米品种在当地也是主要熟期组别；兴安盟、呼和浩特市、包头市均有一定面积，而呼伦贝尔市、乌兰察布市、锡林郭勒盟积温有限，基本无适宜种植区。

北方中晚熟玉米适宜种植在气温不小于 10℃、活动积温大于 2750℃的地区，种植面积为 110 万～165 万 hm²，包括通辽市、鄂尔多斯市、巴彦淖尔市、乌海市、阿拉善左旗大部、兴安盟科尔沁右翼中旗南部和赤峰市、呼和浩特市、包头市中南部。种植面积波动较小。主要分布在科尔沁温暖半干旱区、河套灌区温暖干旱区，年均气温 6.0℃以上，该生态区集中了内蒙古三大平原灌区（西辽河平原温热灌溉区、土默特平原温暖灌溉区、河套平原温热灌溉区），是内蒙古玉米高产区。包括：兴安盟突泉县、科尔沁右翼中旗南部；通辽市科尔沁区、开鲁县、奈曼旗、库伦旗、科尔沁左翼后旗、科尔沁左翼中旗大部；赤峰市红山区、元宝山区大部，松山区、敖汉旗东部；呼和浩特市托克托县西部；包头市土默特右旗、九原区南部沿黄灌区；鄂尔多斯市准格尔旗中部、达拉特旗、杭锦旗沿黄灌区；巴彦淖尔市乌拉特前旗，五原县、临河区、杭锦后旗、磴口县沿黄灌区；乌海市海南区沿黄灌区；阿拉善盟阿拉善左旗东部沿黄区。

3.2 大豆适宜种植条件及区域

3.2.1 适宜种植条件

土壤条件是大豆高产的基础。土壤水分状况、养分状况及土壤的一些物理性状是影响大豆产量的重要因子。大豆种子萌发需要的水分较谷类作物多。大豆的幼根较柔嫩，含水量大，适宜的土壤水分条件才能促进幼根向纵深伸长。植株主根可达 1m 左右，侧根平行扩展可达 0.5m 左右。土壤水分不足时，会影响其纵向和横向扩展生长。大豆根对土壤中氧气变化很敏感。在缺氧条件下，根生长量明显减少。因此，土壤水分含量适度、耕层深厚、松紧适度，就可提供良好的水分含量和通气条件，会促进根系的生长发育。

3.2.2 适宜种植区域

内蒙古自治区是我国主要的大豆生产区之一，在东北高油大豆区和东北中南兼用大豆区都占有重要地位。在 2005—2009 年全国大豆主产省大豆生产情况统计中，内蒙古常年大豆种植面积为 76.7 万 hm² 左右，排在全国第三位；年均总产为 110 万 t 左右，排在全国第四位。大豆是内蒙古主要的粮食和经济作物之一，在粮食生产中占重要地位，除阿盟大部地区、锡林郭勒盟牧区及乌海外，其他盟市广泛种植，但主要栽培区集中在东部四盟市，种植面积占内蒙古大豆种植总面积的 90% 以上。

3.3 水稻适宜种植条件及区域

3.3.1 适宜种植条件

水稻是喜阳作物，它对光照条件要求较高，水稻单叶饱和光强一般在 3 万～5 万 Lx，而群体的光饱和点随面积指数增大而变高。光饱和点面积的增加有利于水稻的苗壮生长。水稻为喜温作物，温度低时物质运转减慢，温度高时呼吸消耗增加，适温条件下水稻光呼吸作用增强，有利于水稻进行光合作用。水稻对土壤质地的要求不严格，沙土、壤土和黏土都可以种植，但最适合谷子生产的还是土层深厚、结构良好、有机质丰富的壤土，肥沃的土壤条件可以极大提高水稻产量。水稻全生长季需水量一般为 700～1200mm，随着湿度增加，光合作用逐渐增强。水稻需水层灌溉，以提高根系活力和蒸腾强度，促使叶片蔗糖、淀粉的积累和物质的运转。但水稻在返青期、减数分裂期、开花期应注意减少水量，长期淹水会导致死苗、幼穗腐烂和结实率降低。

3.3.2 适宜种植区域

我国水稻种植分布很广，从南到北、从东到西均有种植。内蒙古自治区水稻种植区主要集中在内蒙古东北地区，其中以大兴安岭地区、哲里木盟中部的西浔河灌区为主，因为这些地区气候比较温暖，光照时间较长，有利于水稻的旺盛生长。此外，这些地区土壤最为肥沃，水稻生长周期短，温差最大，最有利于水稻营养物质的储存。

3.4 小麦适宜种植条件及区域

3.4.1 适宜种植条件

小麦是世界重要的粮食作物，能够加工多种多样的食品，在我国主要在北方大面积栽培，其他地区栽培面积较少。栽培小麦对环境的要求跟其他的植物一样，主要有温度、水分、光照、养分、土壤这几大方面的要求，一般要按照小麦的成长特征来供给相应的环境

（1）温度。冬型品类的成长适宜温度在 16～18℃，萌芽温度在 8～16℃；半冬型适宜温度在 14～16℃，发芽温度在 5～14℃；春型品类长适温度在 12～14℃，发芽温度要达到 3℃以上。温度越低播种越早。一般温度高于 25℃成长不良。

（2）水分。小麦植株成长结实都需要足量的水分，而且，地表会蒸发掉灌溉水量的40％左右，意味着灌溉时除了要灌溉到小麦用水量，还要再多灌溉到蒸发水分才够成长需求。除了降雨量以外就要大量多次灌溉。

（3）施肥。成长播种前需要供应充盈的农家肥作底肥，一般厩肥、柔和家畜粪肥加秸秆沤制的肥最合适，一亩要施用 500kg。追肥主要是化肥，除大量氮、磷、钾元素以外，小麦干物质重要元素碳、氢、氧必须丰富，不然容易产生空壳。

（4）光照。小麦是长日照植物，对光敏感，一般成长需要每天 12h 的光照，12h 以下光照无法抽穗。迟钝型的小麦在 8～12h 光照能够开花抽穗。总之光照丰富，分蘖增多，开花、抽穗、结实就更好。

（5）土壤。对土壤要求不严，适应性强，在中性的酸碱性土壤中成长较好。需要保肥保水性好的土壤。要求土壤的结构层要完善，结构比较好，排水通气性能才好。需要栽培在肥沃的土壤里，结实需要大量的肥料营养物质成分。

小麦成长需要肥沃的土壤，中性酸碱度土壤，需要低温栽培，长日照、充足的营养物质，这就是小麦成长的最好栽培环境。

3.4.2 适宜种植区域

我国小麦栽培遍及全国，主产区为河北、山西、河南、山东、安徽、湖北、江苏、四川、陕西等地。按地区分为：西南麦区、长江中下游麦区、黄淮海麦区和西北麦区等（东北春麦、北部春麦、西北春麦、新疆冬春麦、青藏冬春麦、北部冬麦、黄淮冬麦、长江中下游冬麦、西南冬麦、华南冬麦 10 个亚区）。黄淮海麦区的河南、山东、河北、苏北、皖北、陕西等地；长江中下游麦区包括四川、湖北、河南南部和安徽、江苏的沿江地区。西南麦区包括云南、贵州、四川、重庆四省（直辖市）。按种植季节可划分为以下三个区域：

（1）春小麦区。主要分布在长城以北、岷山、大雪山以西地区。这些地区大部分处在

高寒或干冷地带，冬季严寒，冬小麦不能安全越冬，故种植春小麦；因无霜期短促，常在200天以下，栽培制度绝大部分是一年一熟。我国北方地区培育了一批抗逆性强、适应性广、丰产性高的春麦良种，已在各地推广，获得显著增产，对改变春小麦低产的作用很大。

（2）北方冬小麦区。主要在长城以南，六盘山以东，秦岭、淮河以北的地区。是我国最大的小麦集中产区和消费区，小麦播种面积和产量约占全国的2/3。一般实行一年两熟或两年三熟耕作制度，仅北部长城沿线两侧地带为冬、春麦混合的过渡地带。由于冬小麦是越冬作物，种植冬麦与其他粮食作物矛盾较少，可以减少冬闲地面积，扩大夏种面积，增加粮食总产量。因此，1949年以来冬小麦的播种面积不断扩大。

（3）南方冬小麦区。在秦岭淮河以南、折多山以东，播种面积和总产量约占全国的30%。由于本区人民多以稻米为主要口粮，因此，小麦的商品率较高，是我国商品小麦重要产区。

内蒙古小麦种植区主要分布在河套平原、土默川平原、西辽河平原，其中优质小麦生产基地是河套平原、土默川平原、大兴安岭岭北地区。

内蒙古地区有较长的小麦种植历史，分布范围比较广，全区12个盟市均有种植。目前内蒙古自治区的小麦集中种植区域分布在东部的大兴安岭沿麓地区和西部的土默特、河套灌区，其他地区均有零星种植。

大兴安岭沿麓旱作小麦种植区是我国优势强劲小麦生产区之一，这一区域土地辽阔、土壤肥沃、森林覆盖率高、降水充沛，是内蒙古自治区生态条件最好的旱作农业区。土默特、河套小麦种植区是国家和内蒙古自治区重要的商品粮生产基地。这一区域土地肥沃、农田水利基础设施条件好、积温高、光照条件好，有利于各种农作物的生长。

3.5 马铃薯适宜种植条件及区域

马铃薯原产于南美洲秘鲁、智利一带的高山冷凉地区，长期受生态环境的影响，形成了性喜凉爽气候、不耐湿热，具有一定的耐旱、耐土壤贫瘠能力，故适应性较强，栽培地区较广，一般栽培于北方高海拔和冷凉地区。马铃薯在内蒙古各个盟市均有种植，但规模化种植主要在乌兰察布、锡林郭勒、呼伦贝尔、兴安盟、呼和浩特和包头等地，常见于阴山沿麓地区。

3.5.1 适宜种植条件

（1）温度。经过休眠的马铃薯块茎，在日平均气温4℃左右时开始萌动，8~10℃时正常发芽生长，10~12℃为出苗最佳温度。马铃薯从出苗到茎叶生长期，以月平均气温15~25℃，特别是18~21℃最为适宜。在此温度范围内，温度越高，生长越繁茂。块茎形成及膨大期（6月中旬至9月下旬）最适宜月平均气温为16~18℃，温度达到20℃时块茎生长缓慢，温度超过25℃时块茎的膨大基本停止。块茎成熟期（9月中旬至10月上旬），温度在12~15℃之间为适宜范围。全生育期≥10℃积温早熟品种为1400~1600℃，中熟品种为2000~2300℃，晚熟品种为2300~2500℃。

（2）水分。马铃薯对水分的要求并不严格，滴灌条件下全生育期耗水量一般为350~400mm，其中在块茎形成和膨大期要求水分最多。从马铃薯块茎形成和膨大期降水分析可知,内蒙古阴山沿麓马铃薯在块茎形成及膨大期降水量均基本适宜。但在春末初夏干旱的年份,由于少雨对块茎形成不利;夏末秋初连阴雨天气的影响对块茎膨大也不利,导致马铃薯产量降低。通过多年试验表明马铃薯适宜的土壤含水率下限为 $65\%\sim70\%$。

(3)光照。马铃薯在蕾至成熟期,光照条件的好坏尤为重要,光照多,有利于光合作用进行与有机物质积累,从而提高产量。通过前人研究得出:光照时数与马铃薯产量呈现正相关关系,尤其在相对海拔高的地区,日照对马铃薯块茎形成及膨大较为有利,同时,温、光条件匹配较海拔低处好。

3.5.2 适宜种植区域

(1)早熟马铃薯区。早熟马铃薯需≥10℃活动积温为 1400～1600℃,种植区域包括呼伦贝尔市东部、锡林郭勒盟大部和兴安盟、赤峰市西部、乌兰察布市北部。主要分布在大兴安岭东南温凉半湿润半干旱区、阴山丘陵温凉半干旱区,年均气温 0℃以上。种植行政区包括:鄂伦春旗东南部,莫力达瓦旗、阿荣旗西北部;科尔沁右翼前旗西北部,阿尔山市南部;阿鲁科尔沁旗、巴林左旗、巴林右旗、林西县北部,克什克腾旗西部;东乌珠穆沁旗、正蓝旗、多伦县、太仆寺旗大部;化德县、商都县、察右后旗、察右中旗、四子王旗部分。

(2)中熟马铃薯区。中熟马铃薯需≥10℃活动积温为 2000～2300℃,主要种植区包括呼伦贝尔市东部、锡林郭勒盟南部和兴安盟、赤峰市、乌兰察布市、呼和浩特市、包头市北部。主要分布在大兴安岭东南温凉半湿润半干旱区、阴山丘陵温凉半干旱区,年均气温 0～1.5℃。种植行政区包括:呼伦贝尔市鄂伦春旗大部,阿荣旗、莫力达瓦旗北部;兴安盟科尔沁右翼前旗、扎赉特旗偏北部,阿尔山市南部;赤峰市阿鲁科尔沁旗、巴林左旗、巴林右旗、林西县、克什克腾旗偏北部;锡林郭勒盟多伦县、太仆特旗、东乌珠穆沁旗南部;乌兰察布市化德县、商都县、察右后旗、察右中旗、四子王旗大部,兴和县、察右前旗、集宁区、卓资县偏北部;呼和浩特市武川县,土默特左旗北部;包头市固阳县、达茂旗。

(3)晚熟马铃薯区。晚熟马铃薯需≥10℃活动积温为 2300～2500℃,主要种植区包括兴安盟大部、呼伦贝尔市南部、赤峰市中北部及西部、乌兰察布市南部、通辽市扎鲁特旗中部和呼和浩特市、包头市、鄂尔多斯市、巴彦淖尔市沿山区、山区。主要分布在大兴安岭东南温凉半湿润半干旱区—科尔沁温暖半干旱区、阴山丘陵温凉半干旱区—阴山南麓温暖半干旱区过渡区域,年均气温 3.0～4.5℃。种植行政区包括:呼伦贝尔市阿荣旗南端,扎兰屯市南部;兴安盟扎赉特旗、科尔沁右翼前旗、突泉县、乌兰浩特市大部,科尔沁右翼中旗中西部;通辽市扎鲁特旗中北部;赤峰市阿鲁科尔沁旗、巴林左旗、巴林右旗中南部,翁牛特旗中西部,喀喇沁旗西部;乌兰察布市丰镇市、凉城县中部;呼和浩特市赛罕区和林县、清水河县中部,土默特左旗北部;包头市固阳县中西部、石拐区、九原区、东河区沿山;鄂尔多斯市伊金霍洛旗、乌审旗、鄂托克旗、鄂托克前旗山区;巴彦淖尔市乌拉特前旗东南部沿山。

3.6 向日葵适宜种植条件及区域

3.6.1 适宜种植条件

向日葵原产南美洲,驯化种由西班牙人于 1510 年从北美带到欧洲,最初为观赏用,

19世纪末又被从俄国引回北美洲，我国各地均有栽培，栽培价值非常高，种子常炒制之后作为零食食用，也可以榨油，油渣可以做饲料。

向日葵适宜种植条件如下：

（1）温度。向日葵是喜温又耐寒的作物，对温度的适应性较强，种子耐低温能力很强，当地气温稳定种子在2℃以上就开始萌动，4～5℃时能发芽生根，地温达8～10℃时就能满足种子发芽出苗的需要。向日葵在整个生育过程中，只要温度不低于10℃就能正常生长。

（2）水分。向日葵是耗水较多的作物，植高大，叶多而密，吸水量是水稻的1.74倍，但因其生长发育多与当地雨热同步，水分供求矛盾不突出，不同生育阶段对水分的要求差异很大。从播种到现蕾需水不多，现蕾到开花是需水高峰，开花到成熟需水量也较多。

（3）光照。向日葵为短日照作物，对日照的反应并不十分敏感，喜欢充足的阳光，其幼苗、叶片和花盘都有很强的光性。生育中期日照充足，能促进茎叶生长旺盛，正常开花授粉，提高结实率。生育后期日照充足，籽粒充实饱满。

（4）土壤。向日葵对土壤要求较低，在各类土壤上均能生长，从肥沃土壤到旱地、瘠薄、盐碱地均可种植，不仅具有较强的耐盐碱能力，而且还兼有吸盐性能。同时，向日葵根系发达，具有较强的抗旱性。而且，向日葵根和茎通气组织发达，非常耐涝。

3.6.2 适宜种植区域

向日葵适合生长在北纬35°～55°，多分布在草原、路边、田野、沙漠边缘、草地等地，它对土壤的要求较少，适应性较强，具有很旺盛的生存能力。

向日葵原产地是北美洲，世界各地均有栽培，欧盟、俄罗斯、乌克兰、阿根廷、美国、中国、印度和土耳其是世界市场上向日葵的主要生产地区。

向日葵，也称朝阳花、葵花、转日莲，包括油用型（称油葵）、食用型（称花葵）两种，是一种高产油料作物，是主要油料作物之一。向日葵具有耐寒、抗旱和耐盐碱等特点，种子含油率23%～45%。在我国分布在东北地区、西北地区和华北地区，如内蒙古、吉林、辽宁、黑龙江、山西等地区。沙俄侵略我国东北修筑铁路时带入了食用向日葵，从此铁路沿线的农民开始种植。呼伦贝尔市东南、兴安盟东部，是内蒙古种植向日葵最早的地区，除阴山以北丘陵地区、大兴安岭岭北地区外，向日葵在内蒙古各地均有栽培。

3.7 胡麻适宜种植条件及区域

3.7.1 适宜种植条件

胡麻的种植条件主要包括种子的挑选、土地的调控和播种密度的测算。挑选种子时要挑选饱满无病害的种子，土地之中不能留存有板结的土壤或大块的土壤，温度在7℃左右，播种行距20～30cm，每公顷播种1350万～1500万株。

（1）选种。在挑选用于种植的胡麻种子时，必须要对种子的品种进行选择，选择最适合当地的种子。精选出饱满的大颗粒种子，除去里面的草籽和公胡麻等杂物，瘪粒和病种也应当去除，晾晒4～5h后用炭疽福美拌种。

（2）选土。在正式种植前，土壤的质地也需要进行挑选。选择疏松多孔、没有掺杂大块或板结的疏松土壤为最佳，在4—5月时要确保土壤的温度稳定在7℃左右，湿度不能过低，约为20%即可，这样的土质能够适合胡麻的种子发芽生长。

（3）种植胡麻时要提前测算好所需要的适宜的种植密度，根据土壤的肥力来决定。胡麻的种子很小，萌芽能力弱，不能播种在太深的土层中，一般的土壤每公顷播种1350万～1500万株为最佳选择，行距为20～30cm，过密或过疏都会导致胡麻的发育不良。

3.7.2 适宜种植区域

内蒙古的胡麻种植区主要分布在中西部阴山丘陵地区，以乌兰察布市、锡林郭勒盟为主。据全区农科所、站联合试验，气温稳定在5℃，土温稳定在7～8℃时为早播适期。巴彦淖尔市河套灌区和土默川地区于清明后至谷雨前下种，乌兰察布市前山地区于谷雨后立夏前播种，后山地区和锡林郭勒盟南部于立夏至小雨前播种较为合适。正常年景下，一般生产水平的旱地单产每公顷可达120kg左右，滩地或水浇地胡麻每公顷单产可达2250kg，小面积高产田每公顷可产3450kg左右。

3.8 燕麦适宜种植条件及区域

燕麦是一年生禾本科燕麦属作物，也称皮燕麦、野麦子，是一种低糖、高营养、高能食品。其叶、秸秆多汁柔嫩，适口性好，秸秆中含粗蛋白5.2%、粗脂肪2.2%、无氮抽出物44.6%，均比谷草、麦草、玉米秆高；难以消化的纤维28.2%，比小麦、玉米、粟秸低4.9%～16.4%，是最好的饲草之一。其籽是饲养幼畜、老畜、病畜和重役畜以及鸡、猪等家畜家禽的优质饲料。

3.8.1 适宜种植条件

（1）温度。燕麦喜凉爽但不耐寒。温带的北部最适宜于燕麦的种植，种子在2～4℃就能发芽，幼苗能忍受−2～−4℃的低温环境，在麦类作物中是最耐寒的一种，绝对最高温度25℃以上时光合作用受阻，故干旱高温对燕麦的影响极为显著，这是限制其地理分布的重要原因。我国北部和西北部地区，冬季寒冷，只能在春季播种，较南地区可以秋播，但须在夏季高温来临之前成熟。

（2）水分。燕麦生长在高寒荒漠区，但种子发芽时约需相当于自身重65%的水分。燕麦的蒸腾系数比大麦和小麦高，消耗水分也比较多，生长期间如水分不足，常使籽粒不充实而产量降低。因此燕麦的根茎往往长达1m左右，以便能汲取更多的水分。

（3）土壤。对土壤要求不严，在优良的栽培条件下，各种质地的土壤上均能获得好收成，但以富含腐殖质的湿润土壤最佳。燕麦对酸性土壤的适应能力比其他麦类作物强，能耐pH值为5.5～6.5的酸性土壤，但不适宜于盐碱土栽培。

（4）光照。燕麦为喜光作物，要求光照时间长，在日照时间短的条件下，燕麦发育慢，抽穗晚，植株大而籽粒少，尤其分蘖期和抽穗期对光照比较敏感。

3.8.2 适宜种植区域

通过对燕麦的适宜种植条件分析，燕麦适种于北半球温带地区，种植面积分布较广。燕麦是长日照作物，喜凉爽湿润，忌高温干燥，生育期间需要积温较低，但不适于寒冷气候。内蒙古主要种植区域分布在东部牧区、中西部乌兰察布和包头达茂旗等地区。

3.9 紫花苜蓿适宜种植条件及区域

紫花苜蓿是蔷薇目、豆科、苜蓿属多年生草本植物。具有适口性好、抗逆性强、产量高、营养成分丰富等特点，被誉为"牧草之王"。优质紫花苜蓿粗蛋白含量很高，品质优，其粗蛋白含量是玉米粗蛋白含量的 2.47 倍，且其蛋白质的氨基酸组成合理，必需氨基酸种类多且含量较大，赖氨酸含量约为玉米的 5 倍，而其他必需氨基酸如精氨酸、组氨酸等为玉米的 2 倍左右。紫花苜蓿生长期一般为 5～7 年，高产期一般为 2～5 年。根据我国牧区总体气候条件，适宜种植秋眠品种紫花苜蓿，以下主要介绍秋眠品种紫花苜蓿适宜种植条件。

3.9.1 适宜种植条件

（1）温度。紫花苜蓿喜温暖半干旱气候，在日平均气温 15～20℃，不小于 10℃积温 1900～3600℃的地区适合生长发育。苜蓿种子萌发的最适温度为 20℃，5～10℃萌发速度明显减慢，高于 35℃萌发受到抑制；幼苗生长的最适气温为 20～25℃，低于 10℃或高于 35℃时生长十分缓慢；分枝期及其后苜蓿生长发育的最适气温为 15～25℃；高于 30℃生长变缓或出现休眠，高于 35℃常发生死亡；低于 5℃地上部生长停滞，低于－2.2℃地上部死亡。越冬期间根冠及休眠芽可耐－10℃，甚至－30℃的严寒（因品种而异）；若有积雪覆盖，在极端气温低于－40℃的酷寒地区亦可安全越冬。萌动—返青期苜蓿抗寒性下降，如遇－8℃以下的倒春寒，则将造成冻害。

（2）水分。种子萌发适宜的土壤含水量为田间持水量的 60%～80%。分枝、现蕾、开花和结实时期土壤含水量以田间持水量的 60%～80%为宜；处于淹水状态持续 1 周以上将导致烂根；酸、碱、盐等障碍因子不利于根系生长。

（3）土壤。紫花苜蓿喜中性或微碱性土壤，以 pH 值 6～8 为宜，不宜强酸强碱土壤。pH 值低于 6 时根瘤难以生成，pH 值低于 5 或高于 9 时根系生长受到强烈抑制。土壤含盐量不宜超过 0.3%。

（4）光照。苜蓿为长日照植物，喜光照，不耐阴。苗期光照不足，生长细弱，甚至死亡。营养生长期，光照充足，干物质积累快。苜蓿整个生育期需 2200h 日照。

3.9.2 适宜种植区域

通过对紫花苜蓿的适宜种植条件分析，适宜种植紫花苜蓿为秋眠品种，具有喜温暖半干旱气候，能抗严寒，耗水量大于一般禾本科植物。结合气候条件，紫花苜蓿适宜种植区域主要分布在内蒙古中东部地区、中部和西部地区。内蒙古中部地区每年收获 2 茬，西部地区可收获 3 茬。

3.10 青贮玉米适宜种植条件及区域

青贮玉米并不指玉米品种，而是鉴于农业生产习惯对一类用途玉米的统称。青贮玉米是将玉米在籽实的乳熟末期至蜡熟前期收获存放到青贮窖中（即进行青贮），经发酵制成饲料。青贮后的玉米秸秆饲料可以减少营养成分的流失，提高饲料的利用率。一般晒制干草养分会流失 20%～30%，而青贮后的养分仅流失 3%～10%，尤其能够有效地保存维生素。而且青贮饲料柔软多汁、气味酸甜芳香、适口性好，能增进牛、羊食欲，解决冬春季节饲草的不足问题。饲喂青贮饲料可使产奶家畜提高产奶量 10%～20%。

3.10.1 适宜种植条件

青贮玉米与玉米的适宜种植条件基本相似，但由于青贮玉米比玉米的生育周期短，玉米全生育周期 120～150 天，青贮玉米全生育周期为 100～125 天，有些无霜期短的地区可以种植青贮玉米，但无法种植玉米。在玉米种植条件的基础上，要求种植区域的无霜期大于相应品种的生育周期时长。

3.10.2 适宜种植区域

考虑青贮玉米与玉米种植条件相似，结合实地种植调研情况，青贮玉米在整个内蒙古均能种植。

4

典型站点参考作物蒸散量计算及其影响因素分析

参考作物蒸散量（ET_0）是计算作物需水量的重要参数，准确计算参考作物蒸散量对区域水资源评价与高效利用意义重大。参考作物蒸散量在水文模拟、灌溉制度的制定、水量平衡计算、气候干湿状况分析中也有着重要的作用，是农田水分管理与灌溉决策的重要参数，也是评价气候干湿程度、植被耗水量的重要指标之一。由于各地区气候要素特征的不同，参考作物蒸散的时空变化特征和各气象因子对它的贡献也不尽相同。因此，计算分析参考作物蒸散量的时空变化特征和综合评价各气象因子对参考作物蒸散量的影响和作用对于研究草地生态环境的变化具有重要的理论和现实意义。内蒙古自治区是我国对气候变化响应最敏感的地区之一，它地处欧亚大陆草原带中部，草地面积 86.7 万 km²，占自治区总面积的 73%，在草地生态系统对气候变化响应的研究中占有重要地位。全球变化背景下我国干旱半干旱区温度显著增加、降雨减少或没有显著变化，暖干化趋势明显，这直接导致内蒙古地区的草原土壤干旱化，此时水分就必然成为限制草原生态系统功能发挥的关键因素。由于不同类型草地的空间分布受温度和降水模式控制，在气候变化背景下各类型草地的分布较之以前也发生了变化。以往关于内蒙古地区参考作物蒸散量的研究是以提出适合该地区的简化计算模型和选取精度较高的计算方法为主要目的，对于内蒙古地区不同类型草地参考作物蒸散量的变化特征及其气象影响因子却鲜有研究。参考作物蒸散量作为水分循环的基础参数，能够在气候变化背景下准确地评估草地水资源供需状况、客观地分析水分胁迫对草地生态系统的影响、为制定退化草原生态恢复的适应性管理对策提供科学依据和可靠支撑。鉴于此，本章在采用年伊万诺夫湿润度划分内蒙古地区 5 种的基础上，用 FAO 推荐的 Penman-Monteith 方法，利用内蒙古地区 50 个站点 1990—2019 年气象数据计算参考作物蒸散量及其构成项，分析其在内蒙古地区各草地类型的空间和年内月尺度分布特征；研究各类型草地年代际和生长季内月尺度变化特征；利用灰度相关分析法讨论影响参考作物蒸散量的主要气象因子，利用 Mann-Kendall 时间序列突现检验分析典型气象站点的参考作物蒸散量变化规律，明确不同草地类型区参考作物蒸散对气候变化的响应。

4.1 参考作物蒸散量计算方法简介

4.1.1 数据来源

参考作物蒸散量作为水文循环重要部分，是水资源合理利用和评价、作物需水量的估算与农田水分管理和研究生态环境变化的重要依据。目前，对于参考作物蒸散量的计算多采用联合国粮食及农业组织（Food and Agriculture Organization of the United Nations，FAO）于 1998 年推荐的以能量平衡和水汽扩散理论为基础的 Penman-Monteith 方法，该方法反映了蒸发潜热所需能量和水汽移动所需动力，具有坚实的理论基础，而且该方法计算精度较高，应用范围较广，已经在国内外得到了广泛的运用。参考作物蒸散量只与气象因素有关，与地表和植被状况等没有关系，由于近几十年来我国气候发生明显变化，基于气候资料计算的参考作物蒸散量变化趋势非常明显。本书所采用的数据为：内蒙古自治区 37 个数据完整、均匀分布的地表气象站的逐日平均最高和最低气温（℃）、风速（m/s）、相对湿度（％）和日照时数（h），每个气象站的地理坐标见表 4.1-1。值得注意的是，这 37 个气象站中所有这些记录时间序列内的数据都是质量可靠的，特别是风速、相对湿度和日照时数数据。所有气象站都是一级气象记录站并且均匀地分布在内蒙古地区，如图 4.1-1 所示。此外，所有的气象参数都经过了严格的极值和时间一致性检验，结果表明这些变量都是齐次的。

4.1.2 参考作物蒸散量计算方法

许多专家推荐彭曼（PM-ET₀）法来计算 ET_0，他们也提出了不同的用来计算该公式中各参数的方法。通过将高度为 12cm、反照率为 0.23 以及表面阻力为 70s/m 的草类作为参考作物，该假设准确地模拟了相同生长高度、充足水分和足够营养条件下开阔草地表面的腾发量（Allen 等，1998）。用来计算 ET_0 的 FAO 彭曼法的公式为

$$ET_0 = \frac{0.408\Delta(R_n - G) + \gamma\left(\dfrac{900}{T + 273}\right)u_2(e_s - e_a)}{\Delta + \gamma(1 + 0.34u_2)} \tag{4.1-1}$$

式中：ET_0 为草类的参考腾发量，mm/d；R_n 为作物顶层的净辐射量，MJ/（m² · d）；G 为土壤热通量密度，MJ/（m² · d）；T 为 2m 高度处的逐日平均气温，℃；e_s 为饱和水汽压，kPa；e_a 为实际水汽压，kPa；$e_s - e_a$ 为水汽压缺失值，kPa；Δ 为水汽压曲线斜率，kPa/℃；γ 为湿温计常数，kPa/℃。

该公式需要标准的气象数据，包括：太阳辐射或日照时数、最高和最低气温、空气湿度和风速数据。为了确保计算的完整性，这些气象参数都应在 2m 高度处测得（或者转换到该高度处的数值），该高度处草类表面广阔，完全覆盖地面并且保证有足够的水分和养分供给。

净辐射量（R_n）是净长波辐射（R_{nl}）和净短波辐射（R_{ns}）的代数和，计算公式为

$$R_n = R_{nl} + R_{ns} \tag{4.1-2}$$

式中：R_{nl} 为大气层入射的长波辐射与土壤和作物反射的长波辐射的抵销值，可用下面公式算得：

表 4.1-1 　　　　　　　　　　　　内蒙古国家气象站地理位置坐标

气候区	气象站	UNEP 干旱指数	气候区	气象站	UNEP 干旱指数
特干旱气候区	巴彦诺尔公	0.08	半干旱气候区	海拉尔	0.47
	额济纳旗	0.02		呼和浩特	0.41
	拐子湖	0.02		化德	0.44
	吉柯德	0.01		集宁	0.38
	吉兰泰	0.07		开鲁	0.30
干旱气候区	阿拉善左旗	0.17		林西县	0.39
	阿拉善右旗	0.09		满洲里	0.34
	二连浩特	0.11		那仁宝力格	0.24
	海力素	0.10		四子王旗	0.41
	杭锦后旗	0.12		通辽	0.34
	临河	0.14		翁牛特旗	0.33
	满都拉	0.14		乌兰浩特	0.46
	苏尼特左旗	0.16		西乌珠穆沁旗	0.37
	乌拉特中旗	0.19		锡林浩特	0.27
	朱日和	0.16		新巴尔虎右旗	0.27
半干旱气候区	阿巴嘎旗	0.31		新巴尔虎左旗	0.33
	巴林左旗	0.39		伊金霍洛旗	0.32
	包头	0.31		扎鲁特旗	0.37
	宝国图	0.39	干旱半湿润气候区	额济纳旗	0.54
	赤峰	0.36		索伦	0.53
	达茂旗	0.24		扎兰屯	0.62
	东胜	0.35	湿润半湿润气候区	阿尔山	0.69
	东乌珠穆沁旗	0.28		博克图	0.69
	多伦县	0.42		图里河	0.77
	鄂托克旗	0.24		小二沟	0.79

$$R_{nl} = \sigma \frac{(T_{max} + 273.16)^4 + (T_{min} + 273.16)^4}{2}$$

$$\times (0.34 - 0.14 \sqrt{e_a}) \left(\frac{1.35 R_s}{R_{so}} - 0.35 \right) \qquad (4.1-3)$$

式中：R_{nl} 为净长波辐射，MJ/（m²·d）；σ 为斯特凡-玻尔兹曼常数，它等于 4.90×10^{-9} MJ/(m²·K⁴·d)；T_{max} 和 T_{min} 为最高和最低平均气温；e_a 为实际水汽压，kPa，计算方法见式（4.1-14）；系数 0.34 和 -0.14 为平均大气条件下的推荐值；表面净反射量项（$0.34 - 0.14 \sqrt{e_a}$）代表的是植被和土壤反射量之差；太阳辐射（R_s）由式（4.1-10）和式（4.1-11）算得；R_{so} 为晴朗天空条件下的短波太阳辐射，MJ/（m²·d）；1.35 和 -0.35 为平均大气条件下的推荐值。逐日时间尺度的 R_{so} 可经式（4.1-4）算得：

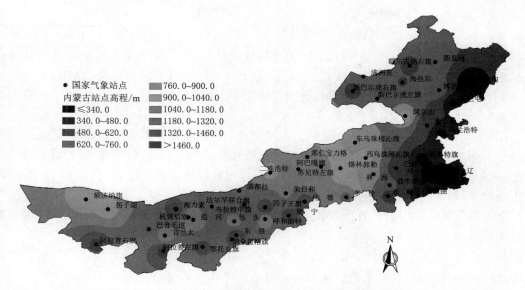

图例：
国家气象站点
内蒙古站点高程/m
≤340.0
340.0~480.0
480.0~620.0
620.0~760.0
760.0~900.0
900.0~1040.0
1040.0~1180.0
1180.0~1320.0
1320.0~1460.0
>1460.0

图 4.1-1　内蒙古自治区国家基本站点空间分布与海拔高度

$$R_{so} = (0.75 + 2 \times 10^{-5}z)R_a \qquad (4.1-4)$$

式中：$0.75 = a_s + b_s$，详见式（4.1-10）；z 为气象站的海拔高度，m；R_a 为天顶辐射值，MJ/（$m^2 \cdot d$）。在海拔低于 6000m 以及紊流作用很小的情况下，该公式的适用性良好。天顶辐射 R_a 的计算公式为（Duffie 和 Beckman，1991）：

$$R_a = \frac{24 \times 60}{\pi} G_{sc} d_r \left[\omega_s \sin\varphi \sin\delta + \cos\varphi\cos\delta\sin\omega_s \right] \qquad (4.1-5)$$

$$d_r = 1 + 0.033\cos\left(\frac{2\pi}{365}J\right) \qquad (4.1-6)$$

$$\delta = 0.409\sin\left(\frac{2\pi}{365} - 1.39\right) \qquad (4.1-7)$$

$$\omega_s = \arccos(-\tan\varphi\tan\delta) \qquad (4.1-8)$$

式中：R_a 为天顶辐射值，MJ/（$m^2 \cdot d$）；G_{sc} 为全球太阳辐射常数，其值为 0.082MJ/（$m^2 \cdot min$）；d_r 为逆相对地球—太阳距离；ω_s 为日落时角，rad；φ 为某一气象站的纬度，rad；J 为年内日序数（1 月 1 日等于 1，12 月 31 日等于 365 或 366）。$\frac{1.35R_s}{R_{so}} - 0.35$ 被视为云团影响因素，代表的是在晴朗天气条件下实际净长波辐射与理论长波辐射的比值。

至于净短波辐射 R_{ns}，它是入射与反射短波辐射的差值，其计算公式为

$$R_{ns} = (1 - \alpha)R_s \qquad (4.1-9)$$

式中：R_{ns} 为净短波辐射，MJ/（$m^2 \cdot d$）；α 为反照率或冠层反射系数，对草类参考作物来讲，其为定值 0.23。当没有实测太阳辐射 R_s 数据时，可利用 Angström（1924）公式通过日照时数数据求得 R_s：

$$R_s = \left(a_s + b_s \frac{n}{N}\right) R_a \qquad (4.1-10)$$

式中：R_s 为太阳辐射 MJ/(m² · d)；n 为实际日照时数，h；N 为最大可能日照时数或白昼时数；n/N 表示相对日照时数；R_a 为式（4.1-5）中的天顶辐射值，MJ/(m² · d)；a_s 为用来描述在阴天条件下入射到地球上的太阳辐射系数（$n=0$）；$a_s + b_s$ 代表在晴天条件下入射到地球上的太阳辐射系数·（$n=N$）。

Allen 等（1998）指出，某一天的天顶辐射值 R_a 和最大可能日照时数 N 是该点纬度的函数。如果不能利用高质量的数据对相对日照时数 n/N 和太阳辐射 R_s 进行修正时，推荐的 a_s 和 b_s 值为 0.25 和 0.50。然而当计算高海拔地区的太阳辐射 R_s 时，Ye 等（2009）提出要对 a_s 和 b_s 值进行当地修正。

在某些没有太阳辐射和日照时数实测数据的情况下，PMT 法采用 Hargreaves 太阳辐射公式（Hargreaves 和 Samani，1982）计算太阳辐射 R_s，其公式为

$$R_s = k_{Rs} \sqrt{(T_{\max} - T_{\min})} R_a \qquad (4.1-11)$$

式中：k_{Rs} 为经验辐射调适系数，在沿海和内陆地区其值不同。

Allen 等（1998）建议，在不受大面积水域影响的内陆地区，$k_{Rs} \approx 0.16$；在沿海地区，$k_{Rs} \approx 0.19$，以此来解释海拔高度对大气热容积通量的影响。此外，Samani（2004）发现 k_{Rs} 的取值存在一定的不确定性。由于它是一个经验数值，在式（4.1-11）中，Samani（2004）先令 $k_{Rs} \approx 0.16$，之后又将其调整为 0.17。随后有研究声称 k_{Rs} 的取值在温度主控气候区波动很小（Popova 等，2006）。相反在地中海及伊朗的大范围气候区内，k_{Rs} 的波动范围很大（Todorovic 等，2013，Raziei 等，2013）。

水汽压缺失值 VPD 是饱和水汽压 e_s 与实际水汽压 e_a 的差值。计算公式为

$$VPD = e_s - e_a \qquad (4.1-12)$$

首先，饱和水汽压 e_s 可经式（4.1-13）求得：

$$e_s = \frac{0.611}{2} \times \left[\exp\left(\frac{17.27 T_{\max}}{T_{\max} + 237.3}\right) + \exp\left(\frac{17.27 T_{\min}}{T_{\min} + 237.3}\right)\right] \qquad (4.1-13)$$

式中：e_s 是饱和水汽压，kPa，它表示的是平均温度（T，$T_{\max}$ 和 $T_{\min}$ 的均值）时的饱和水汽压。$T_{\max}$ 和 $T_{\min}$ 的含义在之前已给出。

实际水汽压 e_a 可由相对湿度（%）数据（包括最大相对湿度和最小相对湿度以及最大相对湿度和平均相对湿度）、露点温度数据和湿温计数据求得。当只有逐日平均相对湿度 RH_{mean} 数据可用时，实际水汽压 e_a 可由式（4.1-14）求得：

$$e_a = \frac{RH_{mean}}{50/[e^0(T_{\min})] + 50/[e^0(T_{\max})]} \qquad (4.1-14)$$

式中：e_a 为实际水汽压，kPa；RH_{mean} 为逐日平均相对湿度；$e^0(T)$ 为饱和水汽压计算函数，kPa；$T_{\max}$ 和 $T_{\min}$ 的含义如前所述。当没有湿度数据时，可以通过假设露点温度 T_{dew} 近似等于最低气温。

4.2 典型站点参考作物蒸散量变化趋势及其影响因素分析

为研究内蒙古自治区参考作物蒸散量 ET_0 的构成及其分布特征，分别对不同作物适

宜种植区域（温凉半湿润区、温凉半干旱区、温暖半干旱区、温暖干旱区、温热半干旱区）的 ET_0 的影响因子进行分析，特将参考作物蒸散量分为两部分，即 $ET_0 = ET_{rad} + ET_{aero}$，其中，不同作物适宜种植区域的地理位置分布如图 4.2-1 所示。

$$ET_{rad} = \frac{0.408\Delta(R_n - G)}{\Delta + r(1 + 0.34U_2)} \tag{4.2-1}$$

$$ET_{aero} = \frac{r\dfrac{900}{T_{mean} + 273}U_2(e_s - e_a)}{\Delta + r(1 + 0.34U_2)} \tag{4.2-2}$$

式中：ET_0 为参考作物潜在蒸散量，mm/d；ET_{rad} 为参考作物潜在蒸散量中辐射项；ET_{aero} 为参考作物潜在蒸散量中空气动力学项；R_n 为地表净辐射，MJ/（m^2·d）；G 为土壤热通量，MJ/（m^2·d）（在逐日计算公式中，$G \approx 0$）；T_{mean} 为 2m 高处日平均气温，由日最高气温和日最低气温平均求得，℃；e_s 为饱和水汽压，kPa；e_a 为实际水汽压，kPa；Δ 为饱和水汽压曲线斜率，kPa/℃；γ 为干湿表常数，kPa/℃；U_2 为 2m 高处风速，m/s。

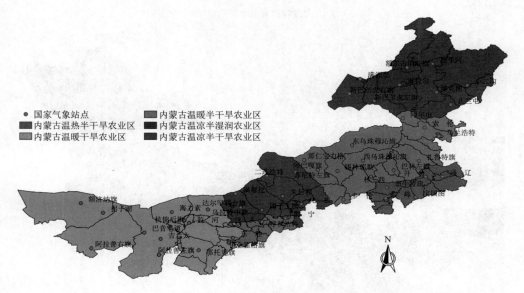

图 4.2-1 内蒙古自治区不同作物适宜种植区域地理分布图

　　内蒙古温热半干旱农业区大部分地区 ET_0 值介于 1037～1422mm，内蒙古温凉半干旱农业区 ET_0 值介于 907～1567mm，内蒙古温暖干旱农业区 ET_0 值介于 982～1318mm，内蒙古温暖半干旱农业区 ET_0 值介于 720～1444mm，内蒙古温凉半湿润农业区 ET_0 值介于 644～1286mm。ET_{aero} 空间分布特征与 ET_0 基本一致，二者的空间差异均较大，如图 4.2-2（b）所示。ET_{rad} 在中部和东部地区的空间分布特征与 ET_0 基本一致，不同的是 ET_{rad} 的最大值区位于西部黄河流域，且其空间差异性较小，如图 4.2-2（a）所示。在空间上，辐射项占 ET_0 的比例从西部向东部地区递增，这与不同草原类型的气候条件紧密相关。

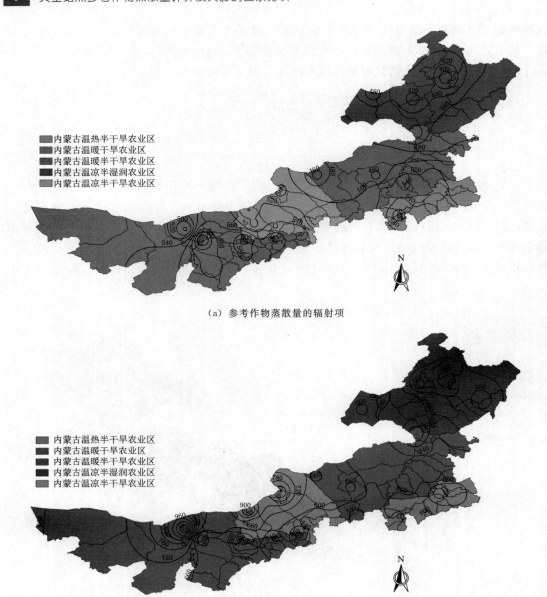

（a）参考作物蒸散量的辐射项

（b）参考作物蒸散量的动力项

图 4.2-2　内蒙古自治区不同作物适宜种植区域参考作物蒸散量
辐射项与动力项的空间分布

4.2.1　温凉半湿润区

由图 4.2-3、图 4.2-4 可见，ET_{rad} 占 ET_0 的年平均值温凉半湿润农业区为 57.94%，温凉半湿润农业区 ET_0 的线性倾向率为 0.45，参考作物蒸散量的辐射项（ET_{rad}）的倾向率为 0.25，参考作物蒸散量的空气动力项（ET_{aero}）的倾向率为 0.24。内蒙古温凉半湿润农业区 ET_0 的多年增长率为 14.72%，其中主要由蒸散量的空气动力项的增长带动，蒸散量的空气动力项多年增长率为 29.43%。

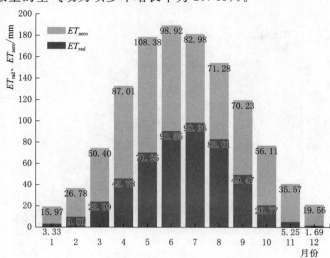

图 4.2-3　内蒙古温凉半湿润农业区 1990—2019 年各月参考作物蒸散量及组成变化

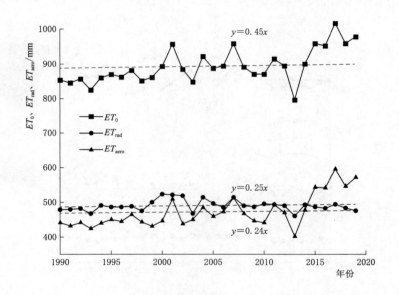

图 4.2-4　内蒙古温凉半湿润农业区 1990—2019 年参考作物蒸散量及组成变化

4.2.2　温凉半干旱区

由图 4.2-5、图 4.2-6 可见，ET_{rad} 占 ET_0 的年平均值温凉半干旱农业区为 41.01%，温凉半干旱区 ET_0 的线性倾向率为 0.62，参考作物蒸散量的辐射项（ET_{rad}）的倾向率为 0.26，参考作物蒸散量的空气动力项（ET_{aero}）的倾向率为 0.37。研究期内 ET_0、ET_{rad} 与 ET_{aero} 均呈现波动上升。其中内蒙古温凉半干旱农业区的 ET_0 值增加最为显著，多年增长率为 4.67%参考作物蒸散量的空气动力项增长的贡献最大。

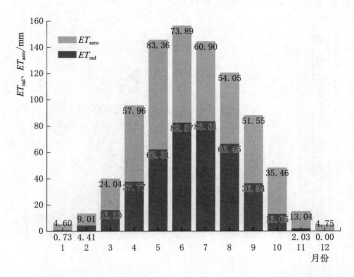

图 4.2-5 内蒙古温凉半干旱农业区 1990—2019 年各月参考作物蒸散量及组成变化

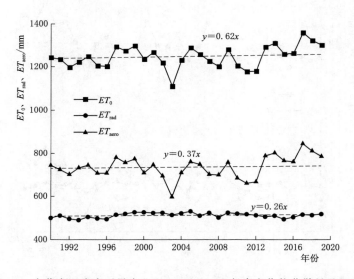

图 4.2-6 内蒙古温凉半干旱农业区 1990—2019 年参考作物蒸散量及组成变化

4.2.3 温暖半干旱区

由图 4.2-7、图 4.2-8 可见，ET_{rad} 占 ET_0 的年平均值温暖半干旱农业区为 47.42%，温暖半干旱农业区 ET_0 的线性倾向率为 0.53，参考作物蒸散量的辐射项（ET_{rad}）的倾向率为 0.25，参考作物蒸散量的空气动力项（ET_{aero}）的倾向率为 0.28。温暖半干旱农业区的 ET 值从 1990 年的 743.65mm 增加至 2019 年的 784.04mm，ET_{rad} 与 ET_{aero} 的多年增长率分别为 3.54% 和 5.43%。

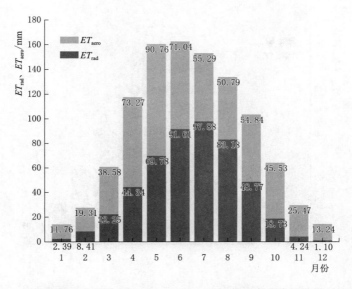

图 4.2-7 内蒙古温暖半干旱农业区 1990—2019 年各月参考作物蒸散量及组成变化

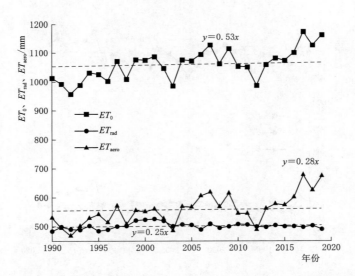

图 4.2-8 内蒙古温暖半干旱农业区 1990—2019 年参考作物蒸散量及组成变化

4.2.4 温暖干旱区

由图 4.2-9、图 4.2-10 可见，ET_{rad} 占 ET_0 的年平均值温暖干旱农业区为 50.01％，温暖干旱农业区 ET_0 的线性倾向率为 0.60，参考作物蒸散量的辐射项（ET_{rad}）的倾向率为 0.3，参考作物蒸散量的空气动力项（ET_{aero}）的倾向率为 0.30。内蒙古温暖干旱农业区的 ET_0 值多年增长率为 1.28％，ET_{rad} 与 ET_{aero} 的增长率分别为 1.81％ 和 0.76％。

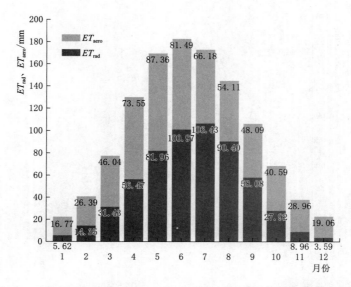

图 4.2-9　内蒙古温暖干旱农业区 1990—2019 年参考作物蒸散量及组成变化

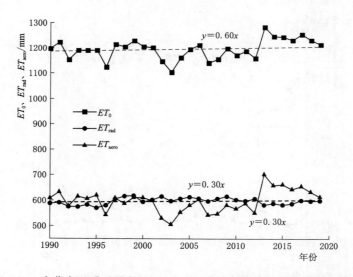

图 4.2-10　内蒙古温暖干旱农业区 1990—2019 年参考作物蒸散量及组成变化

4.2.5　温热半干旱区

由图 4.2-11、图 4.2-12 可见，ET_{rad} 占 ET_0 的年平均值内蒙古温热半干旱农业区为 45.25%，温热半干旱农业区 ET_0 的线性倾向率为 0.61，参考作物蒸散量的辐射项（ET_{rad}）的倾向率为 0.27，参考作物蒸散量的空气动力项（ET_{aero}）的倾向率为 0.33。内蒙古温热半干旱农业区的 ET_0 值多年增长率为 10.88%，ET_{rad} 与 ET_{aero} 的增长率分别为 7.45% 和 13.71%。

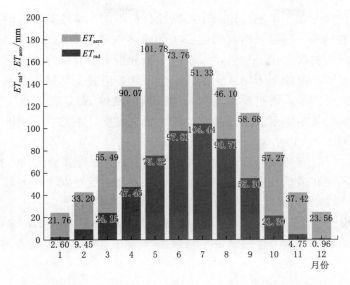

图 4.2-11 内蒙古温热半干旱农业区 1990—2019 年参考作物蒸散量及组成变化

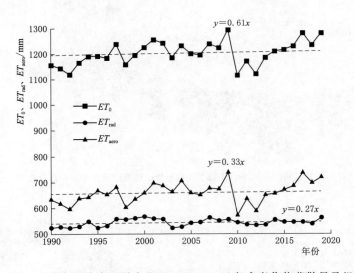

图 4.2-12 内蒙古温热半干旱农业区 1990—2019 年参考作物蒸散量及组成变化

表明除温凉半湿润农业区和温暖干旱农业区以外的适宜农业区以外，其他适宜农业区的动力项全年对 ET_0 的贡献均大于辐射项。

4.3 区域参考作物蒸散量变化趋势及其影响因素分析

关联度分析应用十分广泛，如农业、地理、地质、石油、水文、气象、生物等领域，如运用关联分析法分析水文气象因子对土壤水分变化起到主要影响与次要影响，利用灰色关联分析方法分析农业气象灾害演变特征，提出改进灰色关联模糊决策方法，从整体角度寻求系统的最优设计方案。本书应用灰度关联性分析不同干旱或湿润区的不同气象因素对参考作物蒸散量的影响。通过灰度关联因子来评价各气象站点的参考作物蒸散量 ET_0 与各个气象因子之间的关联（相关）性，以求进一步分析影响内蒙古自治区以及不同适宜农业区（温凉半湿润区、温凉半干旱区、温暖半干旱区、温暖干旱区、温热半干旱区）的参考作物蒸散量的主要因子，通过反距离加权法插值得到的 ET_0 和不同气象因子（日照时数、最高气温、最低气温、最大空气湿度、最小空气湿度、平均空气湿度、风速）的灰度关联系数分布如图 4.3 - 1 所示。

由图 4.3 - 1 可知，内蒙古自治区大部区域的参考作物蒸散量受到日照时数的影响与驱动最大，受到风速和最低气温的影响范围最小。温暖半干旱农业区与温凉半干旱农业区的 ET_0 值与日照时数的和灰度关联系数最大，最大值均在 0.85 以上，内蒙古温凉半湿润农业区与内蒙古温热半干旱农业区 ET_0 值受到日照时数的影响较小，说明日照时数不是该区域的主要驱动因子，参考作物蒸散量与最高气温的关联度分布趋势与日照时数相似，

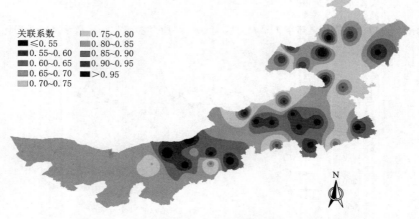

（a）内蒙古自治区参考作物蒸散量与日照时数的灰度关联系数分布

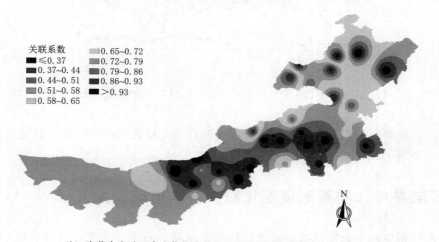

（b）内蒙古自治区参考作物蒸散量与最高气温的灰度关联系数分布

图 4.3 - 1（一）　内蒙古自治区参考作物蒸散量与各气象因子关联系数分布

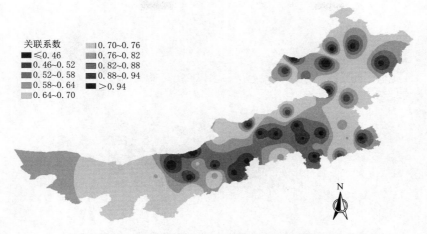

（c）内蒙古自治区参考作物蒸散量与最大空气湿度的灰度关联系数分布

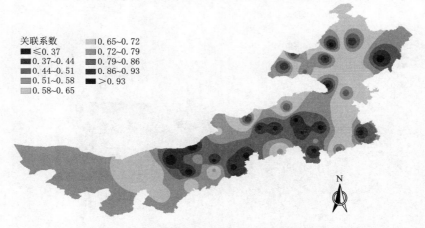

（d）内蒙古自治区参考作物蒸散量与平均空气湿度的灰度关联系数分布

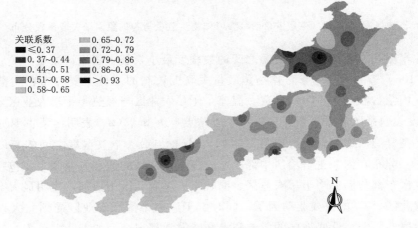

（e）内蒙古自治区参考作物蒸散量与风速的灰度关联系数分布

图 4.3-1（二）　内蒙古自治区参考作物蒸散量与各气象因子关联系数分布

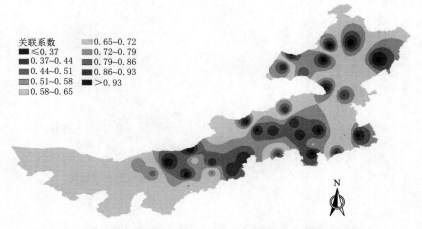

（f）内蒙古自治区参考作物蒸散量与最小空气湿度的灰度关联系数分布

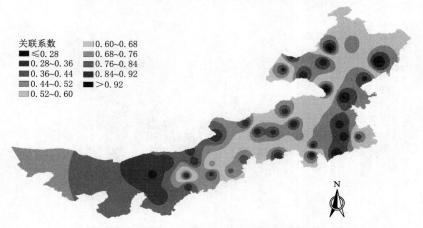

（g）内蒙古自治区参考作物蒸散量与最低气温的灰度关联系数分布

图 4.3-1（三）　内蒙古自治区参考作物蒸散量与各气象因子关联系数分布

内蒙古温凉半湿润农业区与最高气温之间的关联度最小，其中图里河站点的关联系数值最小，为0.3108，最高气温与参考作物蒸散量关联度较高的区域主要分布在内蒙古温暖干旱农业区、内蒙古温暖半干旱农业区、温凉半干旱农业区与温热半干旱农业区，最高气温与ET_0灰度关联系数的最高值在乌拉特中旗站点，为0.9962，表明内蒙古温凉半湿润农业区受到最高气温的影响较小。内蒙古的ET_0分布与最大空气湿度之间的灰度关联性较强的区域主要分布在内蒙古自治区中部区域，位于该区域的适宜农业区主要包括内蒙古温暖干旱农业区东部与温凉半干旱农业区、温暖半干旱农业区中西部，表明最大空气湿度为以上适宜农业区ET_0的主要驱动因子，同时由于温凉半湿润农业区受到北大兴安岭大面积森林覆盖率的影响，这些地区的温差和潜在腾发量都很小，加上降雨较多，最大空气湿度与参考作物蒸散量灰度关联系数最小，最小值位于海拉尔站点，为0.3739，平均、最小空气湿度与最大空气湿度对内蒙古自治区ET_0的影响基本相同。平均风速与ET_0的灰度关联系数较大的值分布在内蒙古温暖干旱农业区东部与温凉半干旱农业区、温暖半干旱农业区中西部，平均风速在乌拉特中旗站点与 ET_0 的灰度关联度最高，关联系数为 0.9405，原因在于内蒙古中部、西部东南部的实际风速都很大，对 ET_0 具有较大的贡献。最低气温与内蒙古自治区 ET_0 分布的灰色关联度总体较小，最大值与最小值分别位于额尔古纳市站点与临河站点，灰度关联系数分别为 0.941 和 0.2534。

5

内蒙古不同灌溉分区 ET_0 时空变异性

    Mann-Kendall 趋势检验法是世界气象组织在气象研究中推荐的方法，在水文序列趋势的统计分析与判断领域广为应用，曾被应用于分析地区降水量时空分布特征、水文变化分析等问题，也被应用于发动机性能预测分析等研究。该方法的优点是不需要样本数据遵循某种规律，且存在部分异常值也不会对整体分析结果造成过大干扰。该方法涉及的关键核心概念是两个测量值之间的差值是大于 0、等于 0 还是小于 0，分析和计算简便且实用性强，故适用于多种非正态分布的样本数据。由于 Mann-Kendall 方法可用于分析持续增长或下降趋势（单调趋势）的时间序列数据，且适用于多数分布，所以可用该方法分析典型气象站点的 ET_0 变化趋势和不同干旱程度地区 ET_0 的变化趋势。不同作物适宜种植区域的 ET_0 时间序列的 Mann-Kendall 检验结果，通过了 $P = 0.05$ 水平的显著性检验。

    内蒙古参考作物蒸散量在不同作物适宜种植区域过去 30 年内（1990—2019 年）变化差异较大，其中内蒙古温暖半干旱农业区与温热半干旱农业区、温凉半湿润农业区的参考作物蒸散量在 1990—2019 年的变化趋势共发生两次突变，对比绘制得到的 Mann-Kendall 检验统计曲线发现，5 个不同作物适宜种植区域内的 UF 值均大于 0，表明各区域 ET_0 值整体呈现上升趋势。

5.1 温凉半湿润农业区 ET_0 时空变异性

    内蒙古温凉半湿润农业区的 ET_0 突变从 2000 年开始，ET_0 的上升趋势超过了显著性水平 0.05 的临界值，呈显著增加趋势，2001 年的平均 ET_0 值为 957.4mm，较 2000 年增加 7.12%，ET_0 由 1990—2000 年的 859.92mm 升至 2001—2019 年的 914.15mm，增长率为 6.3%，较多年平均水平的 894.26mm 增长了 2.22%，从 2000 年开始 ET_0 的上升趋势超过了显著水平 0.05 的临界值，呈现显著增加趋势，如图 5.1－1 和图 5.1－2 所示。

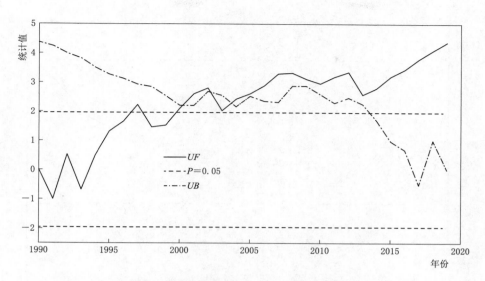

图 5.1-1 内蒙古温凉半湿润农业区 1990—2019 年 ET_0 及组成变化

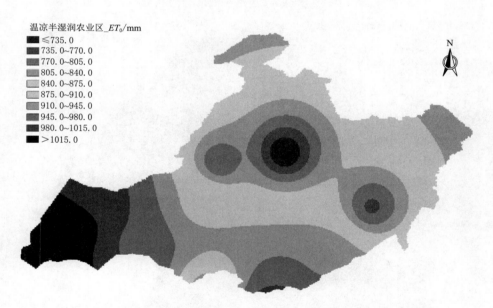

图 5.1-2 内蒙古温凉半湿润农业区 1990—2019 年 ET_0 空间分布图

5.2 温凉半干旱农业区 ET_0 时空变异性

内蒙古温凉半干旱农业区的突变发生在 2016 年，由于 1990—2016 年的参考作物蒸散量从 1237.54mm 升至 2017—2019 年的 1327.76mm，增长率为 7.29%，较多年平均水平的 1246.56mm 增长了 6.51%，如图 5.2-1 和图 5.2-2 所示。

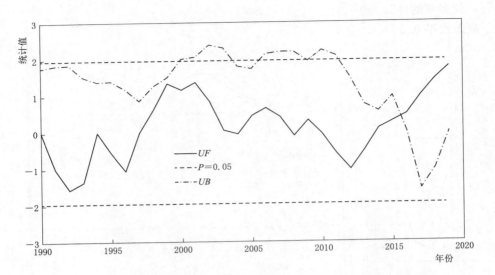

图 5.2-1　内蒙古温凉半干旱农业区 1990—2019 年 ET_0 及组成变化

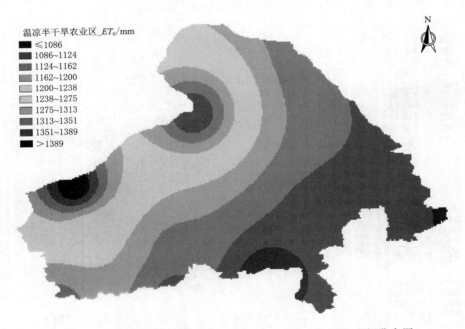

图 5.2-2　内蒙古温凉半干旱农业区 1990—2019 年 ET_0 空间分布图

5.3　温暖半干旱农业区 ET_0 时空变异性

　　内蒙古温暖半干旱农业区共发生 3 次突变，突变分别发生在 1999 年、2003 年和 2010 年，由 1990—1999 年的 1017.65mm 升至 2000—2019 年的 1082.30mm，增长率为

6.35%，较多年的平均水平 1060.75mm 增长了 2.03%，从 2000 年开始 ET_0 的上升趋势超过了显著水平 0.05 的临界值，如图 5.3-1 和图 5.3-2 所示。

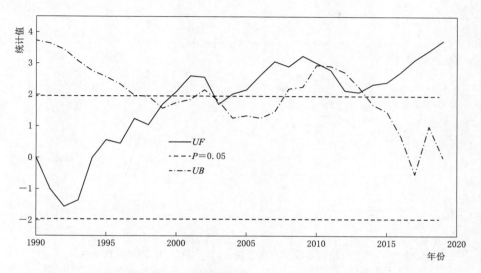

图 5.3-1　内蒙古温暖半干旱农业区 1990—2019 年 ET_0 及组成变化

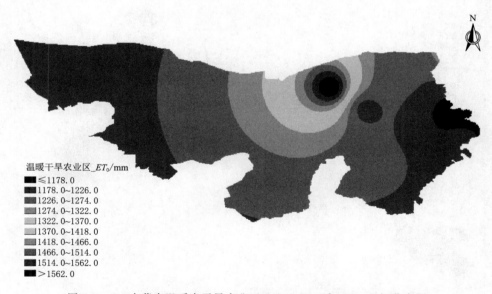

图 5.3-2　内蒙古温暖半干旱农业区 1990—2019 年 ET_0 空间分布图

5.4　温暖干旱农业区 ET_0 时空变异性

内蒙古温暖干旱农业区的突变发生在 2012 年，由 1990—2012 年的 1179.91mm 升至 2013—2019 年的 1243.09mm，增长率为 5.35%，较多年平均水平的 1194.65mm 增长了

4.05%，如图 5.4-1 和图 5.4-2 所示。

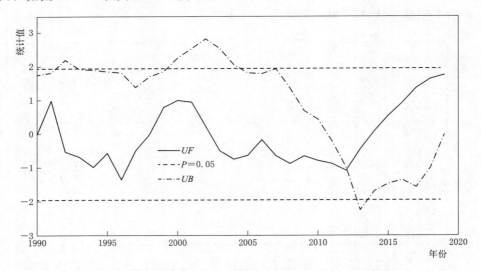

图 5.4-1   内蒙古温暖干旱农业区 1990—2019 年 ET_0 及组成变化

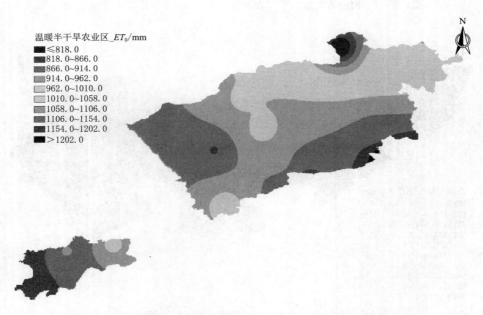

图 5.4-2   内蒙古温暖干旱农业区 1990—2019 年 ET_0 空间分布图

5.5   温热半干旱农业区 ET_0 时空变异性

内蒙古温热半干旱农业区的突变分别发生在 1994 年、2010 年和 2015 年，由 1990—1994 年的 1156.11mm 升至 1995—2019 年的 1215.42mm，增长率为 2.13%，较多年平均水平的 1204.79mm 增长了 0.88%，从 1999 年开始 ET_0 的上升趋势超过了显著水平 0.05 的临界值，开始显著增加，如图 5.5-1 和图 5.5-2 所示。

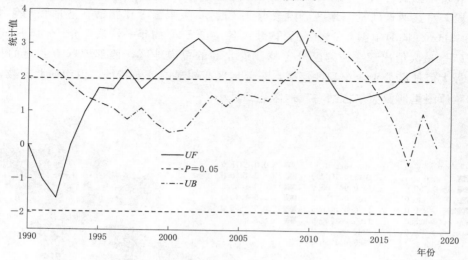

图 5.5-1　内蒙古温热半干旱农业区 1990—2019 年 ET_0 及组成变化

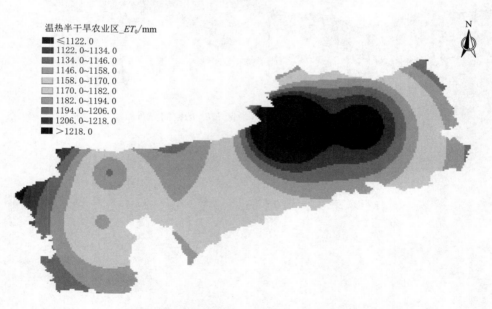

图 5.5-2　内蒙古温热半干旱农业区 1990—2019 年 ET_0 空间分布图

5.6　内蒙古 ET_0 时空变异性

内蒙古自治区位于我国北部边疆，土地面积 118.3 万 km^2，占全国总面积的 12.1%。全区大部分地区海拔在 1000m 以上，属于温带大陆性气候。地貌由东向西或从南向北呈现平原、山地与高平原镶嵌排列的带状分布，从而影响水热条件在地表的再分配，导致自然条件和资源独具特点。中温带草原占据着内蒙古高原的全部草原地区，向东延伸经大兴安岭南段，直达西辽河平原地区。内蒙古全区近 30 年来参考作物潜在蒸散量的年平均值为 1101.8mm。同时由图 5.6-1 知，内蒙古各站点 ET_0 的年平均值均介于 745～1674mm 之间。ET_0 最大值出现在西部巴丹吉林沙漠北部的荒漠地区，西部地区有明显的经向特征，由最大值地区分别向东和西递减，东部地区有明显的纬向特征，由南向北递减，在呼伦贝尔草原图里河、额尔古纳右旗地区达到最小。

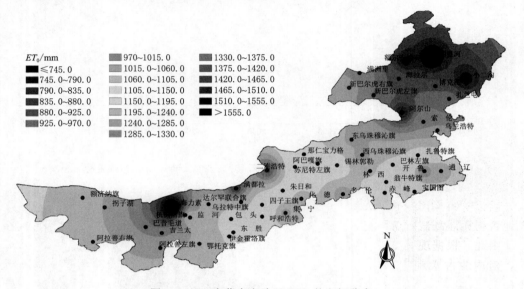

图 5.6-1　内蒙古自治区 ET_0 的空间分布

6

内蒙古主要作物需水量
和需水规律研究

内蒙古大部分地区属于干旱与半干旱地区，降雨量少，降雨量满足不了作物正常生长的需水要求，因此，必须进行灌溉，灌溉是作物高产、稳产的必要条件。

作物需水量是水利工程规划设计、水资源评价、水管理、农田灌溉、水旱灾害分析、指导农田灌溉与宏观决策、发展节水型农业的重要依据。

内蒙古地域辽阔而灌溉试验站很少，且少数试验站大部分是设在现有灌区内，其他广大地区均无灌溉试验资料，给水利工程的规划设计、管理带来了很大的困难。

因此，根据现有资料绘制全区主要作物需水量等值线图，使少数试验资料扩大到全区，对内蒙古水利工程的规划设计，农田灌溉管理具有十分重要的理论意义和实用价值。

6.1 农业灌溉分区

内蒙古地域辽阔，自然条件差异很大，为了使作物需水量等值线图尽可能地符合实际情况，按自然条件基本相同的原则，将内蒙古自治区划分为几个灌溉分区。根据内蒙古农业区划和气候区划将内蒙古划分为 4 个灌溉分区。

6.1.1 农业区划

内蒙古农业区划将内蒙古分为以下 3 个一级区：

丘陵平原农、林为主多种经营区（Ⅰ）；

高原牧、林为主多种经营区（Ⅱ）；

山地林、牧多种经营区（Ⅲ）。

丘陵平原农、林为主多种经营区（Ⅰ）为主要的农业区，农业区分为九个二级区（Ⅰ₁～Ⅰ₉）见表 6.1-1，农业区的地理位置、土壤、地形、气候条件见表 6.1-2。

6.1.2 气候区划

内蒙古气候区划分为以下 3 个一级区：

农业气候区（Ⅲ′）；

表 6.1-1　农业区划表

丘陵平原农、林为多种经营区（Ⅰ）	高原农林为主种经营区（Ⅱ）	山地林、牧多种经营区（Ⅲ）
Ⅰ₁ 岭东丘陵平原农林牧结合区	Ⅱ₁ 呼伦贝尔高原东部森林草原牧林结合区	Ⅲ₁ 大兴安岭北部林区
Ⅰ₂ 岭东南丘陵平原农林牧结合区	Ⅱ₂ 呼伦贝尔高原西部草原农林结合区	Ⅲ₂ 大兴安岭中部林区
Ⅰ₃ 岭南丘陵平原农林牧结合区	Ⅱ₃ 乌珠穆沁森林草原牧农结合区	Ⅲ₃ 大兴安岭南部林农结合区
Ⅰ₄ 西辽河平原农林牧结合区	Ⅱ₄ 阿巴嘎干草原牧林农结合区	Ⅲ₄ 阴山南部林牧农结合区
Ⅰ₅ 科尔沁坨甸牧林农结合区	Ⅱ₅ 乌兰察布半荒漠草原牧农结合区	Ⅲ₅ 阴山西部牧农结合区
Ⅰ₆ 燕北丘陵农林牧结合区	Ⅱ₆ 黄土丘陵牧农林结合区	Ⅲ₆ 贺兰山林牧结合区
Ⅰ₇ 后山丘陵农林牧结合区	Ⅱ₇ 毛乌素沙地林牧农结合区	
Ⅰ₈ 前山丘陵农林牧结合区	Ⅱ₈ 鄂托克半荒漠草原牧农结合区	
Ⅰ₉ 河套土默川平原农林牧结合区	Ⅱ₉ 阿拉善荒漠牧农结合区	

表 6.1-2　丘陵平原农林为主种经营区概况表

农业分区	位置	土壤	地形	气候条件						范围（旗、县、市、区）
				气候带	年均气温/℃	≥10℃积温/℃	无霜期/d	日照小时/h	降雨量/mm	
岭东丘陵平原农林牧结合区 Ⅰ₁	大兴安岭中段的东部	黑土山地棕壤及部分沼泽土、草甸土	大兴安岭的东麓山前丘陵平原	北温带向寒温带过渡地区	2.5	2000～2400	90～130	2800	450～530	鄂伦春旗、阿荣旗、扎兰屯市、莫力达瓦旗
岭东南丘陵平原农林牧结合区 Ⅰ₂	大兴安岭东南部	栗钙土、黑钙土	波状起伏的丘陵和河谷平原	温带半干旱季风气候	2.5～5.0	2400～2800	95～150	2800	400～500	扎赉特旗、科尔沁右翼前旗、科尔沁右翼中旗、突泉县、乌兰浩特市
岭南丘陵牧农林结合区 Ⅰ₃	大兴安岭山地向科尔沁坨甸西辽河平原过渡带	沙土、栗钙土	低山丘陵和台地，地形起伏较大	温暖半干旱大陆性气候	4～8	2800～3500	95～150	2800～3200	320～420	克什克腾旗、巴林右旗、巴林左旗、阿鲁科尔沁旗、扎赉特旗、科尔沁左翼中旗、敖汉旗、扎鲁特旗、翁牛特旗、林西县、科尔沁左翼、开鲁旗、扎鲁特旗

续表

农业分区	位置	土壤	地形	气候条件						范围（旗、县、市、区）
				气候带	年均气温/℃	≥10℃积温/℃	无霜期/d	日照小时/h	降雨量/mm	
西辽河平原农牧林结合区 I₄	西辽河新开河冲积平原，	栗钙土带、灌淤土、冲积土	地势平坦	温暖半干旱大陆性气候	5.7~6.1	3000~3200	140~150	2900~3100	320~480	通辽市、科尔沁区、开鲁县、科尔沁左翼中旗、科尔沁左翼后旗
科尔沁坨甸牧农结合区 I₅	岭南丘陵燕北丘陵和西辽河平原农业区之间地带	砂土、栗钙土、草甸土	沙丘广布、坨甸相间	温暖干旱大陆性气候	5~7	2800~3100	140	2900~3000	300~450	阿鲁科尔沁旗、巴林右旗、翁牛特旗、奈曼旗、库伦旗、科尔沁左翼后旗
燕北丘陵农牧结合区 I₆	通辽市、赤峰市南部燕山山地丘陵	黄土、黑垆土、山地棕壤、山地褐土	地形复杂起伏较大	温暖半干旱大陆性气候	6~7	2500~3200	130~150	2600~3000	350~450	科尔沁左翼后旗、奈曼旗、敖汗旗、库伦旗、红山区、元宝山区、松山区、喀喇沁旗、宁城县
后山丘陵农牧结合区 I₇	大青山北麓	暗栗钙土、淡栗钙土、棕钙土	低山丘陵南高北低	阴山北部丘陵湿凉半干旱区	1.3~3.1	1800~2200	90~120	3000~3100	250~400	多伦县、太仆寺旗、化德县、商都县、察哈尔右翼后旗、四子王旗、武川县、固阳县、集宁前旗
前山丘陵农牧结合区 I₈	山脉麓阴山山南	黄土、灰潮土、栗钙土、黑垆土	丘陵间有高山和滩川盆地，南部为黄土丘陵沟壑	温暖半干旱区、春旱严重	3~5	2200~2500	100~150	2700~3000	350~400	兴和县、察哈尔右翼前旗、丰镇市、卓资县、凉城县、集宁市
河套土默川平原农牧林结合区 I₉	阴山山地以南	灌淤土、灰潮土、盐土、碱土	地势平坦	光照充足，降雨量少、干旱严重	4~7	2600~3200	140~170	3000	150~400	五原区、乌拉特前旗、临河区、杭锦后旗、磴口县、杭锦旗、达拉特旗、准格尔旗、乌拉特中旗、乌拉特后旗、和林格尔县、托克托县、土默特左旗、土默特右旗、包头市郊、清水河县

续表

农业分区	位置	土壤	地形	气候带	气候条件 年均气温/℃	≥10℃积温/℃	无霜期/d	日照小时/h	降雨量/mm	范围（旗、县、市、区）
西辽河平原农林牧结合区 I₄	西辽河新开河冲积平原	栗钙土带、灌淤土、冲积土	地势平坦	温暖半干大陆性气候	5.7~6.1	3000~3200	140~150	2900~3100	320~480	通辽市、科尔沁区、开鲁县、科尔沁左翼中旗、科尔沁左翼后旗
科尔沁坨甸农林牧结合区 I₅	岭南丘陵燕北丘陵和西辽河平原农业区之间地带	砂土、栗钙土、草甸土	沙丘广布、坨甸相间	半大气暖旱性温干气候	5~7	2800~3100	140	2900~3000	300~450	阿鲁科尔沁旗、巴林右旗、翁牛特旗、奈曼旗、库伦旗、科尔沁左翼后旗
燕北丘陵农牧林结合区 I₆	通辽市赤峰市南部燕山山地丘陵	黄土、黑垆土、山地棕壤、山地褐土	复伏形起大地杂牧	温暖半干大陆性气候	6~7	2500~3200	130~150	2600~3000	350~450	科尔沁左翼后旗、敖汗旗、库伦旗、赤峰市郊、宁城县
后山丘陵农牧林结合区 I₇	大青山北麓	暗栗钙土、栗钙土、棕钙土	低山丘陵高北低	阴山北部丘陵凉湿半干旱区	1.3~3.1	1800~2200	90~120	3000~3100	250~400	多伦县、商都县、兴和县、察尔沁右翼后旗、武川县、右翼中旗、固阳县、四子王旗、察哈尔右翼前旗
前山丘陵农牧林结合区 I₈	山脉麓阴山山南	黄土、灰潮土、栗钙土、黑垆土	丘陵同有高盆地、南部多为黄土丘陵沟壑	温暖半干旱区、春旱严重	3~5	2200~2500	100~150	2700~3000	350~400	兴和县、察尔沁右翼前旗、卓资县、凉城县、丰镇市、集宁市
河套土默川平原农牧林结合区 I₉	阴山山地以南	灌淤土、灰潮土、盐土、碱土	地势平坦	光照充足，降雨量少，干旱严重，为无灌溉即无农业区	4~7	2600~3200	140~170	3000	150~400	五原县、乌拉特前旗、临河区、杭锦后旗、磴口县、杭锦旗、达拉特旗、准格尔旗、乌拉特中旗、和林格尔县、乌拉特后旗、土默特左旗、托克托县、土默特右旗、包头市郊、清水河县

牧业气候区（Ⅱ′）；

林业气候区（Ⅰ′）。

农业气候区分为 6 个二级区（Ⅲ′$_1$～Ⅲ′$_6$），见表 6.1-3。农业气候区概况见表 6.1-4。

表 6.1-3 **气 候 区 划 表**

农业气候区（Ⅲ′）	牧业气候区（Ⅱ′）	林业气候区（Ⅰ′）
Ⅲ′$_1$大兴安岭东麓温凉半湿润农业区	Ⅱ′$_1$大兴安岭西麓温凉半湿润牧业区	Ⅰ′$_1$大兴安岭温寒湿润林业区
Ⅲ′$_2$科尔沁温暖半干旱农业区	Ⅱ′$_2$呼伦贝尔温凉半干旱牧业区	
Ⅲ′$_3$通辽赤峰市南部黄土丘陵温热半干旱农业区	Ⅱ′$_3$锡林郭勒温凉半干旱牧业区	
Ⅲ′$_4$土默川温暖半干旱农业区	Ⅱ′$_4$鄂尔多斯温暖半干旱牧业区	
Ⅲ′$_5$阴山北部丘陵温凉半干旱农业区	Ⅱ′$_5$乌兰察布北部温暖干旱牧业区	
Ⅲ′$_6$河套灌区温暖干旱农业区	Ⅱ′$_6$鄂尔多斯西部温暖干旱牧业区	
	Ⅱ′$_7$阿拉善温热干旱牧业区	
	Ⅱ′$_8$阿拉善西部温热极干旱牧业区	

6.1.3 灌溉分区

综合农业区划和气候区划将内蒙古农业区划分为 4 个灌溉分区。

（1）第一灌溉分区：温凉半湿润、半干旱农业区（Ⅰ$_1$、Ⅰ$_2$）。该区包括呼伦贝尔市东南部、兴安盟中部、赤峰市西部、锡林郭勒盟南部、乌兰察布市中南部。气候特点是热量较少，冬季延续时间长，无霜期短，≥10℃积温为 1600～2800℃，无霜期 90～120 天，年降雨量 250～450mm。

（2）第二灌溉分区：温暖半干旱农业区（Ⅱ）。该区包括兴安盟南部、通辽市中部、赤峰市中部、乌兰察布市南部、土默川灌区、河套灌区东部。气候特点是热量充沛，降雨量少于岭东地区，春旱严重，年降雨量 300～450mm，≥10℃积温为 2600～3000℃，无霜期 130～140 天。

（3）第三灌溉分区：湿暖干旱农业区（Ⅲ）。该区包括河套灌区的大部，气候特点是气候温和，降雨稀少，≥10℃积温为 2900～3300℃。无霜期 130～150 天，年降雨量 130～220mm。

（4）第四灌溉分区：湿热半干旱农业区（Ⅳ）。该区包括通辽市、赤峰市南部，气候特点是热量较多，生长期长，年降雨较多，春旱严重，≥10℃积温为 3000～3200℃，无霜期 140～160 天，年降雨量 320～400mm。

各灌溉分区的位置、气候条件、农业情况见表 6.1-5。

表6.1-4　农业气候区概况表

气象分区	位置	气候特点	≥10℃积温/℃	无霜期/d	年平均降雨量/mm	湿润度	农业情况	范围（旗、县、市、区）
大兴安岭东麓温凉半湿润农业区 III₁	大兴安岭东侧	热量较少，水分较多，冬季持续时间长	1600~2800	120	400~450	0.6~1.0	近年以种植玉米、水稻为主，玉米均采用机井抽水膜下滴灌，水稻以地表水畦灌灌溉为主。热量少，生长期短，限制了喜温作物的种植，一熟小麦产量较稳定	莫力达瓦旗，阿荣旗，扎兰屯市，科尔沁右翼前旗，科尔沁右翼中旗，突泉县
科尔沁温暖半干旱农业区 III₂	大兴安岭东南侧和南部	热量较充沛，降雨量少岭东地区，春旱严重	2600~3000	130~140	300~400	0.3~0.6	近年以种植玉米、青贮玉米、水稻均采用机井抽水膜下滴灌，浅埋滴灌为主。后水稻以地表水灌溉适合各种植前期前旱，不灌溉适合种植的喜温旱熟品种	扎赉特旗，突泉县，科尔沁右翼中旗，科尔沁左翼中旗，开鲁旗，巴林左旗，林西县，扎鲁特旗，林西旗，巴林右旗，翁牛特旗，克什克腾旗，喀喇沁旗
通辽赤峰南部黄土丘陵温半干旱农业区 III₃	通辽赤峰市南部	热量较多，生长期长，降雨量较多，春旱严重	3000~3200	140~160	350~400	0.3~0.4	近年以种植玉米、大豆为主，玉米均采用机井抽水膜下滴灌、浅埋滴灌，作物生长有足够的热量和时间	通辽县，科尔沁左翼后旗，奈曼旗，库伦旗，敖汉旗，宁城县，阿鲁科尔沁旗，赤峰市郊
土默川温暖半干旱农业区 III₄	大青山南麓	温度适宜，降雨较多	2800~3000	130~140	350~450	0.3~0.4	适宜种植业的发展，作物以玉米为主	乌拉特前旗，土默特左旗，托克托县，和林格尔县，清水河县，卓资县，丰镇市，包头市郊
阴山北部丘陵温凉半干旱农业区 III₅	阴山山脉的北部	温度偏低，雨量偏少，光能丰富，大风较多，无霜期短	2000~2200	90~120	250~400	0.3~0.4	大面积的滩川地是玉米、马铃薯喜凉作物的主要产地，春小麦、莜麦、胡麻	武川县，固阳县，乌拉特中旗，乌拉特后旗，察尔沁右翼中旗，商都，黎尔沁县，镇市，集宁区，兴和县，右翼前旗，卓资县，丰镇市

续表

气象分区	位置	气候条件					农业情况	范围（旗、县、市、区）
		气候特点	≥10℃积温/℃	无霜期/d	年平均降雨量/mm	湿润度		
河套温暖干旱农业区Ⅲ₆	阴山山脉以南、黄河以北及黄河沿岸以南沿岸	光热充足，降雨量少，蒸发强烈，空气干燥	2900~3000	130~150	130~220	0.13~0.25	水源保障程度高，以玉米、春小麦、葵花为主	磴口县、杭锦后旗、临河区、五原县、乌拉特前旗（西部）、杭锦旗、达拉特旗

内蒙古灌溉分区表

表6.1-5

灌溉分区	位置	地形	土壤	气候条件					农业情况	范围（旗、县、市、区）
				气候特点	≥10℃积温/℃	无霜期/d	年平均降雨量/mm	湿润度		
温凉半湿润农业区（I₁）	大兴安岭东南麓	大兴安岭东南为丘陵平原，部分地形起伏较大	大兴安岭山地为黑土、为棕壤及部分沼泽草甸土	岭东为北寒温带向寒温带间过渡，气候寒冷	1600~2800	90~120	400~450	0.6~1.0	岭东南热量资源较少，生长期短，限制了喜温作物的种植，但水土资源条件良好，适合水稻种植，一熟春小麦产量较稳定，地下水滴灌主以玉米为主	扎兰屯市、阿荣旗、莫力达瓦达斡尔族自治旗、鄂伦春自治旗、科尔沁右翼前旗、突泉县等
温凉半干旱农业区（L₂）	阴山北麓	阴山北为丘陵滩川	大青山北为暗栗钙土、棕钙土、钙土	阴山北麓光能资源充足，热量资源较少，大风较多，无霜期短	2000~2200	90~120	250~400	0.3~0.4	阴山北麓，乌兰察布主要是春玉米、莜麦、胡麻、马铃薯喜凉作物产区；玉米、马铃薯以地下水滴灌为主	太仆寺旗、化德县、商都县、集宁区、兴和县、察哈尔右翼中旗、察哈尔右翼后旗、四子王旗、武川县、乌拉特前旗、固阳县等

续表

灌溉分区	位置	地形	土壤	气候条件					农业情况	范围（旗、县、市、区）
				气候特点	≥10℃积温/℃	无霜期/d	年平均降雨量/mm	湿润度		
温暖半干旱农业区（Ⅱ）	大兴安岭南麓、西辽河平原、阴山南麓	大兴安岭南麓为低山丘陵和台地，西辽河为洪积平原，阴山南麓为低山丘陵和台地	岭南以沙土、栗钙土为主，西辽河为栗钙土、灌淤土、冲积土，阴山南麓为黄土、灰潮土、栗钙土和黑土	该区热量较充沛，降雨量少于岭东南区，春旱严重，属温带半干旱气候	岭南、西辽河2600～3200，阴山南麓2800～300	岭南、西辽河140，阴山南麓130～140	岭南、西辽河300～400，阴山南麓350～450	岭南、西辽河0.3～0.6，阴山南麓0.3～0.4	岭南水资源丰富但分布不均衡，西辽河流域水土资源丰富，土质肥沃，是我区主要的粮食基地，阴山南麓水资源比较贫乏。主要作物为玉米、大豆、水稻等，主要以地下水滴灌、地表水畦灌为主	乌兰浩特市郊、科尔沁右翼前旗、突泉县、扎赉特旗、科尔沁右翼中旗、科尔沁左翼中旗、开鲁县、扎鲁特旗、阿鲁科尔沁旗、巴林左旗、巴林右旗、克什克腾旗、林西县、翁牛特旗、多伦县、丰镇市、卓资县、凉城县、察哈尔右翼前旗、土默特左旗、和林格尔县、清水河县、准格尔旗、托克托县、九原区、土默特右旗
温暖农干旱农业区（Ⅲ）	内蒙古的西部、阴山以南	主要是河流冲积形成的灌区，地势坦平	主要是洪积冲积淤成的灌淤土、灰潮土、盐碱土	气候温暖、降雨稀少，干旱是主要威胁，但热量资源丰富	2900～3300	130～150	130～220	0.13～0.25	河套是内蒙古主要粮食基地，近年来灌区作物以小麦、春小麦、糜栗、玉米次之，经济作物有甜菜、胡麻、向日葵等	临河区、五原县、乌拉特前旗、磴口县、乌拉特中旗、乌拉特后旗、杭锦后旗、达拉特旗、鄂托克前旗、杭锦旗、乌审旗等
温热半干旱农业区（Ⅳ）	西辽河平原、科尔沁沙地、燕北丘陵	西辽河平原、科尔沁沙地、燕北山地丘陵地形起伏较大	西辽河为栗钙土、冲洪积淤灌土、沁沱甸为沙土、栗钙土、草甸土，燕北丘陵为黄土、黑土、棕壤土	本区为温暖半干旱大陆性气候，生长期长，降雨较多，春旱严重	3000～3200	140～160	320～400	0.3～0.4	作物生长有足够的热量，西辽河灌区是我区重要粮食基地之一，主要作物为玉米、大豆、水稻等，主要以地下水滴灌、地表水畦灌为主	科尔沁区、科尔沁左翼后旗、科尔沁左翼中旗、开鲁县、库伦旗、翁牛特旗、奈曼旗、赤峰市郊、喀喇沁旗、宁城县、敖汉旗等

6.2 温凉半湿润区

6.2.1 阿荣旗向阳峪镇喷灌条件下大豆需水量与需水规律

6.2.1.1 研究区域概况与试验设计

研究区处于呼伦贝尔市阿荣旗向阳峪镇松塔沟村试验站（$48°07'$N，$123°22'$E，海拔255.03m）。阿荣旗位于大兴安岭东南地区，属于高纬度地区，气候为中温带大陆性半湿润气候，年极端最高气温38.5℃，积温在2394.1℃以上，年日照时数长达2850h，年均蒸发量为1455.3mm，多年平均相对湿度为63%，年平均风速为3.4m/s，主要风向为西北风。该地区春季干旱多风少雨，夏季多温热暴雨；秋季凉爽，历时较短；冬季寒冷干燥、历时长。阿荣旗境内降雨来源为北太平洋副热带高压与北上的冷空气交会，作物生育期年均降雨381.19mm，集中于每年的6—8月，其间降雨量占总降雨量的71.5%，该地区主要的降雨特点为：降雨时空分布不均。

供试品种为"新密荚王738"，于2017年5月28日播种，试验灌溉方式采用半固定式喷灌，试验按照相同灌水次数、不同灌水定额来设计。根据作物主要根系层内的土壤含水率变化确定灌水时间，灌溉定额分别为75mm（P_1）、85mm（P_2）、95mm（P_3）、105mm（P_4）。全生育期灌水3次，分别在分枝期（7月15日）、开花期（7月25日）、鼓粒期（8月25日）灌水。基肥采用一次沟施的施肥方式，追肥采用开花期统一拉沟施加。灌溉水源为地下水，支管平行种植方向布置，喷头布置在每个小区中间位置，喷头间距为18m，支管长度72m，采用多喷头全园喷洒，保证水量分布均匀。根据当地机井出水情况，可供4个喷头同时工作。喷嘴流量为3.5m³/h，射程为9m，每个处理灌水量用喷灌时间换算确定，在机井出水管处安装水表测定灌水量。

6.2.1.2 需水量及 K_c 计算

基于水量平衡法计算作物耗水量，具体计算公式为

$$ET = \Delta W + P + I + W_g \qquad (6.2-1)$$

式中：ΔW 为作物种植和收获后土壤贮水量变化；P 为降雨量；I 为灌水量；W_g 为地下水补给量。

不同处理各生育阶段耗水量见表6.2-1。

表6.2-1   不同处理各生育阶段耗水量   单位：mm

处理	苗期	分枝期	开花期	结荚期	鼓粒期	成熟期
CK	21.8	48.6	60.72	92.46	66.28	36.85
P_1	22.32	56.51	62.93	106.54	92.59	43.58
P_2	22.46	58.18	63.82	108.83	93.36	44.9
P_3	23.1	61.53	65.98	116.49	97.93	48.18
P_4	22.85	65.46	66.42	123.64	103.17	54.31

ET_0 采用国际粮农组织（FAO）推荐的彭曼蒙特斯公式计算。不同生育期大豆的 ET_0 见表6.2-2。

表 6.2 - 2　　　　　　　　　　　不同生育期大豆的 ET_0　　　　　　　　　　单位：mm

生育期	苗期	分枝期	开花期	结荚期	鼓粒期	成熟期	累积量
阶段 ET_0	27.43	115.5	75.65	207.4	83.12	45.97	555.04
日均 ET_0	3.919	5.499	4.203	5.761	3.197	2.704	4.440

作物系数是实际作物腾发量与参考作物腾发量的比值，是计算作物耗水量的重要参数，同时也是水资源管理与合理节水灌溉的重要依据。受作物本身、土壤蒸发等影响 K_c 出现不同的变化规律。研究分析大豆在喷灌条件下生育阶段的作物系数，有助于确定阿荣旗地区大豆的需水量，为进一步科学、合理地制定大豆灌溉制度奠定良好的基础。本书计算以作物生育期为划分单位，以单作物系数法计算作物系数 K_c 值。作物系数计算方式可表示为

$$K_c = ET/ET_0 \tag{6.2-2}$$

喷灌条件下的大豆作物系数 K_c 值见表 6.2 - 3，可以看出大豆作物系数在整个生育期内呈现出生长初期较低、生长中期增大、后期降低的变化趋势，最低均值出现在苗期、开花期，最高均值出现在结荚鼓粒期，影响大豆作物系数的主要原因是叶面积指数，这是由于大豆处于苗期、开花期时，植株叶片数量少且面积小，同时太阳辐射弱、大气温度低，致使大豆土壤蒸腾蒸发量较小，K_c 较低；随着生育期的推进，大豆植株生长发育速度加快，叶片数量增多且面积增大，同时太阳辐射强、大气温度高，致使大豆土壤蒸腾蒸发量不断增大，心不断增大，在结荚鼓粒期达到较高水平；生育后期由于部分叶片凋萎脱落，同时太阳辐射弱、大气温度低，致使大豆蒸发蒸腾量变小，K_c 逐渐降低。

表 6.2 - 3　　　　　　　　不同处理大豆生育期作物系数 K_c 值表

处理	苗期	分枝期	开花期	结荚期	鼓粒期	成熟期
CK	0.41bc	0.48a	0.73ab	0.85c	0.45c	0.36d
P_1	0.38c	0.50a	0.78a	0.93c	0.64b	0.42c
P_2	0.39c	0.51a	0.69b	1.03b	0.66ab	0.43bc
P_3	0.45b	0.53a	0.74ab	1.13a	0.71a	0.47b
P_4	0.54a	0.52a	0.76ab	1.12ab	0.70a	0.52a

6.2.1.3　需水规律分析研究

分析试验区参考作物耗水量变化规律发现，耗水量在整个生育期呈现出先增大后减小的二次抛物线型变化趋势。从日序数为 148~197 天，作物耗水量逐渐升高并在 197 天左右达到峰值，这是由于从 5 月底开始试验区的太阳辐射、大气温度逐渐增加，空气相对湿度较小。197 天之后，随着太阳辐射、气温逐渐降低，作物耗水量逐渐降低。

试验区大豆生育期内总的作物耗水量为 555.04mm，日均 4.44mm。大豆苗期、分枝期、开花期、结荚期、鼓粒期、成熟期的作物耗水量分别为 27.43mm、115.5mm、75.65mm、207.44mm、83.12mm、45.97mm，对应的日均作物耗水量分别为 3.92mm、5.50mm、4.20mm、5.76mm、3.20mm、2.70mm。整个生育期内的极大值、均值、最小值分别为 12.16mm、7.13mm、2.67mm，极大值与均值分别为极小值的 4.6 倍和 2.7 倍。

6.2.1.4　小结

呼伦贝尔市阿荣旗大豆在喷灌条件下作物耗水量为 555.04mm，日均 4.44mm，平水年优选灌溉制度为：灌水时间为 6 月 17 日、7 月 14 日、8 月 8 日，灌水定额分别为 30mm、42mm、34mm。丰水年优选灌溉制度为：生育前期 25mm，生育中期 30mm，生育后期 35mm，方可满足其生长发育。

6.2.2　阿荣旗亚东镇滴灌条件下大豆需水量与需水规律研究

6.2.2.1　研究区域概况与试验设计

膜下滴灌大豆试验区位于呼伦贝尔市阿荣旗亚东镇六家子村试验站（48°31′N，123°52′E，海拔 244.19m），阿荣旗地处大兴安岭东南麓。根据阿荣旗气象站多年气象资料分析，试验区多年平均降水量为 476.9mm，多年平均气温为 1.6℃，极端最低气温 −39.8℃，极端最高气温为 38.5℃，多年平均蒸发量为 1424.4mm，全年日照时数为 1888.1h，多年平均风速为 2.7m/s，无霜期较短，多年平均无霜期为 132 天，历年最大冻土深为 2.70m，多年平均相对湿度为 63%。

实验处理分覆膜滴灌和不覆膜滴灌，不覆膜滴灌处理采用单行滴灌带控制两行大豆的栽培模式，行距 60cm，采用穴播种植方式，穴距 10cm，每穴保苗 2 株，每公顷保苗 27 万株。覆膜处理采用宽 80cm、厚 0.008mm 聚乙烯吹塑薄膜，其他参数与不覆膜一致，具体灌水见表 6.2－4。

表 6.2－4　　　　　　　　　　试 验 设 计 表

处理	灌　水　量/mm						合计/mm
	1 水	2 水	3 水	4 水	5 水	6 水	
对照	0	0	0	0	0	0	0
高水	12	15	15	24	24	15	105
中水	9	12	15	21	18	12	87
低水	7.5	9	9	12	12	7.5	57
覆膜对照	0	0	0	0	0	0	0

6.2.2.2　需水量及 K_c 计算

不同处理各生育期大豆耗水量通过水量平衡法［见式（6.2－1）］对降雨、灌水、土壤贮水量进行分析计算得到。不同处理大豆生育期内各时段耗水量见表 6.2－5。

表 6.2－5　　　　　　　　　　大豆各生育期耗水量　　　　　　　　单位：mm

处理	苗期	分枝期	开花期	结荚期	鼓粒期	成熟期	总量
对照	20.15	16.34	89.27	148.75	59.16	44.00	362.83
高水	20.79	17.85	82.14	140.92	55.04	41.38	343.65
中水	18.59	18.16	83.22	120.50	49.89	37.14	317.12
低水	17.18	16.25	77.21	106.98	42.65	32.75	289.54
覆膜对照	16.52	17.34	78.39	107.98	46.65	32.75	293.97

采用彭曼蒙特斯公式计算 ET_0，最终得到不同年份 ET_0，见表 6.2-6。分析表明，ET_0 的变化趋势一般表现为苗期和开花期较低，开花期和结荚期较大，随后开始逐渐下降，全生育期变化范围为 42.13～152.27mm。

表 6.2-6　　　　　　　　　　　大 豆 各 生 育 期 ET_0　　　　　　　　　　单位：mm

生育期	苗期	分枝期	开花期	结荚期	鼓粒期	成熟期	总量
ET_0	42.13	49.34	152.27	119.2	77.55	52.56	493.05

最终通过计算得到大豆生育期 K_c 值，见表 6.2-7。

表 6.2-7　　　　　　　　　　　大 豆 各 生 育 期 K_c

处理	苗期	分枝期	开花期	结荚期	鼓粒期	成熟期	均值
对照	0.48	0.33	0.59	1.25	0.76	0.55	0.66
高水	0.49	0.36	0.54	1.18	0.71	0.51	0.63
中水	0.44	0.37	0.55	1.01	0.64	0.51	0.59
低水	0.41	0.33	0.51	0.90	0.55	0.56	0.54
覆膜对照	0.39	0.35	0.51	0.91	0.60	0.52	0.55
均值	0.44	0.35	0.54	1.05	0.65	0.53	0.59

6.2.2.3　需水规律分析研究

通过水量平衡法计算了不同处理大豆生育期内耗水变化规律，观察数据分析表明各处理间耗水强度变化规律大致变现为结荚期最大，耗水总量达到 106.98～148.75mm，其次为开花期，耗水量为 77.21～89.27mm，同时在大豆播种初期土壤结构松散加之春季多风水分耗散较大可达到 16.52～20.79mm，大豆生长后期由于植株蒸腾耗散降低，水分耗散较低。大豆耗水量表现为结荚期＞花期＞鼓粒期＞成熟期＞分枝期＞苗期，而鼓粒期、花期和结荚期的耗水量占整个生育期的 60％ 左右是大豆需水的敏感期。

6.2.2.4　小结

呼伦贝尔市阿荣旗大豆在膜下滴灌条件下，综合考虑水氮二因素结果表明膜下滴灌大豆最佳耗水量为 293.97～362.83mm，方可满足其生长发育。

6.2.3　扎赉特旗大豆需水量与需水规律研究

6.2.3.1　研究区域概况与试验设计

内蒙古兴安盟扎赉特旗位于兴安盟东北部，地理坐标介于东经 121°17′～123°38′，北纬 46°04′～47°21′之间。黑龙江省哈尔滨市距离扎赉特旗 433km，当地气候属中温带大陆性季风气候，多年水面蒸发量为 500～900mm，多年平均降雨量为 531mm，降水主要集中在 6—9 月。耕地土类主要为黑土地，土壤肥力高，适合种植大豆。

由于扎赉特旗缺少大豆灌溉试验资料，并且扎赉特旗与黑龙江省哈尔滨市的降雨量和气候类型，以及土壤类型相似，因此采用黑龙江省哈尔滨市大豆的试验资料进行分析。哈尔滨市属于典型的中温带大陆性季风气候，多年平均气温为 3.2℃，大豆生育期为 150～170 天，无霜期 130 天以上。当地年平均降雨量为 507.9mm，当地年平均风速为 3.9m/s。选取 1956—2015 年的逐日气象资料，包括最高气温、最低气温、平均相对湿度、风速、日照、降雨量等信息。对 1956—2015 年龙江站年降雨数据由大到小进行排列，采用水文经验频率公式（数学期望公式）拟合水文经验频率曲线，分别选取 2007 年、1970 年、2010 年和 1971 年依次作为特枯水年、枯水年、平水年和丰水年。

6.2.3.2 需水量和 K_c 计算

作物系数 K_c 参考联合国粮农组织出版的灌溉系列文件《作物需水量作物指南》（FAO - 56）进行计算，苗期、分枝期、开花期、结荚期、鼓粒期和成熟期 K_c 值分别为 0.38、0.43、0.67、1.15、0.72 和 0.56，均值为 0.65。

计算得到大豆不同水平年各生育期 ET_0 见表 6.2 - 8。

表 6.2 - 8　　　　　　大豆不同水平年各生育期 ET_0　　　　　单位：mm

水平年	苗期	分枝期	开花期	结荚期	鼓粒期	成熟期	总量
特枯水年	85.95	90.26	227.25	192.25	110.25	79.24	785.2
枯水年	92.32	93.25	220.27	188.36	103.25	55.98	753.43
平水年	83.32	86.32	216.36	179.24	102.48	28.85	696.58
丰水年	77.25	82.18	210.24	166.25	100.33	23.92	660.17

采用作物系数法计算作物需水量，最终得到不同水文年大豆生育期内各时段作物需水量见表 6.2 - 9。

表 6.2 - 9　　　　　大豆不同水平年各生育期作物需水量　　　　　单位：mm

水平年	苗期	分枝期	开花期	结荚期	鼓粒期	成熟期	总量
特枯水年	32.66	38.81	152.26	221.09	79.38	44.37	568.57
枯水年	35.08	40.10	147.58	216.61	74.34	31.35	545.06
平水年	31.66	37.12	144.96	206.14	73.79	16.16	509.82
丰水年	29.36	35.34	140.86	191.19	72.24	13.40	482.37

6.2.3.3 需水规律分析研究

不同水文年的大豆需水量趋势均为先增大后减小。特枯水年、枯水年、平水年和丰水年的全生育期大豆需水量分别为 568.57mm、545.06mm、509.82mm 和 482.37mm。其中，苗期和分枝期需水量较小；作物需水量在花期和结荚期差异较大，成熟期又降低至较低水平，分析可知花期和结荚期需水量所占比重最大，不同水文年间需水量差异主要由此两生育阶段需水量差异引起。

6.2.3.4 小结

扎赉特旗特枯水年（2007）、枯水年（1970）、平水年（2010）和丰水年（1971）大豆需水量分别为 568.57mm、545.06mm、509.82mm 和 482.37mm，方可满足大豆生长发育，达到增产或稳产效果。

6.2.4 阿荣旗淹灌水稻需水量与需水规律

阿荣旗位于大兴安岭东南地区（47°48′N，123°29′E），绥化市庆安县距离阿荣旗 502km，属温带大陆性气候，年平均气温为 1.69℃，无霜期 126 天左右，年平均降雨量为 579mm，土地类型以黑土为主。

由于阿荣旗缺少水稻灌溉试验资料，并且阿荣旗与黑龙江省庆安县的降雨量和气候类型，以及土壤类型相似，因此采用庆安县控制灌溉下水稻的试验资料进行分析。

6.2.4.1 研究区域概况与试验设计

小区试验于2013年4—9月在绥化市庆安县和平灌溉试验站进行，试验站位于绥化市庆安县，东经125°44′，北纬45°63′。年平均气温为1.69℃，无霜期126天左右，年平均降雨量为579mm，其中在7—9月降雨较为集中，土壤干密度为1.10/cm³，有机质含量4.95%、全氮0.188%、全磷0.083%。试验地区为典型的黑土，有机质含量丰富，土壤肥力较高。试验区属于低山丘陵平原区，气候特征属温带大陆性季风气候，一年四季分明。

试验选用品种为龙庆稻2号。氮肥选用尿素（含氮量46%），磷肥选择二胺，钾肥选择硫酸钾（60%）。每个试验小区面积为100m²，插秧密度为24穴/m²。本试验采取饱和D3-11设计方案，采取三因素五水平。控制因素分别为土壤水分含量下限、磷肥和钾肥用量。试验设11个处理，每个处理重复4次，随机区组排列。水稻于4月7日播种育苗，5月10日施基肥，其基肥施入标准为100%的磷肥、45%的氮肥和50%的钾肥。5月23日进行插秧，6月5日施分蘖肥，其分蘖肥施入标准为30%的氮肥和50%的钾肥。7月15日施穗肥，穗肥的施入标准为25%的氮肥。生育期施用农药1次。试验方案见表6.2-10。

表6.2-10　　　　　　　　　　　　　试 验 方 案 表

处　　理	土壤含水量/%	磷肥/(kg/hm²)	钾肥/(kg/hm²)
1	70	75	200
2	70	75	0
3	65	50	150
4	75	50	150
5	65	100	150
6	75	100	150
7	80	75	50
8	60	75	50
9	70	150	50
10	70	0	50
11	70	75	100

6.2.4.2 作物需水量及 K_c 值计算

基于水量平衡法计算作物耗水量，最终得到不同处理水稻生育期内各时段耗水量，见表6.2-11。

表6.2-11　　　　　　　　　　　　　水 稻 生 育 期 耗 水 量　　　　　　　　　　单位：mm

处理	返青期	分蘖期	拔节期	抽穗期	乳熟期	成熟期	总量
1	36.1	133.8	141.3	169.3	40.9	38.6	550.5
2	31.4	153.5	129	153.5	32.8	30.9	493.6

处理	返青期	分蘖期	拔节期	抽穗期	乳熟期	成熟期	总量
3	29.6	97	115	136.6	30.5	28.2	455
4	51.4	125.5	151	184.3	43.6	41.1	597.3
5	32.3	119.9	124.9	163.6	31.3	29.5	497
6	45.8	148.9	163.2	206.2	44.7	42.4	651.2
7	42.8	135	144.5	169.7	40.2	38.2	530.8
8	34.6	108.6	123	141.9	26.3	24.9	466.4
9	43.6	122.7	130.9	166.3	36.8	34.9	535.3
10	40.4	129.4	134.6	155.3	38.8	36.2	534.8
11	36.5	133.4	142.8	173	37.6	34.5	546.8
均值	38.59	127.97	136.38	165.43	36.71	34.49	532.61

采用彭曼蒙特斯公式计算 ET_0，结果见表 6.2-12。

表 6.2-12　　　　　　　　　　水 稻 生 育 期 ET_0　　　　　　　　单位：mm

生育期	返青期	分蘖期	拔节期	抽穗期	乳熟期	成熟期	总量
ET_0	34.38	121.64	117.75	155.32	57.61	51.47	538.16

最终通过作物系数法得到不同处理水稻生育期内各时段 K_c，见表 6.2-13。

表 6.2-13　　　　　　　　　　　　作 物 系 数

处理	返青期	分蘖期	拔节期	抽穗期	乳熟期	成熟期	均值
1	1.05	1.10	1.20	1.09	0.71	0.75	0.98
2	1.04	1.06	1.13	1.09	0.65	0.69	0.94
3	0.98	1.03	1.09	1.02	0.66	0.71	0.92
4	0.98	1.12	1.19	1.13	0.72	0.79	0.99
5	0.96	1.10	1.18	1.09	0.73	0.76	0.97
6	1.02	1.15	1.23	1.15	0.75	0.80	1.02
7	1.03	1.02	1.12	1.09	0.73	0.67	0.94
8	0.97	1.04	1.15	1.08	0.65	0.67	0.93
9	1.02	1.05	1.15	1.10	0.68	0.70	0.95
10	1.05	1.08	1.18	1.11	0.69	0.72	0.97
均值	1.01	1.08	1.16	1.10	0.70	0.73	0.96

6.2.4.3 作物需水规律分析

试验各处理在全生育期的耗水量分布呈现类似的变化趋势：在水稻生长前期，返青期与分蘖前期作物高度较小、遮光率低，此时植株正处于营养生长阶段，耗水量较低。随着作物的持续生长进入分蘖末期和拔节期，作物株高与叶面积不断增大，作物进入营养生长与生殖生长的旺盛时期，耗水量进一步提高并在抽穗期耗水量达到最高峰。随着作物进一步发育以及外界温度的变化，部分叶片的脱落，作物耗水量呈现下降趋势。从乳熟期到黄熟期作物耗水量呈现递减趋势。

6.2.4.4 小结

阿荣旗水稻需水量在生育期呈抛物线变化趋势，不同处理耗水量达到 532.61mm 左右，方可满足其生长发育。

6.2.5 青贮玉米与燕麦需水量与需水规律

6.2.5.1 鄂温克喷灌青贮玉米需水量和需水规律

依据水利部牧区水利所完成的科技部农业科技成果转化资金项目"呼伦贝尔草甸草原水草畜平衡管理技术与示范"（编号：2008GB23320435）研究成果：喷灌条件下青贮玉米多年平均条件下需水量为 468.0mm（312m³/亩）。

鄂温克旗试验区设在内蒙古呼伦贝尔市鄂温克旗巴彦塔拉乡，地理坐标位于 E119°44′，N49°0′，海拔 630m 左右；属于中温带半干旱大陆性气候，春季干旱多大风，时有寒潮低温；夏季温和短促，降水集中；秋季气候多变，降温快，霜冻早；冬季漫长寒冷，常有暴风雪天气；多年平均气温 2.3℃；降雨主要集中在 6—8 月，占全年降雨量的 70%～80%，多年平均降水量 297.5mm；多年平均蒸发量 1412.8mm；多年平均风速 4.0m/s；年日照数为 2900h；无霜期 115 天；多年平均最大冻土深度为 2.8m。土壤为黑钙土，土壤 0～60cm 平均容重为 1.61g/cm³，田间持水量为 21.4%（占干土重）。

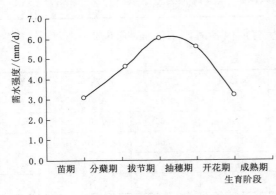

图 6.2-1 青贮玉米耗水强度变化过程

青贮玉米需水强度随气温的变化较为明显，气温的变化过程是低—高—低，其需水强度的变化过程是低—高—低。按照生育期划分为苗期、分蘖期、拔节期、抽穗期、开花期和成熟期 6 个时期。从图 6.2-1 中可以看出，青贮玉米苗期植株幼小，地面覆盖度低，其水分消耗以地面蒸发为主，因此该阶段的需水强度较小；进入拔节期以后，营养生长加快，植株蒸腾速率增加较快，需水强度增大，到拔节—抽穗期青贮玉米的株高和叶面积均达到最大，同时恰好处在一年中气温最高的季节，需水强度达到最大，其需水强度为 6.0mm/d，因为该阶段营养生长与生殖生长并进，根、茎、叶生长迅速，光合作用强烈，且此时气温升高、日照时间延长，该阶段是青贮玉米生长最旺时期，需水强度也达到峰值，对水分的反应特别敏感，是青贮玉米需水关键期；此后由于气温逐渐降低，叶片开始变黄，蒸腾活力降低，需水强度逐渐减小，到成熟期其值降到最低为 3.2mm/d。因此，在拔节—抽穗期灌水，对确保青贮玉米需水和获得较高的产量尤为重要。

根据计算得到生育期 ET_0 为 497.0mm，需水量为 468.0mm，得出喷灌条件下青贮玉米全生育期 K_c 值为 0.94。

6.2.5.2 鄂温克喷灌燕麦需水量和需水规律

依据科技部农业科技成果转化资金项目"呼伦贝尔草甸草原水草畜平衡管理技术与示范"（编号：2008GB23320435）研究成果：喷灌条件下燕麦多年平均条件下需水量为

346.3mm（231m³/亩），燕麦耗水强度见图6.2-2。

从图6.2-2中可以看出，燕麦苗期需水强度较小，需水强度为3.4mm/d；抽穗—灌浆期需水强度最大，其需水强度为6.9mm/d，因为该阶段燕麦由营养生长向生殖生长过渡，叶面指数和蒸腾速率均达到一生中最大的时期，体内代谢较旺盛，对水分的需求较大，是燕麦需水关键期；到灌浆—成熟期其值降到最低为3.6mm/d。

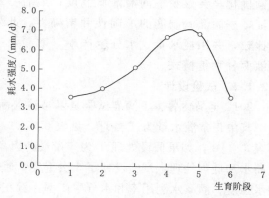

图6.2-2 燕麦耗水强度变化过程图

根据计算得到生育期 ET_c 为409.0mm，需水量为346.3mm，得出喷灌条件下青贮玉米全生育期 K_c 值为0.85。

6.3 温凉半干旱区

6.3.1 马铃薯（阴山沿麓）滴灌需水量和需水规律

6.3.1.1 试验区概况

乌兰察布市是马铃薯主要产区，马铃薯种植面积占内蒙古自治区的40％以上，约占全国马铃薯年均种植面积和产量的6％，在全国地区级排名第一，也是国家重要的种薯、商品薯和加工专用薯基地，种植面积一直稳定在400万亩左右。2009年乌兰察布市被中国食品工业协会正式命名为"中国马铃薯之都"。试验地点位于内蒙古乌兰察布市马铃薯种植集中区商都县，平均气温为3.1℃，无霜期120天左右，年均降水量351.5mm，70％的雨量集中在6—8月，春旱严重。多年平均蒸发量为1700～2000mm。2012—2013年、2015年试验区位于七台镇罗平店，2014年试验区位于商都县三大顷乡王殿金村，2个试验区采用同一种植模式。试验区播种前一个星期犁地，犁地深度为30cm，之后用旋耕机旋耕。试验区所用的马铃薯品种为夏波蒂，5月上旬播种，播种深度为8～12cm。2012—2013年与2015年采用现行的一膜两行的株行距为（110＋30）×24cm种植；2014年采用高垄种植，垄高30cm，垄距90cm，株行距为90cm×20cm。起垄、覆膜、铺滴灌带、播种、施基肥、滴灌带铺设一次性完成。肥料在播种前一个星期一次性施入，施入量分别是N18kg/亩，$P_2O_5$8kg/亩，K_2O12kg/亩，折合尿素32.24kg/亩，二铵17.39kg/亩，硫酸钾肥24kg/亩。

6.3.1.2 试验方法

马铃薯膜下滴灌灌溉制度的试验采用田间综合研究、指标测试和室内分析相结合的方法，分三步研究马铃薯膜下滴灌灌溉制度。首先利用水量平衡计算马铃薯不同生育阶段根层土壤含水率下限值（适宜土壤含水率）并计算出马铃薯不同生育阶段的需水量，确定马铃薯不同生育阶段的湿润层土壤含水率下限之后采用固定每次灌水时期及定额；之后采用不同的灌水次数以及固定灌水次数和每次灌水时期，采用不同的灌水定额优化马铃薯膜下滴灌灌溉制度；最后一年的试验采用制定的灌溉制度设计进一步验证，查验灌溉制度的准确性和精确性。此外，还开展了马铃薯滴灌的覆膜与不覆膜的比较，并用耗水量、水分生产率、增产水平等技术指标充分分析和比较覆膜滴灌与滴灌两种种植模式。

6.3.1.3 试验设计

2012 年马铃薯膜下滴灌试验是以马铃薯灌水量为影响因素，共设计了 5 个灌水量水平，其中正常灌水量为 T 处理，见表 6.3 - 1。灌溉设计的湿润深度和土壤水分下限要求见表 6.3 - 2，如果假设处理 T 为产量最高灌溉处理，则处理 T 为最优灌水定额。其余均为高水和低水处理，试验设计了 3 次重复。通过不同灌水量研究，揭示马铃薯不同生育期耗水强度、灌溉水利用率和水分生产率，旨在确定马铃薯膜下滴灌的需水量。

表 6.3 - 1　　　　　　马铃薯膜下滴灌高效节水技术试验设计

试 验 因 素	处 理 水 平 数				
	1	2	3	4	5
需水规律和灌溉制度	0.6T	0.8T	T	1.2T	1.4T

注　表中 T 表示设计正常耗水量处理。

表 6.3 - 2　　　　　　商都示范区马铃薯生育阶段划分和灌水要求

生育阶段	播 种	出 苗	现 蕾	初 花	盛 花	成 熟
时间	5 月 20 日	6 月 10 日	6 月 30 日	7 月 15 日	8 月 15 日	9 月 10 日
计划湿润深度/cm	40	40	60	60	60	40
水分下限要求/%	60	60	70	70	70	65

膜下滴灌马铃薯灌溉定额的估算方法采用如下公式：

$$M = 0.1\gamma z p (\theta_{\max} - \theta_{\min})/\eta \tag{6.3-1}$$

$$P = N_p S_e W / S_p S_r \times 100\% \tag{6.3-2}$$

式中：M 为设计毛灌水定额，mm；γ 为计划土壤湿润层内的土壤干容重，g/cm³；z 为计划土壤湿润层深度，cm；p 为设计土壤湿润比；$\theta_{\max}$、$\theta_{\min}$ 为适宜土壤含水率上下限（占干土重的百分比）；η 为灌溉水有效利用系数，滴灌为 0.90；N_p 为每株作物的滴头数；S_e 为滴头沿毛管上的间距；W 为湿润宽度；S_p 为作物株距；S_r 为作物行距。通过计算和实测滴灌设计土壤湿润比为 53.15%。

2013 年试验小区设计是基于 2012 年度完成马铃薯膜下滴灌耗水规律、需水量和土壤适宜含水率下限值的基础上设计的（见表 6.3 - 3），主要考虑了同一灌水频率下不同的灌水定额、同一灌溉定额下不同的灌溉频率以及相应的补充灌溉处理，旨在为商都示范区马铃薯膜下滴灌制定合理的灌溉制度（灌水时间、灌水频率、灌水定额和灌溉定额）。

表 6.3 – 3　　　　　　　　　**马铃薯膜下滴灌高效节水技术试验设计**

试验因素	处 理 水 平 数							
	1	2	3	4	5	6	7	8
需水规律和灌溉制度	T_1	T_2	T_3	T_4	T_5	T_6	T_7	T_8
T_1 处理为：灌水定额 15mm/次，生育期灌水 8 次，8 天 1 次（块茎形成期至淀粉积累期），播种至苗期 2 次，每次 15mm，灌溉定额 150mm								
T_2 处理为：灌水定额 24mm/次，生育期灌水 8 次，8 天 1 次（块茎形成期至淀粉积累期），播种至苗期 2 次，每次 15mm，灌溉定额 222mm								
T_3 处理为：灌水定额 33mm/次，生育期灌水 8 次，8 天 1 次（块茎形成期至淀粉积累期），播种至苗期 2 次，每次 15mm，灌溉定额 294mm								
T_4 处理为：灌水定额 19.2mm/次，生育期灌水 10 次，6 天 1 次（块茎形成期至淀粉积累期），播种至苗期 2 次，每次 15mm，灌溉定额 222mm								
T_5 处理为：灌水定额 32mm/次，生育期灌水 6 次，10 天 1 次（块茎形成期至淀粉积累期），播种至苗期 2 次，每次 15mm，灌溉定额 222mm								
T_6 处理（非充分灌溉）为：苗期一次，10mm，块茎形成期 2 次，每次 15mm，灌溉定额为 40mm								
T_7 处理（非充分灌溉）为：苗期一次，10mm，块茎形成期 3 次，每次 15mm，块茎增长期 2 次，每次 15mm，灌溉定额为 70mm								
T_8 处理为：无灌水处理								

　　2014 年灌溉制度的试验设计是基于前两年试验的基础上，采用固定灌水时间和次数采用不同的灌水定额；采用相同的灌溉定额，不同的灌水次数和灌水时间，试验小区排列采用随机区组布置的方式，试验设两个区组，分别是起垄覆膜滴灌和不覆膜滴灌。

　　实验处理共计 16 个大区处理，其中 8 个大区为起垄覆膜滴灌，另外 8 个大区为不覆膜滴灌，覆膜与不覆膜处理灌水处理相同，小区之间隔离带为 3m。灌溉制度试验见表 6.3 – 4。

表 6.3 – 4　　　　　　　　　**灌 溉 制 度 试 验 表 格**

处 理	灌 溉 制 度
T_1	灌水定额 10mm/次，生育期灌水 8 次，8 天 1 次（块茎形成期至淀粉积累期），播种至苗期 2 次，每次 15mm，灌溉定额 110mm
T_2	灌水定额 15mm/次，生育期灌水 8 次，8 天 1 次（块茎形成期至淀粉积累期），播种至苗期 2 次，每次 15mm，灌溉定额 150mm
T_3	灌水定额 20mm/次，生育期灌水 8 次，8 天 1 次（块茎形成期至淀粉积累期），播种至苗期 2 次，每次 15mm，灌溉定额 190mm
T_4	灌水定额 11mm/次，生育期灌水 11 次，6 天 1 次（块茎形成期至淀粉积累期），播种至苗期 2 次，每次 15mm，灌溉定额 150mm
T_5	灌水定额 20mm/次，生育期灌水 6 次，10 天 1 次（块茎形成期至淀粉积累期），播种至苗期 2 次，每次 15mm，灌溉定额 150mm
T_6	灌水定额 7.3mm/次，生育期灌水 11 次，6 天 1 次（块茎形成期至淀粉积累期），播种至苗期 2 次，每次 15mm，灌溉定额 110mm
T_7	灌水定额 14.5mm/次，生育期灌水 11 次，6 天 1 次（块茎形成期至淀粉积累期），播种至苗期 2 次，每次 15mm，灌溉定额 190mm
T_8	无灌水处理

2015 年灌溉制度的试验设计是基于前 3 年试验的基础上，采用固定灌水时间和次数采用不同的灌水定额进行试验、验证与比较，设计的最佳灌溉定额为示范区推荐的灌溉定额，即前 3 年试验得出的灌溉制度。试验小区排列采用随机区组布置的方式，试验设两个区组，分别是起垄覆膜滴灌和不覆膜滴灌。实验处理共计 12 个大区处理，其中 6 个大区为起垄覆膜滴灌，另外 6 个大区为不覆膜滴灌，覆膜与不覆膜处理灌水处理相同，小区之间隔离带为 3m。灌溉制度试验见表 6.3-5。

表 6.3-5   灌 溉 制 度 试 验 表 格

处　理	覆　　膜	不　覆　膜
T_1	苗期、成熟期灌水定额 $5m^3$/亩，现蕾至落花期灌水定额为 $7.5m^3$/亩	苗期、成熟期灌水定额 $5m^3$/亩，现蕾至落花期灌水定额为 $7.5m^3$/亩
T_2	苗期、成熟期灌水定额 $7.5m^3$/亩，现蕾至落花期灌水定额为 $11.25m^3$/亩	苗期、成熟期灌水定额 $7.5m^3$/亩，现蕾至落花期灌水定额为 $11.25m^3$/亩
T_3	苗期、成熟期灌水定额 $10m^3$/亩，现蕾至落花期灌水定额为 $15m^3$/亩	苗期、成熟期灌水定额 $10m^3$/亩，现蕾至落花期灌水定额为 $15m^3$/亩
T_4	苗期、成熟期灌水定额 $12.5m^3$/亩，现蕾至落花期灌水定额为 $18.75m^3$/亩	苗期、成熟期灌水定额 $12.5m^3$/亩，现蕾至落花期灌水定额为 $18.75m^3$/亩
T_5	苗期、成熟期灌水定额 $15m^3$/亩，现蕾至落花期灌水定额为 $22.5m^3$/亩	苗期、成熟期灌水定额 $15m^3$/亩，现蕾至落花期灌水定额为 $22.5m^3$/亩
CK	无灌水处理	无灌水处理

6.3.1.4 马铃薯耗水量与水分生产率

水分生产率是评价节水灌溉工程、灌溉制度、农艺节水措施、农田水分管理以及综合节水措施的最终体现和评价指标。计算公式如下：

$$W_c = Y/(I + P - Q - \Delta W) \text{ 或 } W_c = Y/ET \quad\quad (6.3-3)$$

式中：W_c 为作物水分生产率，kg/m^3；Y 为马铃薯产量；ET 为耗水量。

1. 2012 年水分生产率

2012 年设计的灌水量试验共涉及 5 个灌水量，其中 T 处理为马铃薯正常条件下需水规律所灌的水量，其他 4 个高水和低水均在正常灌水量情况下加大和加小得出。膜下滴灌马铃薯整个生育时期降水、灌溉、土壤水量变化、马铃薯产量、水分生产率见表 6.3-6和图 6.3-1。

表 6.3-6   马铃薯产量、水分生产率组成（2012 年）

处　理	灌水量 /mm	降雨量 /mm	土壤水分变化量 /mm	总腾发量 ET_c /mm	产量 /(kg/亩)	水分生产率 /(kg/m³)
1.4T	134.91	296	−42.12a	388.79a	2385.18a	6.13b
1.2T	115.63	296	−39.11ab	372.52b	2382.32a	6.40ab
T	96.36	296	−36.99b	355.37c	2372.15a	6.68a
0.8T	77.10	296	−30.69c	342.41d	1979.28b	5.78c
0.6T	57.81	296	−24.27d	329.55e	1513.68c	4.59d

注　表中不同字母均在 $P=0.05$ 显著条件下比较得出。

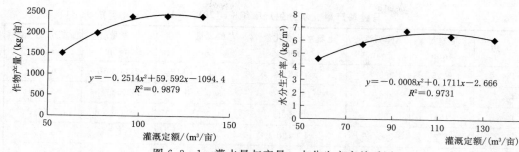

图 6.3-1 灌水量与产量、水分生产率关系图

由表 6.3-6 可知，在 134.91mm、115.63mm、96.36mm、77.10mm、57.81mm 灌水量条件下，水分生产率为处理 T 最高，可达 $6.68kg/m^3$，而高灌水量在提供马铃薯生长的同时，留在土壤中的水分较多，加剧了土面蒸发，因此耗水量较高。在 0.6T 处理中，可以从株高、茎粗中明显看出生长较缓，受到的水分胁迫较为严重，最终导致马铃薯减产，水分生产率降低。

因此，在 2012 年（丰水年，18.3％）膜下滴灌条件下马铃薯最佳的灌溉水量为 96.36mm，此时可得最佳的水分利用效率，生产效率可达 $6.68kg/m^3$。从理论上分析，最高水分生产率的目标下，灌溉定额为 106.25mm，作物耗水量为 365mm。

2. 2013 年水分生产率

由图 6.3-2 和表 6.3-7 可知，在 91.5～168mm 灌水量条件下，水分生产率和产量均较高，随着灌水量的增加，产量和水分利用效率出现先增加后减小的趋势。在不同灌水量同一灌溉时间处理下，灌水量为 123mm 的处理产量和水分利用效率最高，在不同灌溉频率同一灌溉灌水量处理下，6 天灌溉一次的处理产量和水分利用效率最高为全部处理的最高，可达 $6.46kg/m^3$，而相应的耗水量为 374mm，而高灌水量在提供马铃薯生长的同时，留在土壤中的水分较多，加剧了土壤蒸发，因此耗水量较高。在 T_6 处理中，可以从株高、茎粗中明显看出生长较缓，受到的水分胁迫较为严重，最终导致马铃薯减产，水分生产率降低。在非充分灌溉中，69mm 的灌水量具有较为理想的产量。

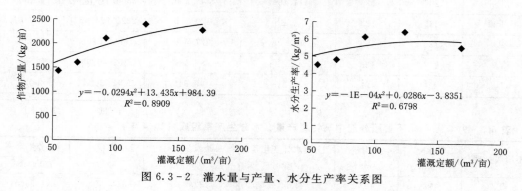

图 6.3-2 灌水量与产量、水分生产率关系图

在示范区 39.6％（2013 年）的降雨频率下，膜下滴灌条件下马铃薯最佳的灌溉水量为 123mm，现蕾后期的灌水间隔为 6 天每次，此时可得最佳的水分利用效率，生产效率可达 $6.46kg/m^3$。

表 6.3-7　　　　　　　　马铃薯产量、水分生产率组成（2013 年）

处　　理	灌水量 /mm	降雨量 /mm	土壤水分变化量 /mm	总腾发量 ET_c /mm	产量 /(kg/亩)	水分生产率 /(kg/m³)
T_1	91.5	263.65	−11.61c	343.54cd	2114.46b	6.16b
T_2	123	263.65	−15.89de	370.76b	2300.51ab	6.20b
T_3	168	263.65	−20.90f	413.75a	2296.22ab	5.55cd
T_4	123	263.65	−13.18d	373.47b	2411.59a	6.46a
T_5	123	263.65	−29.68g	356.97c	2072.84b	5.81c
T_6	54	263.65	−0.75b	316.90e	1436.98d	4.53e
T_7	69	263.65	1.02a	333.67d	1611.40c	4.83e
T_8	0	263.65	−1.42b	262.23f	1079.87e	4.12ef

注　表中不同字母均在 $P=0.05$ 显著条件下比较得出。

3. 2014 年水分生产率

由表 6.3-8 和表 6.3-9 可知，在覆膜和不覆膜处理中，同一灌溉条件下，覆膜处理的水分利用效率高于不覆膜处理，因此，马铃薯覆膜滴灌可增加产量。此外在覆膜和不覆膜灌溉处理中，不同的灌水定额和灌溉频次影响一致。由表中数据可知，同一灌溉定额条件下，灌溉频次越大，水分生产率越高，处理 T_4（6 天 1 次灌溉）的水分生产率最高；同一灌溉频次条件下，灌水量与水分生产率呈二次函数关系，最佳的灌水量为 207mm。

表 6.3-8　　　　覆膜处理中马铃薯产量、水分生产率组成（2014 年）

覆膜处理	灌水量 /mm	降雨量 /mm	土壤水分变化量 /mm	总腾发量 ET_c /mm	产量 /(kg/亩)	水分生产率 /(kg/m³)
T_1	135	123	13.18cd	271.18e	1474.6140c	5.44c
T_2	207	123	9.38e	339.38d	2042.5500b	6.02b
T_3	267	123	−3.7f	386.3a	2283.9840ab	5.91b
T_4	207	123	14.16c	344.16c	2336.3100ab	6.79a
T_5	265	123	−18h	370.00b	2221.2540ab	6.00b
T_6	135	123	19.54b	277.54e	1689.7320c	6.09b
T_7	267	123	−2.42g	387.58a	2361.4020a	6.09b
T_8	0	123	25.84a	148.84f	598.5360d	4.02d

表 6.3-9　　　　不覆膜处理中马铃薯产量、水分生产率组成（2014 年）

不覆膜处理	灌水量 /mm	降雨量 /mm	土壤水分变化量 /mm	总腾发量 ET_c /mm	产量 /(kg/亩)	水分生产率 /(kg/m³)
T_1	135	123	24.00cd	282.00e	1334.7720e	4.73cd
T_2	207	123	15.90e	345.90d	1931.4720cd	5.58b
T_3	267	123	7.00f	397.00a	2211.4620bc	5.57b
T_4	207	123	25.56c	355.56c	2287.9620b	6.43a

不覆膜处理	灌水量 /mm	降雨量 /mm	土壤水分变化量 /mm	总腾发量 ET_c /mm	产量 /(kg/亩)	水分生产率 /(kg/m³)
T_5	265	123	−4.15h	383.85b	2129.4540bc	5.55b
T_6	135	123	30.82b	288.82e	1537.3440d	5.32bc
T_7	267	123	7.57g	397.57a	2356.8120a	5.93b
T_8	0	123	45.58a	168.58f	511.3260f	3.03d

因此，在典型的夏秋干旱的水文年型中（2014 年），应加大中后期的灌溉频率，为获得较高的产量和水分利用效率，6 天每次为理想的灌溉频率，灌溉定额推荐为 207mm，相应的耗水量为 344mm。

4. 2015 年水分生产率

由表 6.3−10 和图 6.3−3 和图 6.3−4 可知，在覆膜和不覆膜处理中，同一灌溉条件下，覆膜处理的水分利用效率与不覆膜处理差异不显著，马铃薯产量差异不显著。在无灌水条件下，马铃薯产量差异不显著。由表 6.3−10 中数据可知，在典型干旱的水文年型中（2015 年，85%），应该根据土壤下限值，及时灌溉。根据数据分析，2015 年合适的灌溉定额为 140m³/亩，水分生产率高达 12.93kg/m³，马铃薯全生育期耗水量为 348mm。

表 6.3−10　　　　　　　　**2015 年作物耗水量、水分生产率分析计算表**

处	理	灌水量 /(m³/亩)	有效降雨量 /mm	土壤水变化量 /mm	耗水量 /mm	平均耗水强度 /(mm/d)	产量 /(kg/亩)	作物水分生产率 /(kg/m³)
覆膜	T_1	70	161	5.37b	271.37e	2.09e	1597.60c	8.83c
	T_2	105	161	−17.03cd	301.47d	2.32d	2239.80b	11.14b
	T_3	140	161	−22.68cd	348.32c	2.68c	3003.50a	12.93a
	T_4	175	161	−34.68c	388.82b	2.99c	2989.60a	11.53b
	T_5	210	161	−29.44c	446.56a	3.44a	2957.70a	9.93c
	CK	0	161	26.08a	187.08f	1.44f	823.10c	6.60
不覆膜	T_1	70	161	6.21b	272.21e	2.09d	1499.60c	8.26d
	T_2	105	161	−12.97d	305.53d	2.35cd	2208.70b	10.84c
	T_3	140	161	−19.68cd	351.32c	2.70c	3012.80ab	12.86a
	T_4	175	161	−22.68cd	400.82b	3.08b	3100.00a	11.60b
	T_5	210	161	−32.02c	443.98a	3.42a	3014.20ab	10.18c
	CK	0	161	33.66a	194.66f	1.50e	796.80d	6.14e

6.3.1.5　滴灌马铃薯不同生育期作物系数

马铃薯生育期耗水规律是在满足作物正常生长时整个生育时期不同生育阶段耗水量的变化值。其计算方法依据水量平衡法计算，每个生育时期灌水量计算根据马铃薯根系生长来确定不同的滴灌湿润锋量，生育期耗水量（腾发量）根据式（6.3−4）计算。表 6.3−11

为商都示范区马铃薯生育阶段划分和灌水要求。

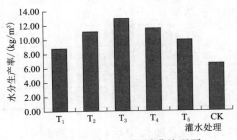

图 6.3-3　2015 年覆膜处理下
水分生产率

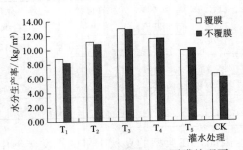

图 6.3-4　2015 年覆膜与不覆膜处理下
水分生产率

表 6.3-11　　　　　　　商都示范区马铃薯生育阶段划分和灌水要求

生育阶段	播　　种	出　　苗	现　　蕾	初　　花	盛　　花	成　　熟
时间	5 月 22 日	6 月 10 日	6 月 30 日	7 月 15 日	8 月 15 日	9 月 10 日
计划湿润深度	40cm	40cm	60cm	60cm	60cm	40cm
水分下要求	60%	60%	70%	70%	70%	65%

马铃薯耗水量的估算方法采用以下公式:

$$ET_c = I + P \pm \Delta S - R - D \qquad (6.3-4)$$

式中: ET_c 为作物不同生育时期腾发量; I 为灌水量; P 为生育期有效降水量; ΔS 为土体贮水量变化; R 为地表径流量; D 为深层渗漏量。根据试验观测和分析,作物生育时期马铃薯滴灌无显著的深层渗漏和地表径流,因此, R 和 D 可以忽略不计。

1. 播种到出苗时期马铃薯耗水规律研究

根据公式、降水量数据、土壤含水率变化值确定该生育时期作物的耗水量即腾发量 ET_c。表 6.3-12 为 2012 年膜下滴灌条件下,马铃薯在不同灌水量下的马铃薯腾发量。

表 6.3-12　　　　　由水量平衡法计算的马铃薯苗期腾发量（2012 年数据）

处　　理	灌水量/mm	降雨量/mm	土壤水分变化量/mm	总腾发量 ET_c/mm	日腾发量 ET/mm	作物系数 K_c
1.4T	15.45	25.20	3.84d	44.49a	2.22a	0.55a
1.2T	13.24	25.20	3.76d	42.20b	2.11b	0.53ab
T	11.04	25.20	3.99c	40.23c	2.01c	0.50b
0.8T	8.83	25.20	4.62b	38.65d	1.93d	0.48b
0.6T	6.62	25.20	6.64a	38.46d	1.92d	0.48b

注　表中不同字母均在 $P = 0.05$ 显著条件下比较得出。

通过表 6.3-12 分析,马铃薯在播种到苗期的耗水量介于 38.46～44.49mm,每日耗水量介于 1.92～2.22mm,即灌水量大则蒸发量大。马铃薯在播种到苗期的灌水量与腾发量存在显著地线性相关。在正常的灌溉条件下（处理 T）,马铃薯在该时期的耗水量为 40.23mm,每日需水量为 2.01mm。利用 Penman-Monteith 公式计算作物系数介于

0.48~0.55。

通过表 6.3-13 分析（2013 年），正常灌水条件下，马铃薯在播种到苗期的耗水量为 62.13mm，每日耗水量为 1.87mm，这比 2012 年的马铃薯苗期耗水量偏大 15mm，这主要是由于 2013 年该时期降雨量比上一年偏大 20%。在 T8 处理中，生育期无灌水，马铃薯耗水量偏小 8mm，日耗水量偏小 0.24mm。该阶段马铃薯耗水量主要土壤蒸发，灌水量大则蒸发强度大，因此在该阶段降低土壤耗水量的主要方法为土壤保墒。

表 6.3-13　　　由水量平衡法计算的马铃薯苗期腾发量（2013 年数据）

处　理	灌水量 /mm	降雨量 /mm	土壤水分变化量 /mm	总腾发量 ET_c /mm	日腾发量 ET /mm	作物系数 K_c
T_1	9	48.48	4.65b	62.13a	2.07a	0.48a
T_2	9	48.48	4.65b	62.13a	2.07a	0.48a
T_3	9	48.48	4.65b	62.13a	2.07a	0.48a
T_4	9	48.48	4.65b	62.13a	2.07a	0.48a
T_5	9	48.48	4.65b	62.13a	2.07a	0.48a
T_6	9	48.48	4.65b	62.13a	2.07a	0.48a
T_7	9	48.48	4.65b	62.13a	2.07a	0.48a
T_8	0	48.48	6.28a	54.76b	1.83b	0.43b

注　表中不同字母均在 $P=0.05$ 显著条件下比较得出。

通过计算马铃薯的作物系数可知灌水条件下的作物系数为 0.48，对照的作物系数为 0.44，在正常灌溉条件下，这一作物系数与 2012 年正常灌溉的作物系数相近。

通过表 6.3-14 分析（2014 年），由于前期土壤墒情较好，降水量较多，马铃薯从播种到出苗期间无灌水，覆膜马铃薯的日耗水量为 2.06mm，不覆膜的日耗水量为 2.22mm，覆膜马铃薯耗水量与前 2 年相差不大。高垄覆膜之后土壤墒情得到了有效的改善，降低了同时期作物的耗水量。覆膜马铃薯的作物系数为 0.49 小于不覆膜马铃薯 0.53。

表 6.3-14　　　由水量平衡法计算的马铃薯苗期腾发量（2014 年数据）

覆膜处理	灌水量 /mm	降雨量 /mm	土壤水分变化量 /mm	总腾发量 ET_c /mm	日腾发量 ET /mm	作物系数 K_c	不覆膜处理	灌水量 /mm	降雨量 /mm	土壤水分变化量 /mm	总腾发量 ET_c /mm	日腾发量 ET /mm	作物系数 K_c
T_1	0	56.58	−5.20	51.38	2.06	0.49	T_1	0	56.58	−0.96	55.62	2.22	0.53
T_2	0	56.58	−5.20	51.38	2.06	0.49	T_2	0	56.58	−0.96	55.62	2.22	0.53
T_3	0	56.58	−5.20	51.38	2.06	0.49	T_3	0	56.58	−0.96	55.62	2.22	0.53
T_4	0	56.58	−5.20	51.38	2.06	0.49	T_4	0	56.58	−0.96	55.62	2.22	0.53
T_5	0	56.58	−5.20	51.38	2.06	0.49	T_5	0	56.58	−0.96	55.62	2.22	0.53
T_6	0	56.58	−5.20	51.38	2.06	0.49	T_6	0	56.58	−0.96	55.62	2.22	0.53
T_7	0	56.58	−5.20	51.38	2.06	0.49	T_7	0	56.58	−0.96	55.62	2.22	0.53
T_8	0	56.58	−5.20	51.38	2.06	0.49	T_8	0	56.58	−0.96	55.62	2.22	0.53

2. 出苗到现蕾时期马铃薯耗水规律研究

根据水量平衡公式、降水量数据、土壤含水率变化值确定该生育时期（出苗到现蕾）作物的耗水量即腾发量 ET_c。表 6.3 – 15 为 2012 年膜下滴灌条件下，马铃薯在不同灌水量下的马铃薯腾发量和作物系数。

通过表 6.3 – 15 分析，马铃薯在出苗到现蕾的耗水量为 39.01～48.75mm，每日耗水量介于 1.95～2.44mm，即作物生长快，则蒸发量大。经数据分析，马铃薯在该时期（处理 T）的耗水量为 43.32mm，水面蒸发量为 144.1mm，经计算，处理 T 马铃薯播种到苗期需水系数 α 为 0.30，作物系数为 0.64。该阶段土壤耗水量主要为土壤蒸发和作物蒸腾，由于该阶段作物根系、地上部生长较快，耗水差异主要为作物蒸腾，因此，耗水量与作物叶面积指数有关，即叶面积指数越高，耗水量越大。

表 6.3 – 15　　　　　　马铃薯出苗到现蕾腾发量（2012 年数据）

处　　理	灌水量 /mm	降雨量 /mm	土壤水分变化量 /mm	总腾发量 ET_c /mm	日腾发量 ET /mm	作物系数 K_c
1.4T	0	67.1	−18.35c	48.75a	2.44a	0.72a
1.2T	0	67.1	−22.07bc	45.03b	2.25b	0.66b
T	0	67.1	−23.78b	43.32c	2.17c	0.64c
0.8T	0	67.1	−25.45b	41.65d	2.08cd	0.61cd
0.6T	0	67.1	−28.09a	39.01d	1.95d	0.57d

注　表中不同字母均在 $P=0.05$ 显著条件下比较得出。

表 6.3 – 16 和表 6.3 – 17 为 2013—2014 年膜下滴灌条件下，马铃薯在不同灌水量下的马铃薯总腾发量、日腾发量和作物系数。

表 6.3 – 16　　　　　　马铃薯出苗到现蕾腾发量（2013 年数据）

处　　理	灌水量 /mm	降雨量 /mm	土壤水分变化量 /mm	总腾发量 ET_c /mm	日腾发量 ET /mm	作物系数 K_c
T_1	15	31.8	−21.45a	25.35a	1.69a	0.55a
T_2	15	31.8	−21.45a	25.35a	1.69a	0.55a
T_3	15	31.8	−21.45a	25.35a	1.69a	0.55a
T_4	15	31.8	−21.45a	25.35a	1.69a	0.55a
T_5	15	31.8	−21.45a	25.35a	1.69a	0.55a
T_6	15	31.8	−21.45a	25.35a	1.69a	0.55a
T_7	15	31.8	−21.45a	25.35a	1.69a	0.55a
T_8	0	31.8	−15.24b	16.56b	1.10b	0.36b

注　表中不同字母均在 $P=0.05$ 显著条件下比较得出。

通过表 6.3 – 16 分析，马铃薯在正常灌水条件下，出苗到现蕾的耗水量为 1.69mm，略小于马铃薯播种至出苗的耗水量，即作物生长快，则蒸发量大。经数据分析，马铃薯在该时期（正常灌水处理）的耗水量为 25.35mm，作物系数为 0.55（历时 15 天）。该阶段土壤耗水量主要为土壤蒸发和作物蒸腾，由于该阶段作物根系、地上部生长较快，耗水差异主要为作物蒸腾，因此，耗水量与作物叶面积指数有关，即叶面积指数越高，耗水量越大，这一结果小于 2012 年数据。

表 6.3－17　　　　　　　　　　马铃薯出苗到现蕾腾发量（2014 年数据）

覆膜处理	灌水量/mm	降雨量/mm	土壤水分变化量/mm	总腾发量 ET_c/mm	日腾发量 ET/mm	作物系数 K_c	不覆膜处理	灌水量/mm	降雨量/mm	土壤水分变化量/mm	总腾发量 ET_c/mm	日腾发量 ET/mm	作物系数 K_c
T_1	10	16.80	5.45b	32.25c	2.15cd	0.40c	T_1	10	16.80	9.80b	36.60c	2.44cd	0.45c
T_2	15	16.80	4.70c	36.50bc	2.43bc	0.45ab	T_2	15	16.80	10.90c	42.70bc	2.85bc	0.53ab
T_3	20	16.80	3.10d	39.90b	2.66b	0.49ab	T_3	20	16.80	8.10d	44.90b	2.99bc	0.56ab
T_4	12	16.80	5.40d	34.20c	2.28c	0.42c	T_4	12	16.80	10.30b	39.10c	2.61c	0.48c
T_5	25	16.80	2.10e	43.90a	2.93a	0.54a	T_5	25	16.80	7.10e	48.90a	3.26a	0.61a
T_6	8	16.80	6.98a	31.78c	2.12cd	0.39d	T_6	8	16.80	10.90a	35.70c	2.38cd	0.44c
T_7	15	16.80	5.00bc	36.80bc	2.45bc	0.46ab	T_7	15	16.80	10.70bc	42.50bc	2.83bc	0.53ab
T_8	0	16.80	4.50c	21.30d	1.42d	0.26e	T_8	0.0	16.80	10.70c	27.50d	1.83d	0.34e

注　表中不同字母均在 $P=0.05$ 显著条件下比较得出。

在 2014 年试验中，由于降雨量偏少、土壤砂粒含量高且实施了高垄种植，整体上在该生育时期作物腾发量偏大。在覆膜处理中腾发量介于 1.42～2.93，作物系数介于 0.26～0.54；在不覆膜处理中腾发量介于 1.83～3.26，作物系数介于 0.34～0.61，同一灌水量处理中不覆膜的大于覆膜处理。无论覆膜或不覆膜，腾发量随着灌水量增加而增加。

3. 现蕾到盛花时期马铃薯耗水规律研究

根据水量平衡公式、降水量数据、土壤含水率变化值确定该生育时期（现蕾到盛花）作物的耗水量即腾发量 ET_c。表 6.3－18 为 2012 年膜下滴灌条件下，马铃薯在不同灌水量下的马铃薯腾发量。马铃薯现蕾到盛花期历时 45 天，是马铃薯生育时期最长的时期，同时也是需水、需肥的最大时期和关键时期，这一时期马铃薯块茎形成并逐渐膨大、淀粉逐步积累，也是影响产量的关键时期。

表 6.3－18　　　　　　　　　马铃薯现蕾到盛花腾发量（2012 年数据）

处理	灌水量/mm	降雨量/mm	土壤水分变化量/mm	总腾发量 ET_c/mm	日腾发量 ET/mm	作物系数 K_c
1.4T	97.47	160	−23.14a	234.33a	5.21a	1.66a
1.2T	83.54	160	−16.11b	227.43ab	5.05ab	1.61ab
T	69.61	160	−13.81c	215.80bc	4.80bc	1.53bc
0.8T	55.69	160	−7.23d	208.46b	4.63b	1.48b
0.6T	41.76	160	−1.06e	200.70b	4.46b	1.42b

注　表中不同字母均在 $P=0.05$ 显著条件下比较得出。

通过表 6.3-18 和分析，马铃薯在蕾到初花期的耗水量介于 200.70～234.33mm，每日耗水量介于 4.46～5.21mm。看出马铃薯在播种到苗期的灌水量与腾发量存在显著地线性相关。在正常的灌溉条件下（处理 T），马铃薯在该时期的耗水量为 215.80mm，每日需水量为 4.80mm，作物系数为 1.53。该阶段土壤耗水量主要为土壤蒸发和作物蒸腾。

在 2013 年灌溉制度试验中，马铃薯的总耗水量变化幅度为 169.85～233.18mm，最小值为 T_8（无灌溉），最大耗水量为 T_3（灌水量最大值）。日腾发量介于 3.77～5.18mm，作物系数介于 1.10～1.52，见表 6.3-19。最佳灌溉处理 T_4 的日腾发量与作物系数均略小于 2012 年灌溉处理日耗水量和作物系数。

表 6.3-19 　　　　由水量平衡法计算的马铃薯现蕾到盛花腾发量（2013 年数据）

处　理	灌水量/mm	降雨量/mm	土壤水分变化量/mm	总腾发量 ET_c /mm	日腾发量 ET /mm	作物系数 K_c
T_1	45	157.37	−15.00b	187.37bc	4.16bc	1.22bc
T_2	63	157.37	−19.89a	200.48b	4.46b	1.30cb
T_3	93	157.37	−17.19b	233.18a	5.18a	1.52c
T_4	54	157.37	−8.32c	203.05b	4.51b	1.32cb
T_5	54	157.37	−17.75b	193.62b	4.30b	1.26b
T_6	15	157.37	2.84c	175.21bc	3.89c	1.14c
T_7	15	157.37	−2.52c	169.85c	3.77c	1.10c
T_8	0	157.37	−19.64	137.73	3.06	0.90

注 表中不同字母均在 $P=0.05$ 显著条件下比较得出。

该阶段土壤耗水量主要为土壤蒸发和作物蒸腾，由于该阶段叶面积指数逐级增加，土壤蒸发和作物蒸腾比值逐级变小，加之灌水量不同，因此出现了不同的耗水过程。该态势主要由以下两个方面决定：叶面积指数、灌水量。

在 2014 年灌溉制度试验中，马铃薯的耗水量规律与 2013 年变化规律一致，主要体现在耗水量随灌水量增加而增加，覆膜的耗水量和作物系数略小于不覆膜同处理的耗水量，但差异不显著，见表 6.3-20。此外，在同一灌水量处理中，随着灌水频率增加而增加。此外，从 3 年的日耗水量、作物系数分析，2014 年的现蕾到盛花时期的耗水量小于 2012—2013 年同时期的耗水量，作物系数也小于 2012—2013 年同时期的作物系数。

表 6.3-20 　　　　　　　马铃薯现蕾到盛花腾发量（2014 年数据）

覆膜处理	灌水量/mm	降雨量/mm	土壤水分变化量/mm	总腾发量 ET_c /mm	日腾发量 ET /mm	作物系数 K_c	覆膜处理	灌水量/mm	降雨量/mm	土壤水分变化量/mm	总腾发量 ET_c /mm	日腾发量 ET /mm	作物系数 K_c
T_1	80	22.12	12.91bc	115.03e	2.56c	0.68d	T_5	155	22.12	−1.87f	175.2c	3.89b	1.04b
T_2	129	22.12	6.9c	158.0d	3.51b	0.94bc	T_6	79	22.12	14.55b	115.67e	2.57c	0.69d
T_3	168	22.12	1.28e	191.4b	4.25a	1.13a	T_7	165	22.12	4.88d	192a	4.27a	1.14a
T_4	126	22.12	11.98bc	160.1d	3.56bc	0.95bc	T_8	0	22.12	18.27a	40.39f	0.9d	0.24e

不覆膜处理	灌水量/mm	降雨量/mm	土壤水分变化量/mm	总腾发量ET_c/mm	日腾发量ET/mm	作物系数K_c	不覆膜处理	灌水量/mm	降雨量/mm	土壤水分变化量/mm	总腾发量ET_c/mm	日腾发量ET/mm	作物系数K_c
T_1	80	22.12	14.03bc	116.15e	2.58c	0.69d	T_5	155	22.12	2f	179.12c	3.98b	1.06b
T_2	129	22.12	7.98c	159.1d	3.54b	0.94bc	T_6	79	22.12	15.98b	117.1e	2.6c	0.69d
T_3	168	22.12	2.87e	192.99b	4.29a	1.14a	T_7	165	22.12	4.95d	192.07a	4.27a	1.14a
T_4	126	22.12	13.11bc	161.23d	3.58bc	0.96bc	T_8	0	22.12	22.92a	45.04f	1.00d	0.27e

注 表中不同字母均在$P=0.05$显著条件下比较得出。

4. 盛花后期到成熟期马铃薯耗水规律研究

根据水量平衡公式、降水量数据、土壤含水率变化值确定该生育时期（成熟期即马铃薯块茎淀粉积累期）作物的耗水量即腾发量ET_c。马铃薯在成熟期的耗水量介于51.37~61.23mm，每日耗水量介于2.05~2.45mm，见表6.3-21。马铃薯在成熟期的灌水量与腾发量存在显著第一次直线关系，腾发量随灌水量呈现升高的趋势。在正常的灌溉条件下（处理T），马铃薯在该时期的耗水量为56.02mm，每日需水量为2.24mm，作物系数为0.76。

表6.3-21   马铃薯成熟期腾发量（2012年数据）

处理	灌水量/mm	降雨量/mm	土壤水分变化量/mm	总腾发量ET_c/mm	日腾发量ET/mm	作物系数K_c
1.4T	22	43.7	−4.47a	61.23a	2.45a	0.83a
1.2T	18.85	43.7	−4.69a	57.87ab	2.31ab	0.79ab
T	15.71	43.7	−3.39b	56.02b	2.24b	0.76b
0.8T	12.57	43.7	−2.63c	53.64c	2.15b	0.73b
0.6T	9.43	43.7	−1.75d	51.37d	2.05c	0.70c

注 表中不同字母均在$P=0.05$显著条件下比较得出。

表6.3-22为2013年膜下滴灌条件下，马铃薯在不同灌水量下的马铃薯腾发量。通过表6.3-22分析，马铃薯在盛花后期到收获期的耗水量介于53.18~93.10mm，每日耗水量介于1.77~3.70mm。马铃薯耗水量随着灌水量的增加而增加，该阶段土壤耗水量主要为作物蒸腾和土壤蒸发，由于该阶段叶面积指数逐渐萎蔫，加之灌水量不同，因此出现了灌水量与腾发量关系曲线呈现正相关的关系。作物系数介于0.78~1.36，随灌水量的增加而增加。

2014年中，马铃薯在盛花后期到收获期的耗水量介于35.77~107.38mm，日耗水量介于1.19~3.58mm，作物系数为0.49~1.47，见表6.3-23。耗水量随着灌水量的增加而增加，覆膜与不覆膜处理差异不显著。

表 6.3-22 马铃薯成熟期腾发量（2013 年数据）

处 理	灌水量/mm	降雨量/mm	土壤水分变化量/mm	总腾发量 ET_c/mm	日腾发量 ET/mm	作物系数 K_c
T_1	22.5	26	20.19b	68.69cd	2.29c	0.81c
T_2	36	26	20.80b	82.80b	2.76b	0.98b
T_3	54	26	13.10c	93.10a	3.10a	1.10a
T_4	45	26	11.94cd	82.94b	2.76b	0.98b
T_5	45	26	4.88d	75.88c	2.53b	0.90b
T_6	15	26	13.21c	54.21e	1.81d	0.64d
T_7	30	26	20.35b	76.35c	2.54b	0.90b
T_8	0	26	27.18a	53.18e	1.77d	0.63d

注 表中不同字母均在 $P=0.05$ 显著条件下比较得出。

表 6.3-23 马铃薯成熟期腾发量（2014 年数据）

覆膜处理	灌水量/mm	降雨量/mm	土壤水分变化量/mm	总腾发量 ET_c/mm	日腾发量 ET/mm	作物系数 K_c	不覆膜处理	灌水量/mm	降雨量/mm	土壤水分变化量/mm	总腾发量 ET_c/mm	日腾发量 ET/mm	作物系数 K_c
T_1	45	27.5	0.02d	72.52c	2.42c	1.00b	T_1	45	27.5	1.13c	73.63e	2.45bc	1.01d
T_2	63	27.5	2.98b	93.48b	3.12b	1.28d	T_2	63	27.5	−2.02d	88.48c	2.95b	1.21b
T_3	79	27.5	−2.88e	103.6a	3.45ab	1.42a	T_3	79	27.5	−3.01e	103.4a	3.45ab	1.42a
T_4	69	27.5	1.98c	98.48b	3.28ab	1.35ab	T_4	69	27.5	3.11bc	99.61b	3.32ab	1.37ab
T_5	85	27.5	−13.03g	99.47b	3.32ab	1.37ab	T_5	85	27.5	−12.29d	100.21ab	3.34ab	1.38ab
T_6	48	27.5	3.21b	78.71c	2.62c	1.08c	T_6	48	27.5	4.9b	80.4d	2.68b	1.10c
T_7	87	27.5	−7.1f	107.4a	3.58a	1.47a	T_7	87	27.5	−7.12b	107.38a	3.58a	1.47a
T_8	0	27.5	8.27a	35.77d	1.19d	0.49e	T_8	0	27.5	12.92a	40.42f	1.35d	0.55e

6.3.1.6 滴灌马铃薯全生育期作物系数

1. 整个生育时期马铃薯耗水强度和累计耗水量（2012 年资料）

马铃薯从播种到成熟，生育期共计 110 天。由于马铃薯在不同生育时期对水分的要求不一样，整个生育时期耗水量强度也不同。从图 6.3-5 可以看出，不同灌水量处理的马铃薯生育期耗水量变化规律趋于一致，即在出苗和初花时期马铃薯耗水强度较低，当马铃薯生育时期达到盛花期时耗水量达到顶峰，而在后期成熟时马铃薯耗水量又逐渐减少。图 6.3-6 为不同灌水量处理条件下，马铃薯生育期累计耗水量随时间变化图，反映了作物累计腾发量过程在作物初花到盛花期有一个需水高峰期，当到达后又变得平稳。在不同灌水量处理下，作物腾发量与灌水量呈现正相关关系，且变化趋势一致。

2. 整个生育时期马铃薯的作物系数分析

从表 6.3-24 中可以看出：在 2012 年灌溉处理中，在同一灌水时间条件下作物系数随着灌水量的增加而增加。纵观 3 年的灌水资料可以得出：在最佳灌溉制度灌溉条件下，作物系数随着降雨频率的增加而减小；在灌溉定额一定的条件下灌水频率的增加作物系数变大；在同一灌溉条件下，马铃薯覆膜的作物系数要小于不覆膜的作物系数。

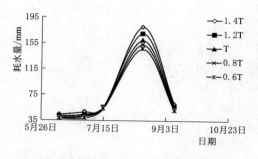

图 6.3-5 不同灌水量处理生育期耗水量

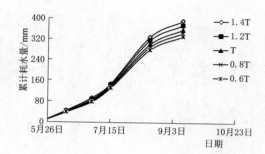

图 6.3-6 不同灌水量处理生育期耗水量

表 6.3-24 不同灌溉条件下全生育期作物系数变化

2012 年处理	作物系数 K_c	2013 年处理	作物系数 K_c	2014 年处理	作物系数 K_c
1.4T	1.07	1	0.83	覆膜 1	0.59
1.2T	1.03	2	0.90	覆膜 2	0.73
1.0T	0.98	3	1.00	覆膜 3	0.84
0.8T	0.94	4	0.90	覆膜 4	0.75
0.6T	0.91	5	0.86	覆膜 5	0.80
		6	0.77	覆膜 6	0.60
		7	0.81	覆膜 7	0.84
		CK	0.63	覆膜 CK	0.32
				不覆膜 1	0.61
				不覆膜 2	0.75
				不覆膜 3	0.86
				不覆膜 4	0.77
				不覆膜 5	0.83
				不覆膜 6	0.63
				不覆膜 7	0.86
				不覆膜 CK	0.37

图 6.3-7 为 2012 年正常灌溉条件，参考作物耗水量与马铃薯膜下滴灌耗水量变化曲线，参考作物耗水量为 359.01mm，马铃薯膜下滴灌实际耗水量为（需水量）353.92mm，两者相差不大，在马铃薯播种到现蕾前期，实际耗水量小于参考作物耗水量，在马铃薯初花到盛花期间，实际耗水量大于参考作物耗水量，在成熟期间，实际耗水量小于参考作物耗水量。

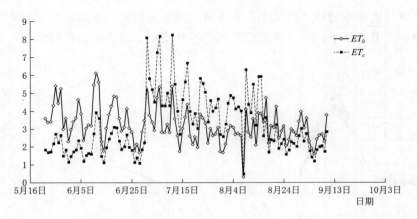

图 6.3-7 参考作物耗水量与马铃薯膜下滴灌耗水量变化曲线 (2012 年正常灌溉条件)

3. 整个生育时期马铃薯的耗水量和水量平衡

根据水量平衡公式、灌溉量数据、降水量数据、土壤含水率变化值计算马铃薯整个生育时期的耗水量,即腾发量 ET_c。表 6.3-25 为 2012 年膜下滴灌条件下,马铃薯在不同灌水量下的腾发量。从表 6.3-25 中可以看出,整个生育时期马铃薯正常灌水量,即按照马铃薯正常需水要求而计算出的数据,为 96.36mm,其他的高水和低水分别为 134.91 (比正常高 40%)、115.63mm (比正常高 20%)、77.10mm (比正常低 20%)、57.81mm (比正常低 40%)。正常灌溉条件下整个生育时期 ET_c 为 355.37mm,处理 1.4T、1.2T、0.8T、0.6T 的腾发量分别为 388.79mm、372.52mm、342.41mm、329.55mm。

表 6.3-25 整个生育期马铃薯腾发量 (2012 年)

处 理	灌水量/mm	降雨量/mm	土壤水分变化量/mm	腾发量/mm
1.4T	134.91	296.00	−42.12a	388.79a
1.2T	115.63	296.00	−39.11ab	372.52b
T	96.36	296.00	−36.99b	355.37c
0.8T	77.10	296.00	−30.69c	342.41d
0.6T	57.81	296.00	−24.27d	329.55e

注 表中不同字母均在 $P=0.05$ 显著条件下比较得出。

表 6.3-26 为膜下滴灌条件下,马铃薯在不同灌水量下的马铃薯腾发量。从表 6.3-26 中可以看出,整个生育时期马铃薯腾发量变幅为 262.23~413.75mm,最大腾发量的处理为 T_3,灌水量为 168mm。设计中 T_1、T_2、T_3 为同一灌溉时间不同的灌水量,腾发量与灌水量变化一致。灌水量为 91.5~168mm,腾发量为 343.54~413.75mm;T_2、T_4、T_5 为同一灌水处理,灌水量为 123mm,灌水间隔在需水关键期为 8 天、6 天、10 天,腾发量分别为 370.76mm、373.47mm、356.97mm。T_6、T_7 为非充分灌溉,腾发量分别为 316.90mm、333.67mm。T8 为无灌水对照。

表 6.3 - 26   **整个生育期马铃薯腾发量（2013 年）**

处 理	灌水量/mm	降雨量/mm	土壤水分变化量/mm	腾发量/mm
T_1	91.5	263.65	−11.61c	343.54cd
T_2	123	263.65	−15.89de	370.76b
T_3	168	263.65	−20.90f	413.75a
T_4	123	263.65	−13.18d	373.47b
T_5	123	263.65	−29.68g	356.97c
T_6	54	263.65	−0.75b	316.90e
T_7	69	263.65	1.02a	333.67d
T_8	0	263.65	−1.42b	262.23f

注 表中不同字母均在 $P=0.05$ 显著条件下比较得出。

表 6.3 - 27 为高垄覆膜和不覆膜滴灌条件下，马铃薯在不同灌水量下的马铃薯腾发量。从表 6.3 - 27 中可以看出，整个生育时期覆膜马铃薯耗水量变幅为 148.84～387.58mm，最大耗水量的处理为 T_7，灌水量为 267mm。不覆膜马铃薯耗水量变幅为 168.58～397.57mm，最大耗水量的处理为 T_7，灌水量为 267mm，同一灌水条件下覆膜马铃薯耗水量小于不覆膜马铃薯。设计中 T_1、T_2、T_3 为同一灌溉时间不同的灌水量，耗水量与灌水量变化一致，灌水量为 135～267mm，覆膜和不覆膜马铃薯耗水量分别为 266.31～381.43mm 和 280.41～395.41mm；T_6、T_4、T_7 分别为 T_1、T_2、T_3 的灌水频率增加处理，从表 6.3 - 27 中可以看出，灌水率增加后耗水量增加。

表 6.3 - 27   **马铃薯生育期需水量（2014 年）**

覆膜处理	灌水量/mm	降雨量/mm	土壤水分变化量/mm	ET_c（总腾发量）/mm	ET（日腾发量）/mm	不覆膜处理	灌水量/mm	降雨量/mm	土壤水分变化量/mm	ET_c（总腾发量）/mm	ET（日腾发量）/mm
T_1	135	123	13.18cd	271.18e	2.26e	T_1	135	123	24.00cd	282.00e	2.35e
T_2	207	123	9.38e	339.38d	2.83dc	T_2	207	123	15.90e	345.90d	2.88cd
T_3	267	123	−3.7f	386.3a	3.22b	T_3	267	123	7.00f	397.00a	3.31b
T_4	207	123	14.16c	344.16c	2.87cd	T_4	207	123	25.56c	355.56c	2.96cd
T_5	265	123	−18h	370b	3.08c	T_5	265	123	−4.15h	383.85b	3.20c
T_6	135	123	19.54b	277.54e	2.31d	T_6	135	123	30.82b	288.82e	2.41d
T_7	267	123	−2.42g	387.58a	3.23b	T_7	267	123	7.57g	397.57a	3.31a
T_8	0	123	25.84a	148.84f	1.24f	T_8	0	123	45.58a	168.58f	1.40f

注 表中不同字母均在 $P=0.05$ 显著条件下比较得出。

表 6.3 - 28 为覆膜和不覆膜滴灌条件下，马铃薯在不同灌水量下的马铃薯腾发量。从表 6.3 - 28 中可以看出，整个生育时期覆膜马铃薯耗水量变幅为 187.08～446.56mm，不

覆膜马铃薯耗水量变幅为 194.66～443.98mm，最大耗水量的处理为 T_5，灌水量为210mm。同一灌水条件下覆膜马铃薯耗水量与不覆膜相比不显著。2015 年的耗水结果与2013 年和 2014 年耗水规律一致。

表 6.3-28 整个生育期马铃薯需水量（2015 年）

处理		灌水量/(m³/亩)	有效降雨量/mm	土壤水变化量/mm	耗水量/mm	平均耗水强度/(mm/d)	产量/(kg/亩)
覆膜	T_1	70	161	5.37b	271.37e	2.09e	1597.60c
	T_2	105	161	−17.03cd	301.47d	2.32d	2239.80b
	T_3	140	161	−22.68cd	348.32c	2.68c	3003.50a
	T_4	175	161	−34.68c	388.82b	2.99b	2989.60a
	T_5	210	161	−29.44c	446.56a	3.44a	2957.70a
	CK	0	161	26.08a	187.08f	1.44f	823.10c
不覆膜	T_1	70	161	6.21b	272.21e	2.09d	1499.60c
	T_2	105	161	−12.97d	305.53d	2.35cd	2208.70b
	T_3	140	161	−19.68d	351.32c	2.70c	3012.80ab
	T_4	175	161	−22.68cd	400.82b	3.08b	3100.00a
	T_5	210	161	−32.02c	443.98a	3.42a	3014.20ab
	CK	0	161	33.66a	194.66f	1.50e	796.80d

注 表中不同字母均在 $P=0.05$ 显著条件下比较得出。

6.3.2 青贮玉米需水量和需水规律

四子王旗位于内蒙古中部、大青山北麓，乌兰察布市西北部，地理坐标为 E110°20′～113°0′，N41°10′～43°22′；属典型的大陆性干旱气候，春季干旱多风，夏季炎热短暂，秋季多雨凉爽，冬季严寒漫长，四季更替非常明显。地势高寒，十年九旱，风沙不断，寒暑变化剧烈，昼夜温差大。多年平均温度 2.9℃；多年平均降水量为 311.1mm，且分布极不均匀，多集中于 7—9 月，占全年总量的 79.8%；多年平均蒸发量 1600～2400mm；大风日数多，风力强，持续时间长，大部分地区在 250～270 天；无霜期 100～120 天，冻土深度为 2.25m。试验人工牧草品种为青贮玉米和紫花苜蓿，灌溉方式为畦，见表 6.3-29。

表 6.3-29 畦灌紫花苜蓿和青贮玉米作物系数 K_c 值

人 工 牧 草	ET_0/mm	ET_c/mm	K_c
紫花苜蓿	563.9	400.4	0.71
青贮玉米	503.5	417.9	0.83

根据畦灌需水量折算喷灌紫花苜蓿、青贮玉米需水量分别为 332.3mm、346.9mm，喷灌紫花苜蓿作物和青贮玉米作物系数 K_c 值分别为 0.59、0.69。

6.4 温暖半干旱区

6.4.1 阴山南麓玉米膜下滴灌需水量和需水规律
6.4.1.1 基本情况

项目实施地点为内蒙古水科院灌溉试验中心站，实施年限为 2019—2021 年。内蒙古灌溉试验中心站（和林）基地（以下简称"基地"）位于呼和浩特市和林格尔县的东南部和林县城关镇马群沟大队家补营自然村。基地距呼和浩特市 65km，距和林县城南 15km，距呼—清公路西 2km，交通便利。具体地理坐标为东经 111°41.3′，北纬 40°16.3′。基地总土地面积 110 余亩，为和林县水利局管理的多种经营基地。基地处于樊家夭盆地西缘，总体上是土默川平原东南缘、土默川平原向东南部晋西北黄土丘陵和蛮汉山脉过渡带。地形呈西高东低趋势，高差 18m 左右，比降 1/55。南北向高差变化不大。地面高程在 1127～1145m。基地经过多年的建设田间道路林网已基本配套。

项目区属于中温带半干旱气候。气候总的特点是：冬季寒冷，夏季温热，春季多风干燥，秋季凉爽，昼夜温差大；多年平均气温为 5.6℃，极端最低气温－34.5℃，极端最高气温 37.5℃，平均日照数为 2941.8h，日平均气温稳定通过≥0℃的积温 3262℃，≥5℃的有效积温 3141℃，≥10℃的积温 2769℃，无霜期一般在 120 天。多年平均降雨量为 417.5mm，主要集中在 7—8 月，占全年降雨量的 70%，而春季冬季降水量仅为 26%～31%，春旱严重。多年平均蒸发量为 1850mm，是降雨量的 4.3 倍。多年平均风速 2.2m/s，土壤最大冻结深度为 1.75m。

试验区 0～20cm 地耕层土壤为沙性土壤，土壤保水保肥性差，土壤养分平均含量较低，有待于开展保护性耕作技术，增施有机肥，改善土壤结构和培肥土壤，提高土地生产力和水分利用效率。试验区土壤基础理化性质见表 6.4-1。

表 6.4-1 土 壤 基 础 理 化 性 质

物 理 性 质	平 均 值	化 学 性 质	平 均 值
砂粒/%	84.00	pH	7.68
粉粒/%	8.50	有机质/(g/kg)	8.21
黏粒/%	7.50	全氮/(g/kg)	0.74
容重/(g/cm³)	1.45	全磷/(g/kg)	0.82
饱和/(cm³/cm³)	0.38	全钾/(g/kg)	18.75
毛管持水量/(cm³/cm³)	0.35	速效氮/(mg/kg)	106.46
田间持水量/(cm³/cm³)	0.21	速效磷/(mg/kg)	5.90
萎蔫/(cm³/cm³)	0.08	速效钾/(mg/kg)	131.50
饱和导水率/(cm/d)	65.34	电导率/(ms/cm)	0.161

试验在测坑中开展。24 组有底蒸渗仪（含防雨棚）：面积为 6.67m²，深度为 2m，每个测坑分层布置传感器，监测土壤水分、土壤温度与电导率，测坑地下廊道内安装了土壤

溶液取样器、地下水渗漏装置和监控室。测坑灌溉方式为滴灌，安装了自动灌溉系统。

主要气象资料如下：

（1）降雨。从 2020 年 5 月 1 日至 9 月 20 日降雨量为 268.73mm，最大一次为 26.45mm（7 月 11 日），降雨年型为干旱年型，降雨频率为 71%。在 2021 年从 5 月 1 日至 10 月 1 日降雨量为 262.36mm，最大 1h 降雨量为 26.02mm（6 月 13 日），最大 1d 降雨量为 32.30mm（6 月 13 日），水文年型为干旱年型，降雨频率为 68%。

（2）空气温度与积温。2020 年 5 月 1 日至 2020 年 9 月 20 日空气温度变化呈现出正弦曲线变化趋势，最高温度为 27.45℃（6 月 6 日），最低温度为 10.13℃（9 月 16 日），有效积温为 2835.30℃，2021 年 5 月 1 日至 2021 年 10 月 1 日空气温度变化呈现出正弦曲线变化趋势，最高温度为 41.15℃（7 月 15 日），最低温度为 −0.63℃（5 月 16 日），生育期平均温度为 19.50℃。通过对全年气温分析，气温≥10℃的积温为 2905.52℃，可满足大部分玉米品种（生育期 120 天）的生长和发育。

试验区降雨量和积温见图 6.4−1。

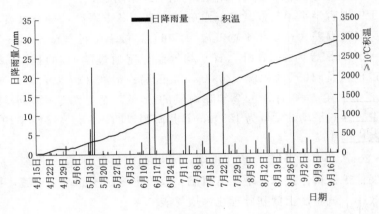

（a）2021 年

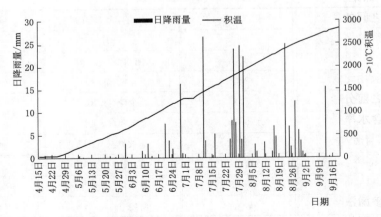

（b）2020 年

图 6.4−1　试验区降雨量和积温图

6.4.1.2 试验设计与方法

试验设计：共设置 12 个实验处理。

试验影响要素设置：灌溉含水率下限、滴灌湿润比、计划湿润层深度。

各个小区灌水定额按照式（6.4-1）计算：

$$M = ZP(\theta_{max} - \theta_{min}) \tag{6.4-1}$$

式中：M 为设计毛灌水定额，mm；Z 为计划土壤湿润层深度，mm；P 为设计土壤湿润比；θ_{max}、θ_{min} 为适宜土壤含水率上下限（体积含水率），cm^3/cm^3。θ_{min} 为灌水前滴灌带正下方计划湿润层土壤体积含水率；θ_{max} 为灌溉上限，选取灌溉计划湿润层田间持水量的 100%。

表 6.4-2　　　　　　　　测坑试验小区实验处理（2020 年）

	测坑序号	湿润比	土壤含水率下限、计划湿润层深度	重　复	面积/m^2
实验处理	C1	50% $P=60\%$	$20-30-40cm$	2	6.67
	C2		$30-40-50cm$	2	6.67
	C3		$40-50-60cm$	2	6.67
	C4	60% $30-40-50cm$	$P=50\%$	2	6.67
	C5		$P=60\%$	2	6.67
	C6		$P=70\%$	2	6.67
	C7	70% $30-40-50cm$	$P=50\%$	2	6.67
	C8		$P=60\%$	2	6.67
	C9		$P=70\%$	2	6.67
	C10	80% $P=60\%$	$20-30-40cm$	2	6.67
	C11		$30-40-50cm$	2	6.67
	C12		$40-50-60cm$	2	6.67

试验玉米品种为"农大 3188"，生育期为 120 天。播种方式为宽窄行播种，行距为 40cm＋80cm，株距为 20cm，滴灌带（滴头间距 20cm，滴头出水量为 2L/h）居中铺设在窄行内，毛管之间的距离为 120cm。地膜宽度为 90cm，机器覆膜时将膜两侧部分膜埋于土中，且 1 膜覆盖 2 行玉米，施肥按照当地测土配方施肥进行（N：P_2O_5：K_2O＝18：10：12kg/亩，利用复合肥、二铵和尿素配比），此外每亩还施入硫酸锌和硼砂各为 1kg/亩。播种前后采用化控措施除草，作物生长后期利用人工进行除草。

每次灌水之前分析计算滴头正下方计划湿润层内土壤含水率和土体储水量，若平均含水率低于土壤含水率下限则进行灌溉，灌溉水量通过公式进行计算。

6.4.1.3 测试与分析

（1）气象和自由水面蒸发要素收集，计算 ET_0，计算和模拟作物系数 K_c。

（2）测坑小区需水量、灌水量和土壤含水率记录分析。

（3）土壤渗漏液体记录（50mL/次）。

（4）土壤物理指标测试：土壤颗粒分析、土壤水分常数、土壤容重、土壤孔隙度、土壤水分含量、土壤水势、土壤电导率、土壤储水量变化。

（5）土壤化学指标测试：耕作层土壤有机质、全 NPK、速效 NPK、电导率 EC 和阳离子交换量 CEC。

（6）为了避免土壤扰动影响试验观测，土壤指标测试均在标准小区和大田试验区进行，土壤剖面在大田试验区进行。

（7）作物指标包含出苗率、株高、茎粗、叶面积指数、叶绿素、光合响应曲线、根系、干物质、产量构成要素。

（8）用无人机监测大田试验区作物长势。

6.4.1.4 耗水过程分析

依据试验数据分析，玉米膜下滴灌从出苗至收获全生育期为 120 余天，具体各个处理（土壤含水率下限、计划湿润层深度和湿润比）影响下各个生育阶段耗水量见表 6.4 - 3。从表 6.4 - 3 中可以看出：在同一湿润比（$P = 0.6$）和计划湿润层深度（30 - 40 - 50cm）时，当土壤含水率下限分别为 50%、60% 和 80% 时，作物耗水量依次是：375.19mm、408.56mm、496.05mm；当土壤含水率下限和湿润比一致、计划湿润层深度增加时，在土壤含水率下限为 50% 和 80% 时，作物耗水量依次为 322.00mm、375.19mm、402.57mm 和 446.64mm、496.05mm、538.40mm；最后是滴灌湿润比，当灌溉含水率下限为 60%、计划湿润层深度为 30 - 40 - 50cm、湿润比分别为 0.5、0.6、0.7 时，作物耗水量分别为 387.63mm、408.56mm、432.22mm。从全生育期数据分析可知，各要素对作物耗水量影响的顺序是：土壤含水率下限＞计划湿润层深度＞滴灌湿润比；三者相结合，各处理耗水量依次是：C12(80%，$P = 60$，40 - 50 - 60cm)＞C11(80%，$P = 60$，30 - 40 - 50cm)＞C9(80%，$P = 60$，40 - 50 - 60cm)＞C10(80%，$P = 60$，20 - 30 - 40cm)＝C6(60%，$P = 70$，30 - 50 - 60cm)＞C8(60%，$P = 60$，30 - 40 - 50cm)＝C5(60%，$P = 60$，30 - 40 - 50cm)＝C3(50%，$P = 60$，40 - 50 - 60cm)＞C4(60%，$P = 50$，30 - 40 - 50cm)＞C2(50%，$P = 60$，30 - 40 - 50cm)＝C7(50%，$P = 50$，30 - 40 - 50cm)＞C1(50%，$P = 60$，20 - 30 - 40cm)

表 6.4 - 3　　　　　　　　　　　　玉米全生育期需水量

处　理	I/mm	P/mm	ΔS/mm	D/mm	ET_c/mm	ET_d/mm
C1	275.95	0.00	46.05	0.00	322.00	2.39
C2	327.17	0.00	48.02	0.00	375.19	2.78
C3	352.73	0.00	49.84	0.00	402.57	2.98
C4	329.19	0.00	58.44	0.00	387.63	2.87
C5	357.24	0.00	51.32	0.00	408.56	3.03
C6	372.30	0.00	59.92	0.00	432.22	3.20
C7	334.35	0.00	40.09	0.00	374.44	2.77
C8	366.10	0.00	44.63	0.00	410.73	3.04
C9	419.82	0.00	49.18	−8.88	462.46	3.43
C10	409.01	0.00	48.17	14.13	446.64	3.31
C11	473.13	0.00	39.69	20.95	496.05	3.67
C12	529.08	0.00	39.28	35.25	538.40	3.99

耗水模数计算公式为

$$ET_{mc} = \frac{ET_i}{ET_c} \times 100\%$$

(6.4-2)

式中：ET_{mc} 为某个生育时期耗水量占全生育期耗水总量的百分数，%。

依据试验数据分析，玉米膜下滴灌全生育期为 120 余天，具体各个处理（土壤含水率下限、计划湿润层深度和湿润比）影响下各个生育阶段耗水量及耗水模数见表 6.4-4。从表 6.4-4 中可以看出：耗水模数在不同生育期的变化不一，总体表现为先升高后降低的趋势；最大耗水模数在玉米抽雄—灌浆期，依次为玉米抽雄—灌浆期、灌浆—蜡熟期、拔节—抽雄期、出苗—拔节期、播种—出苗期；耗水模数依次为：6.37%、8.91%、25.08%、44.75%、14.89%。

此外，随着灌水量的增加，玉米耗水量增加，主要表现在生长中后期增加了作物蒸腾强度以及膜间土壤水分蒸发强度，致使作物收获指数降低，水分利用效率降低。

表 6.4-4 玉米全生育期耗水模数

处　理	播种—出苗	出苗—拔节	拔节—抽雄	抽雄—灌浆	灌浆—蜡熟	ET_c/mm
C1	24.26	53.03	79.20	126.89	38.62	322.00
	7.54%	16.47%	24.60%	39.41%	11.99%	100.00%
C2	23.11	53.26	87.68	166.72	44.42	375.19
	6.16%	14.20%	23.37%	44.44%	11.84%	100.00%
C3	22.78	54.84	96.64	173.80	54.51	402.57
	5.66%	13.62%	24.01%	43.17%	13.54%	100.00%
C4	25.74	53.12	91.84	168.65	48.28	387.63
	6.64%	13.70%	23.69%	43.51%	12.46%	100.00%
C5	24.16	53.56	96.64	178.85	55.35	408.56
	5.91%	13.11%	23.65%	43.78%	13.55%	100.00%
C6	24.25	53.83	100.80	182.97	70.37	432.22
	5.61%	12.45%	23.32%	42.33%	16.28%	100.00%
C7	26.51	52.39	84.80	164.46	46.28	374.44
	7.08%	13.99%	22.65%	43.92%	12.36%	100.00%
C8	23.84	53.45	102.72	170.90	59.82	410.73
	5.81%	13.01%	25.01%	41.61%	14.56%	100.00%
C9	25.04	53.96	113.28	197.60	64.52	454.40
	5.51%	11.88%	24.93%	43.49%	14.20%	100.00%
C10	23.27	53.01	128.64	177.20	64.52	446.64
	5.21%	11.87%	28.80%	39.67%	14.45%	100.00%
C11	23.24	52.49	144.96	189.02	86.34	496.05
	4.69%	10.58%	29.22%	38.11%	17.41%	100.00%
C12	22.78	52.60	155.20	210.64	97.18	538.40
	4.23%	9.77%	28.83%	39.12%	18.05%	100.00%

6.4.1.5 产量与水分利用效率

1. 不同组合条件下玉米产量构成分析

从表 6.4-5 中分析可知，影响作物产量的主要因素分别是灌溉土壤含水率下限、计划湿润层深度和湿润比。从表 6.4-5 中可以看出：在同一湿润比（$P = 0.6$）和计划湿润层深度（30-40-50cm）时，当土壤含水率下限分别为 50%、60% 和 80% 时，作物（玉米）籽粒产量依次是 676.54kg/亩、948.23kg/亩、962.85kg/亩，当土壤含水率下限增加至 60% 以上时，作物产量增加不显著；土壤含水率下限和湿润比一致，计划湿润层深度增加，在土壤含水率下限为 50% 和 80% 时，作物籽粒产量依次为 643.00kg/亩、721.33kg/亩、850.32kg/亩和 963.00kg/亩、962.85kg/亩、968.58kg/亩，当计划湿润层增加至 30-40-50cm 时，增幅不显著，甚至出现产量倒挂现象；最后是滴灌湿润比，当灌溉含水率下限为 60%、计划湿润层深度为 30-40-50cm，且湿润比分别为 0.5、0.6、0.7 时，作物籽粒产量分别为 845.28kg/亩、941.54kg/亩、954.24kg/亩，当湿润比增加至 0.6 时，增幅趋缓。

表 6.4-5 玉米产量及构成要素表

处理	产量 /(kg/亩)	地上部干物质 /(kg/亩)	收获指数 /%	总生物量 /(kg/亩)	百粒重 /g	凸尖长 /mm	穗轴长 /cm	穗轴粗 /mm
C1	643.00	658.10	49.42	1301.10	33.17	23.24	17.18	48.08
C2	721.33	676.54	51.60	1397.87	35.45	19.48	18.48	51.83
C3	850.32	674.87	55.75	1525.19	35.00	15.32	19.58	52.13
C4	845.28	685.43	55.22	1530.71	36.11	12.62	20.07	52.28
C5	941.54	640.35	59.52	1581.89	38.48	9.83	21.67	53.16
C6	954.24	707.75	57.42	1661.99	40.94	7.86	21.65	53.48
C7	720.32	677.25	51.54	1397.57	36.13	15.55	19.11	51.71
C8	948.23	650.68	59.30	1598.91	38.51	10.67	22.17	53.76
C9	950.34	689.43	57.96	1639.77	36.97	10.71	23.03	54.75
C10	963.00	665.08	59.15	1628.08	38.82	12.37	22.16	53.80
C11	962.85	711.45	57.51	1674.30	38.15	10.11	23.41	54.87
C12	968.58	725.30	57.18	1693.88	36.22	3.43	21.13	53.78

此外，分析总生物量、穗长、穗粗中，同样与籽粒产量的趋势一致，随着土壤含水率下限的增加总生物量增加，但在高水高的计划湿润层灌溉中（例如 C12），表现出一定的下降趋势，这可能与养分淋溶有关，从后期长势分析，高灌水定额条件下，玉米老叶（下部叶片）明显变黄。从百粒重、凸尖分析，当灌溉含水率下限在 50% 以下时，作物（玉米）生长明显受阻，表现为百粒重小于 36g，玉米穗凸尖长度大于 15mm，若灌溉含水率下限提高至 60% 以上时，这一现象显著改善。

2. 不同组合条件下水分利用效率

水分利用效率计算公式如下：

$$WUE = \frac{Y_c}{ET_c} \tag{6.4-3}$$

式中：WUE 为水分利用效率，kg/m³；Y_c 为玉米产量，kg；ET_c 为作物耗水量，m³。水分利用效率是华北西北干旱半干旱地区灌溉效益评价的主要指标，也是高效用水管理阈值。

从表 6.4-6 中可以看出：在同一湿润比（$P=0.6$）和计划湿润层深度（30-40-50cm）时，当土壤含水率下限分别为 50%、60% 和 80% 时，作物水分利用效率依次为 2.88kg/m³、3.46kg/m³、2.91kg/m³，最大值为 60% 土壤含水率下限对应的处理；土壤含水率下限和湿润比一致，计划湿润层深度增加，在土壤含水率下限为 50% 和 80% 时，作物水分利用效率依次为 3.00kg/m³、2.88kg/m³、3.17kg/m³ 和 3.23kg/m³、2.91kg/m³、2.70kg/m³，随着湿润深度的增加呈现递减趋势；最后是滴灌湿润比，当灌溉含水率下限为 60%、计划湿润层深度为 30-40-50cm，且湿润比分别为 0.5、0.6、0.7 时，作物水分利用效率分别为 2.89kg/m³、3.46kg/m³、3.08kg/m³，可见最佳土壤含水率下限为 60%，计划湿润层深度为 30-40-50cm，滴灌湿润比为 0.6（$P=0.6$ 或 60%）。

表 6.4-6　　　　　　　　　　　不同灌溉技术参数水分利用效率

处 理	ET_c/mm	ET_d/mm	Y/kg	WUE/(kg/m³)	收获指数/%	百粒重/g
C1	322.00	2.39	643.00	3.00	49.42	33.17
C2	375.19	2.78	721.33	2.88	51.60	35.45
C3	402.57	2.98	850.32	3.17	55.75	35.00
C4	387.63	2.87	845.28	3.27	55.22	36.11
C5	408.56	3.03	941.54	3.45	59.52	38.48
C6	432.22	3.20	954.24	3.31	57.42	40.94
C7	374.44	2.77	720.32	2.89	51.54	36.13
C8	410.73	3.04	948.23	3.46	59.30	38.51
C9	462.46	3.43	950.34	3.08	57.96	36.97
C10	446.64	3.31	963.00	3.23	59.15	38.82
C11	496.05	3.67	962.85	2.91	57.51	38.15
C12	538.40	3.99	968.58	2.70	57.18	36.22

3. 优化组合确定灌溉技术参数

在以上土壤含水率下限、计划湿润层深度和滴灌湿润比组合条件下，分析作物耗水量、耗水模数、产量构成要素、水分利用效率等，确定最佳的湿润比 $P=0.6$、灌溉含水率下限 $\theta_{min}=60\%$、计划湿润层深度为 30（播种—拔节）-40（拔节—抽雄）-50（抽雄至成熟）cm，水分利用效率可达 3.46kg/m³。

6.4.1.6　小结

（1）作物从播种至出苗期间为土壤蒸发，土壤蒸发量介于 22.78～26.51mm，日耗水量为 1.52～1.77mm。从出苗至拔节其耗水量主要为土壤蒸发，其次是蒸腾。耗水量平均为 53.30mm，日均耗水量为 2.13mm。

（2）玉米各个阶段生育期作物耗水量随着灌溉土壤含水率下限的增加而增加；次之是计划湿润层深度，最后是滴灌湿润比。

（3）随着灌溉含水率下限、湿润比和计划湿润层深度的增加，玉米耗水量显著增加。玉米最大耗水模数在玉米抽雄—灌浆期，依次为玉米抽雄—灌浆期、灌浆—蜡熟期、拔节—抽雄期、出苗—拔节期、播种—出苗期；耗水模数范围依次为 6.37%、8.91%、25.08%、44.75%、14.89%。

（4）从土壤含水率下限、计划湿润层深度和滴灌湿润比组合条件下，分析作物耗水量、耗水模数、产量构成要素、水分利用效率等，确定最佳的湿润比 $P=0.6$、灌溉含水率下限 $\theta_{min}=60\%$、计划湿润层深度为 30（播种—拔节）-40（拔节—抽雄）-50（抽雄—成熟）cm，水分利用效率可达 3.46kg/m³，膜下滴灌玉米需水量为 380mm。

6.4.2　测坑条件下优化灌水参数解析与作物 K_c

从 2020 年测坑中不同组合条件下（土壤含水率下限、计划湿润层深度和滴灌湿润比）玉米产量、水分利用效率分析，初步得出确定最佳的湿润比 $P=0.6$、灌溉含水率下限 $\theta_{min}=60\%$、计划湿润层深度为 30（播种—拔节）-40（拔节—抽雄）-50（抽雄—成熟）cm，为水分利用效率较高的试验组合。

从试验结果分析发现，土壤含水率下限是影响作物耗水的主要影响因素，湿润比 $P=0.6$ 已经在测坑和公式推导中获得验证，$P=0.6\sim0.65$；计划湿润层深度研究结果和国内外研究相吻合，且在播种到拔节之前该成果也适宜。因此，为了进一步验证 2020 年试验成果，2021 年试验中单独将灌溉含水率下限作为主要试验因素分析（拔节至成熟期），具体试验见表 6.4-7。

表 6.4-7　　　　　　　　　测坑试验小区实验处理与编号（2021 年）

	测坑序号	湿润比	土壤含水率下限、计划湿润层深度	重　复	面积/m²
实验处理	C1	50% $P=60\%$	30-40-50cm	2	6.67
	C2		30-40-50cm	2	6.67
	C3		30-40-50cm	2	6.67
	C4		30-40-50cm	2	6.67
	C5	65% $P=60\%$	30-40-50cm	2	6.67
	C6		30-40-50cm	2	6.67
	C7		30-40-50cm	2	6.67
	C8		30-40-50cm	2	6.67
	C9	80% $P=60\%$	30-40-50cm	2	6.67
	C10		30-40-50cm	2	6.67
	C11		30-40-50cm	2	6.67
	C12		30-40-50cm	2	6.67

6.4.2.1　优化条件下产量和水分利用效率

由于 2021 年度前期积温较低，因此，玉米播种比传统晚一个星期。玉米各生育期日期节点和历时见表 6.4-8。

表 6.4-8 玉米各生育期日期节点和历时

玉米生育时期	播种	出苗	拔节	抽雄	灌浆	成熟（蜡熟）	合计
日期节点	5月10日	5月25日	6月20日	8月1日	9月5日	9月25日	120（出苗至收获）
历时/d	—	10	25	30	35	20	

从表 6.4-9 中可以看出：在水分控制条件下（50%、60%、80%），玉米全生育期 50%的含水率下限的耗水量为 362.96mm；60%的含水率下限的耗水量为 414.04mm；80%的含水率下限的耗水量为 497.22mm。玉米生育期内 80%的含水率下限中从抽雄期开始发生渗漏至蜡熟期，累积渗漏量为 29.89mm。这一研究结果与 2020 年相吻合。

表 6.4-9 由水量平衡法计算的玉米灌浆到成熟需水量 单位：mm

处	理	I	P	ΔS	D	ET_c	ET_d
C	低水	385.15	0.00	−22.19	0.00	362.96	2.79
C	中水	434.96	0.00	−20.92	0.00	414.04	3.18
C	高水	528.36	0.00	−1.25	−29.89	497.22	3.82

1. 产量构成要素分析

玉米产量构成要素见表 6.4-10。

表 6.4-10 玉米产量及构成要素表

处理	产量/(kg/亩)	地上部干物质/(kg/亩)	收获指数/%	总生物量/(kg/亩)	百粒重/g	凸尖长/mm	穗轴长/cm	穗轴粗/mm
50%	714.35	601.33	54.30	1315.68	34.39	24.18	17.83	49.38
60%	928.25	651.43	58.76	1579.68	35.45	10.67	22.38	53.74
80%	1010.27	745.11	57.55	1755.38	36.39	8.34	23.31	54.28

从表中可以看出：随着含水率的提高，玉米籽粒产量、总生物量、百粒重、穗粗和穗粗均为增加趋势，但收获指数并不随着含水率的增加而增加。在该试验条件下，60%处理下的收获指数最高。

2. 水分利用效率分析

优化条件下水分利用效率见表 6.4-11。

表 6.4-11 优化条件下水分利用效率

处 理	ET_c/mm	ET_d/mm	Y/kg	WUE/(kg/m³)	收获指数/%	百粒重/g
50%	362.96	2.79	714.35	2.95	54.30	34.39
60%	414.04	3.18	928.25	3.36	58.76	35.45
80%	497.22	3.82	1010.27	3.05	57.55	36.39

从表 6.4-11 中分析可知：优化条件下，湿润比 $P=0.6$、灌溉含水率下限 $\theta_{min}=60\%$、计划湿润层深度为 30（播种—拔节）-40（拔节—抽雄）-50（抽雄—成熟）cm 为水分利用效率较高的试验组合，可获得以水资源为阈值的最高灌溉技术参数。

6.4.2.2　确定 K_c 值

根据 FAO 推荐的 Penman-Montheith 公式获取试验场地 ET_0，通过分析作物不同生育阶段的 ET_0、试验获得的各个生育阶段 ET_c，根据公式获得 K_c。然而在实际运算过程中需要求出生育期综合作物系数 K_{sc}，其计算公式为

$$K_{sc} = \frac{K_{ci} \sum\limits_{i}^{n} 1 + \cdots + K_{cn} \sum\limits_{n}^{n} i}{\sum\limits_{i=1}^{n} n} \qquad (6.4-4)$$

由表 6.4-12 可知：在玉米生育期内 K_c 是一个变化的数值，播种—出苗、出苗—拔节、拔节—抽雄、抽雄—灌浆、灌浆—成熟的 K_c 分别为 0.28、0.32、0.44、1.11、0.79，综合作物系数为 0.60（K_{sc}）。

表 6.4-12　　　　　　　　ET_0、ET_c 和 K_c（2020 年）

生育时期	播种—出苗	出苗—拔节	拔节—抽雄	抽雄—灌浆	灌浆—成熟	合　计
日期	5月5日—5月19日	5月20日—6月14日	6月15日—7月24日	7月25日—8月31日	9月1日—9月20日	135
ET_0/mm	85.96	166.58	208.59	153.43	75.36	689.92
ET_c/mm	23.84	53.3	92.8	170.9	59.82	410.73
K_c	0.28	0.32	0.44	1.11	0.79	0.60（K_{sc}）

由表 6.4-13 可知：比较 2020 年和 2021 年数据，同一生育期之间 K_c 值相对误差 σ 见表 6.4-14。

表 6.4-13　　　　　　　　ET_0、ET_c 和 K_c（2021 年）

生育时期	播种—出苗	出苗—拔节	拔节—抽雄	抽雄—灌浆	灌浆—成熟	合　计
日期	5月10日—5月24日	5月25日—6月19日	6月20日—7月30日	8月1日—9月4日	9月5日—9月25日	135
ET_0/mm	91.33	180.69	242.31	166.28	89.33	769.94
ET_c/mm	20.66	54.33	104.44	179.16	55.45	414.04
K_c	0.23	0.30	0.43	1.08	0.62	0.55（K_{sc}）

表 6.4-14　　　　　　　　ET_0、ET_c 和 K_c 误差分析

生育时期	播种—出苗	出苗—拔节	拔节—抽雄	抽雄—灌浆	灌浆—成熟	合　计
2021ET_0/mm	91.33	180.69	242.31	166.28	89.33	769.94
2020ET_0/mm	85.96	166.58	208.59	153.43	75.36	689.92
差值	5.37	14.11	33.72	12.85	13.97	80.02
2021ET_c/mm	20.66	54.33	104.44	179.16	55.45	414.04
2020ET_c/mm	23.84	53.3	92.8	170.9	59.82	410.73

续表

生育时期	播种—出苗	出苗—拔节	拔节—抽雄	抽雄—灌浆	灌浆—成熟	合　　计
差值	−3.18	1.03	11.64	8.26	−4.37	3.31
2021K_c	0.23	0.30	0.43	1.08	0.62	0.55
2020K_c	0.28	0.32	0.44	1.11	0.79	0.60
差值	−0.05	−0.02	−0.01	−0.03	−0.17	−0.05
相对误差σ	−23.78%	−6.43%	−2.08%	−3.02%	−27.27%	−9.51%

从表6.4-14中分析可知：作物系数K_c并不是一个相对稳定的数值，但变化幅度相对较低，在蒸发潜力较大的年份作物需水量略偏大，在蒸发潜力较小的年份作物需水量略偏小。反而作物需水量相对较为稳定，这可能与作物气孔自我调控有关，后续还需研究。此外本研究是在测坑（含遮雨棚）中开展的，不受降雨影响。

6.4.2.3　代表区K_c值分析

1. 降雨排频

把历年降雨量数据，总共N个，按照从大到小排序，得到每个降雨的排位序号i，按照降雨排频率公式计算：

$$P = \frac{1}{N+1}$$

根据降雨排频分析（见图6.4-2），在降雨年型为25%、50%、70%、75%、80%、85%、90%、95%下，降雨量分别为475.8mm、389.5mm、361.5mm、333.6mm、311.7mm、272.4mm、270.8mm、250.3mm，对应的年份为1990年、2018年、1991年、1997年、2017年、2005年、2007年、1999年。

项目区气象站距离国家气象站点（和林格尔）约为17.4km，参考作物ET_0可以应用。从曲线中查找2020年的降雨年型为77%，2021年降雨年型为82%，均属于干旱年型。

2. 由ET_0变化分析确定K_c

ET_0为参考作物蒸发量，其与不同年型的气象条件息息相关，为了准确定位K_c值，需要分析不同降雨年型的ET_0的变化和变异。

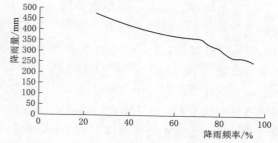

图6.4-2　和林格尔国家基本气象站降雨
排频（1990—2020年，30年）

通过对30年数据分析，提取不同降雨年型的不同生育阶段及全生育期作物ET_0变异系数分析，可见其变异系数在出苗至抽雄期间为10.85%和11.26%，其他生育时期均小于10%，整体上可认为其较为稳定。因此，可参考试验站作物需水量资料，校核获得和林格尔地区作物系数（具体见表6.4-15）。

表 6.4 - 15 **不同年型 ET_0 和 K_c 变异系数分析**

生育期 年型	播种—出苗 5月5— 19日	出苗—拔节 5月20— 6月14日	拔节—抽雄 6月15日— 7月24日	抽雄—灌浆 7月25日— 8月31日	灌浆—成熟 9月1— 20日	合 计 135
25%	80.76	180.772	170.802	101.079	81.813	615.226
50%	95.56	205.48	169.7	122.73	98.32	691.79
70%	77.11	155.402	186.292	111.09	98.13	628.024
75%	85.65	158.96	164.97	98.89	104.56	613.03
80%	93.98	201.35	205.89	120.71	97.17	719.1
85%	99.52	194.542	208.78	110.69	99.93	713.462
90%	89.03	189.17	159.42	110.28	94.58	642.48
95%	81.66	178.35	166.6	135.11	96.51	658.23
平均	88.93	183.32	180.24	115.64	98.46	666.59
ET_c	22.25	53.815	98.62	175.03	57.635	407.35
K_c	0.25	0.29	0.55	1.51	0.59	0.61
σ	8.01	19.89	20.30	11.62	3.16	42.02
C_v	9.01%	10.85%	11.26%	10.04%	3.21%	6.30%

6.4.2.4 小结

(1) 优化条件下（50%、60%、80%），玉米全生育期 50%的含水率下限的耗水量为 362.96mm；60%的含水率下限的耗水量为 414.04mm；80%的含水率下限的耗水量为 497.22mm。玉米生育期内 80%的含水率下限中从抽雄期开始发生渗漏，至蜡熟期累积渗漏量为 29.89mm。这一研究结果与 2020 年相吻合。

(2) 土壤蒸发显著小于作物蒸腾，其表现规律为先升高后降低，在播种—出苗、出苗—拔节、拔节—抽雄、抽雄—灌浆、灌浆—成熟阶段的土壤蒸发分别占总腾发量的 84.00%、51.20%、9.25%、5.60%和 12.93%。全生育期 50%、60%、80%处理的土壤水蒸发总量分别为 18.30%、17.80%、17.52%。

(3) 优化条件下，湿润比 $P = 0.6$、灌溉含水率下限 $\theta_{min} = 60\%$、计划湿润层深度为 30（播种—拔节）- 40（拔节—抽雄）- 50（抽雄至成熟）cm，为水分利用效率较高的试验组合，可获得以水资源为阈值的最高灌溉技术参数。

(4) 作物系数 K_c 和 ET_c 并不是一个相对稳定的数值，但变化幅度相对较低。通过对 30 年数据分析，提取不同降雨年型的不同生育阶段及全生育期作物 ET_c 变异系数分析，可见其变异系数在出苗至抽雄期间为 10.85%和 11.26%，其他生育时期均小于 10%，整体上可认为其较为稳定。因此，可参考试验站作物需水量资料，校核获得和林格尔代表区作物系数 K_c。

6.4.3 青贮玉米需水量和需水规律

锡林浩特市位于 $E115°13' \sim 117°06'$，$N43°02' \sim 44°52'$，平均海拔 978m。年平均降水量 289.2mm，蒸发量 1862.9mm（20cm 蒸发皿）；平均气温 2.3℃，平均风速为 3.4m/s。

试验区位于锡林浩特市沃元奶牛场，地理位置 E116°06′55.4″，N44°00′56.5″，海拔978m，距锡林浩特市区 6km。多年平均气象状况为：降水量 289.2mm，降水量年内分配极不均衡，7—8 月降水量占全年降水总量的 70%，而且多以阵雨的形式出现；蒸发量1862.9mm（20cm 蒸发皿）；多年平均气温 2.3℃；多年平均风速为 3.4m/s；最大冻土深度 2.89m。土壤类型主要以栗钙土为主，土壤钾素含量相对较高，而氮和磷含量较低，有机质含量在 2%～3%，全氮含量低于 10%。土壤（深 0～100cm）平均容重为 1.66g/cm³，田间持水量为 14.3%（占干土重）。试验牧草品种为青贮玉米，灌溉方式为滴灌和喷灌，采用区域蒸散发遥感估算法计算需水量。

根据"水利部行业公益性科研专项（201001039）"和"内蒙古自治区新增四个千万亩节水灌溉工程科技支撑项目（20121036）"项目成果，确定滴灌和喷灌条件下青贮玉米需水量和需水规律。

（1）滴灌。根据"水利部行业公益性科研专项（201001039）"的项目成果，得出青贮玉米的需水规律变化见图 6.4－3 和表 6.4－16。

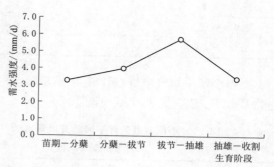

图 6.4－3　滴灌青贮玉米需水强度变化

表 6.4－16　　　　滴灌青贮玉米需水规律

生　育　期	生长天数/d	需水强度/(mm/d)	需水模数/%	需水量/mm
苗期—分蘖	21	3.3	17.8	69.0
分蘖—拔节	22	4.0	22.7	88.3
拔节—抽雄	27	5.8	40.1	155.8
抽雄—收割	22	3.4	19.4	75.4
合计/平均	92	4.2	100	388.5

从图 6.4－3 和表 6.4－16 中可以看出：青贮玉米苗期气温较低，降雨少，植株生长速度较缓慢，叶面积指数小，需水强度较小，其需水强度为 3.3mm/d；拔节—抽雄期随着气温的升高，生理和生态需水相应增多，生长与生殖生长并进，根、茎、叶生长迅速，光合作用强烈，需水强度达到最大，其需水强度为 5.8mm/d，因为该阶段是青贮玉米生长最旺的时期，需水强度也达到峰值，对水分的反应特别敏感，是青贮玉米需水关键期；此后随着气温逐渐降低需水强度逐渐减小，到成熟期降到 3.4mm/d，整个生育期平均需水强度为 4.2mm/d。

（2）喷灌。"内蒙古自治区新增四个千万亩节水灌溉工程科技支撑项目（20121036）"的项目成果，确定喷灌条件下青贮玉米需水量和需水规律。试验区位于锡林浩特市沃元奶牛场，喷灌条件下青贮玉米需水量规律见表 6.4－17。

从表 6.4－17 中可以看出：青贮玉米苗期需水强度较小，需水强度为 3.4mm/d；拔节—抽雄期随着气温升高，生理和生态需水相应增多，生长与生殖生长并进，根、茎、叶生长迅速，光合作用强烈，需水强度达到最大，需水强度为 5.8mm/d，因为该阶段是青贮玉米生长最旺的时期，需水强度也达到峰值，对水分的反应特别敏感，是青贮玉米需水关键期；此后随着气温逐渐降低需水强度也逐渐减小，到成熟期其值降到 2.9mm/d，整个生育期平均需水强度为 4.4mm/d。

表 6.4-17　　　　　　　　　　喷灌青贮玉米需水规律

生 育 期	生长天数/d	需水强度/(mm/d)	需水模数/%	需水量/mm
苗期—分蘖	24	3.4	19.3	82.3
分蘖—拔节	32	4.5	33.9	145.0
拔节—抽雄	27	5.8	36.8	157.1
抽雄—收割	15	2.9	10.0	42.9
合计/平均	98	4.4	100.0	427.3

根据多年平均气象资料计算得出 ET_0，依据滴灌和喷灌条件下需水量得出青贮玉米作物系数 K_c 值，见表 6.4-18。

表 6.4-18　　不同灌溉条件下青贮玉米需水量和作物系数 K_c 值

灌溉方式	滴　灌	喷　灌
ET_0/mm	448.4	
ET_c/mm	388.5	427.3
K_c	0.87	0.95

正蓝旗地处大兴安岭—燕山—阴山弧形构造北麓，地理位置 E115°00′～116°25′，N41°56′～42°11′；属中温带大陆性气候区，年均降水量 305.6mm，平均气温 5.1℃；冬春季节多风，以偏西风为主，最大风力可达 10 级以上；春季干旱，降雨多集中在 6—9 月，是地下水接受补给的主要时期；多年平均蒸发量为 1954.2mm；相对湿度为 60%；气压为 868.7mb；多年平均无霜期为 101 天。因降水较多，加之气温偏低，形成以典型草原为主的草地植被。

试验区位于内蒙古锡林郭勒盟正蓝旗上都高勒镇灌溉试验场（E118°52′，N42°16′，海拔 1319m），年平均气温为 1.5℃，夏季凉爽宜人；多年平均降雨量为 365.1mm，而且主要集中在 7—9 月，占全年降雨量的 80%～90%。全年的无霜期 104 天。试验区土壤质地为中壤土，1.2m 土层的平均田间持水率为 26%，凋萎含水率为 8%，地下水埋深7.0m。试验牧草品种为青贮玉米，灌溉方式为喷灌。

根据"水利部公益性行业科研专项经费项目（200801034）"的项目成果，确定喷灌条件下青贮玉米需水量和需水规律，青贮玉米需水量见表 6.4-19。

表 6.4-19　　　　　　　　　　喷灌青贮玉米需水规律

生长阶段	5 月	6 月			7 月			8 月			9 月	平均
	下旬	上旬	中旬	下旬	上旬	中旬	下旬	上旬	中旬	下旬	上旬	
需水量/mm	28.8	38.4	40.7	47.6	57.3	61.2	71.6	59.3	56.1	68.0	34.5	563.0
需水强度/(mm/d)	2.6	1.1	4.1	4.8	5.7	6.1	6.5	5.9	5.6	4.2	3.5	5.0

根据需水量成果得出喷灌青贮玉米作物系数为 0.92。

达尔罕茂明安联合旗位于内蒙古自治区西部，阴山北麓，地理坐标为 E109°16′～111°25′，N41°20′～42°40′；属于温带半干旱大陆性气候，春季干旱多风，夏季干旱炎热，秋季秋高气爽，冬季寒冷干燥；年均降水量 256.6mm，且 80% 集中在 7—9 月；年蒸发量2526.4mm；主要风向为西北风，最大风速 4.4m/s；光照充足，温度多变，温差较大；年均气温 3.4℃；无霜期 106 天，年日照时数 3200h；≥5℃ 有效年低积温为 2686℃，≥10℃有效年积温为 2289℃。试验牧草品种为青贮玉米、紫花苜蓿和披碱草，灌溉方式为畦灌。根据研究成果，得出畦灌条件下灌溉人工牧草需水量和作物系数 K_c 值见表 6.4 - 20。

表 6.4 - 20　畦灌紫花苜蓿、青贮玉米需水量和作物系数 K_c 值

人工牧草	ET_0/mm	ET_c/mm	K_c
紫花苜蓿	580.2	419.0	0.72
青贮玉米	515.1	433.3	0.84

根据畦灌需水量折算喷灌紫花苜蓿和青贮玉米需水量分别为 347.8mm 和 359.6mm，喷灌紫花苜蓿和青贮玉米作物系数 K_c 值分别为 0.60 和 0.70。

"科尔沁沙地苜蓿高效种植技术研究与示范"（201403048 - 2）项目的试验开展于2018 年 4—9 月，试验地点位于内蒙古自治区赤峰市阿鲁科尔沁旗邵根镇绿生源生态科技有限公司。试验地地理坐标为东经 120°35′，北纬 43°42′，属于中温带半干旱大陆性季风气候区，四季分明，年平均气温 5.5℃，年日照时数 2760～3030h，年平均积温 2900～3400℃，无霜期 95～140 天，年降水量 300～400mm，主要集中在 6—8 月，年蒸发量2000～2500mm。试验地地势平坦，土壤质地为沙壤土，0～60cm 土层土壤容重为 1.45g/cm³，田间持水量（质量）为 16.31%，灌溉水源为地下水，地下水埋深 30m。试验地于2017 年建植，供试紫花苜蓿品种为 WL298HQ，播种量为 45kg/hm²，行距 15cm，使用蒙绿公司生产的圆形喷灌机进行灌溉。机组共有 2 跨，每跨长 50m，悬臂长 8m。喷灌机入机压力为 0.3MPa，入机流量为 55～57m³/h。

根据多年平均气象资料计算 ET_0 为 756.8mm，紫花苜蓿需水量为 628.1mm，计算得出紫花苜蓿作物系数 K_c 值为 0.84。

6.5　温暖干旱区

6.5.1　玉米需水量和需水规律

6.5.1.1　河套灌区玉米膜下滴灌需水量和需水规律

1. 试验设计

试验于 2013 年 4—10 月在内蒙古河套灌区临河区双河镇进步村九庄农业合作社（107°18′E，40°41′N，海拔 1041～1043m）进行。该地属于中温带半干旱大陆性气候，其特点是云雾少、降水量少、风大、气候干燥，多年年均降水量 140mm 左右，平均气温6.8℃，昼夜温差大，日照时间长，平均日照时间 3229.9h，无霜期为 130 天左右，地势东高西低，地面坡降 1/6000。试验区以粉砂壤土为主，土壤密度为 1.38g/cm³，0～60cm计划湿润层的田间持水率（质量）为 26.2%，土壤全氮量、全磷量、全钾量（质量比）分别为 0.093%、0.07%、1.6%，有机质为 1.2%，pH 为 7.6。年内地下水位变化较大，

埋深在 0～3m 之间，3 月最深，在 2.5m 以下，11 月秋浇后最浅，与地表齐平。

供试作物为玉米"内单 314"，玉米采用 170cm 宽膜 2 条滴灌带 4 行高密度栽培技术，行距为 40 - 60 - 40cm 的宽窄行，滴灌带间距 100cm，株距 24cm，种植密度 82500 株/hm²。采用地下水灌溉，机电井出水矿化度为 1.007g/L，试验区及其周围布设有 11 眼地下水位观测井。所用滴灌带为大禹节水公司生产的内镶碟片式 $\phi16 - 1.68 - 300$ 滴灌带。试验采用土水势（张力计法）指导滴灌，在已有研究基础上，玉米设 4 个土水势梯度：-20kPa、-30kPa、-40kPa、-50kPa；同时，以常规种植为对照（CK），灌水时间视渠道来水时间而定。

2. 结果分析

利用 Penman-Montheith 公式计算得出，该地区 3—9 月 ET_0 为 743.19mm。采用以往多年对河套灌区作物系数的研究结果（见表 6.5 - 1），计算玉米 ET_c 为 510.3mm。

表 6.5 - 1　膜下滴灌玉米作物系数

生育期	生育期起止时间 玉　米	作物系数
生长初期	4.15～5.20	0.224
快速生长期	5.21～7.06	0.713
生长中期	7.07～8.28	1.224
成熟期	8.29～9.20	0.479
生育期时间/d	158	

6.5.1.2　阿拉善左旗腰坝井灌区玉米膜下滴灌需水量和需水规律

1. 试验设计

试验地点位于阿拉善左旗腰坝井灌区，试验田土壤属于沙壤土，经试验测试土壤的容重为 1.46g/cm³。2015 年 5 月在宁夏农林科学院测定的播前土壤基本状况为：pH 为 8.37，全盐 0.62g/kg，有机质 10.8g/kg，全氮 0.66g/kg，全磷 0.34g/kg，全钾 21g/kg，速效氮 63mg/kg，速效磷 3mg/kg，速效钾 108mg/kg。采用田间对比试验，灌满定额设计低、中、高 3 个水平分为 3 组，分别为 250m³/亩、350m³/亩、450m³/亩。因为试验田土壤为砂壤土，根据井灌区灌水经验，每年播种前都要进行一次春灌，灌水量为 100m³/亩。本试验玉米品种选择当地主栽的"农华 101"玉米杂交种，该品种适宜北方气候，生育期适中，经济性突出、品质好，具有多抗性。试验田长 31m（东西方向），宽 30m（南北方向），采取膜下巧灌大垄双行的种植模式，玉米的行距和株距设定为：宽行距 0.6m，窄行距 0.45m，株距 0.23m，南北行种植。每个处理设置一个小区，每个小区对应两垄。顺作物种植方向单行直线铺设滴灌带，管径 16mm，滴头间距 0.3m。

2. 结果分析

（1）根据玉米不同生育阶段土壤质量含水率平均值可得出，玉米植株各处理不同生育阶段的耗水量大小顺序为：抽雄期＞拔节期＞成熟期＞苗期。从各处理在不同生育阶段的平均日耗水强度及需水量占全生育期需水量的百分比可看出：膜下滴灌玉米需水的关键时期为拔节期到抽雄期，抽雄期需水量达各个生育阶段最大，苗期需水量最小，不同处理苗期、抽雄期需水量占总需水量的平均值分别为 14.27%、32.04%。

（2）膜下滴灌处理中，高水处理全生育期的平均日耗水强度最大，为 5.13mm/d；中水处理全生育期的平均日耗水强度次之，为 3.69mm/d；低水处理全生育期的平均日耗水强度最小，为 2.87mm/d，大小顺序为：高水处理＞中水处理＞低水处理。由于玉米不同生育阶段的时间周期不同，不同生育阶段的日耗水强度也会有所不同，膜下滴灌玉米各个生育阶段的平均日耗水强度大小顺序为：7mm/d＞5.78mm/d＞3.19mm/d＞1.55mm/d＞1.19mm/d，即拔节期＞抽雄期＞灌浆期＞成熟期＞苗期。

（3）苗期、拔节期、抽雄期、灌浆期和成熟期的平均作物系数 K_c 分别为 0.25、1.42、1.11、0.81、0.43，全生育期平均作物系数为 0.67。

6.5.1.3 阿拉善左旗孪井滩灌区玉米膜下滴灌需水量和需水规律

1. 灌区基本情况

孪井滩灌区地处内蒙古自治区阿拉善盟东南部，位于阿拉善左旗南部嘉尔嘎勒赛汉镇境内，地理坐标为东经 $105°16'40''\sim105°30'$，北纬 $37°50'30''\sim37°56'41''$，海拔 $1343\sim1431m$，南距本灌区引水的宁夏回族自治区中卫市沙坡头区北干渠 44km。系荒漠干旱地区，光照充足，大气透明度好，年平均气温 8.4℃，无霜期 156 天，年平均空气密度 $1.053kg/m^3$，年平均阴雨天 39.4 天，年平均降水量 147.5mm，年平均大风次数 17.8 次，年平均雷暴次数 10 次，年平均日照时数 3096h，年太阳能辐射总量为 $150\sim160kcal/cm^2$，太阳能总辐射量 $6490\sim6992MJ/m^2$。地下水资源欠缺，不利于开发利用，有耕地 11.3 万亩，有黄河取水指标 5000 万 m^2。灌区设计有效灌溉面积为 12 万亩，实际灌溉面积为 8.4 万亩。灌区为 4 级黄河提水灌区，传统灌溉为大水漫灌。灌区主要种植玉米和葵花。

2. 试验设计

试验地点位于灌区下游十一支三斗，在灌溉水利用系数典型田块开展，试验田耕作层土壤类型为粉质壤土，土壤容重为 $1.51g/cm^3$，田间持水量为 27.38%（cm^3/cm^3），有机质含量为 0.93%，全氮为 0.75g/kg，全磷为 0.41g/kg，全钾为 31g/kg，pH 为 8.45，全盐为 1.2g/kg。试验小区采用大区无重复田块随机排列，每个试验小区为 $667m^2$，试验共设置 3 个实验处理，试验种植玉米品种为"农华 101"，种植模式为覆膜滴灌宽窄行种植，行距为 40cm＋80cm，株距为 35cm，滴头间距为 0.3m，滴头出水量为 1.7L/h。灌溉试验影响因素为土壤含水率下限值，具体试验处理见表 6.5－2。每个小区首部安装机械水表。具体灌水时间和灌水量通过不同生育时期含水率下限和计划湿润层深度确定，灌水量采用水量平衡方程计算得出，公式如下：

表 6.5－2　实验处理

实验处理	灌水处理	湿润深度（苗期—拔节期—抽雄期）
T_1	50%	30cm－40cm－50cm
T_2	65%	30cm－40cm－50cm
T_3	80%	30cm－40cm－50cm

$$M=\gamma z p(\theta_{max}-\theta_{min})/\eta \tag{6.5-1}$$

式中：M 为设计毛灌水定额，mm；γ 为计划土壤湿润层内的土壤干容重，g/cm^3；z 为计划土壤湿润层深度，cm；p 为设计土壤湿润比，根据计算和现场测定土壤湿润比为 60%；θ_{max}、θ_{min} 为适宜土壤含水率上、下限，最大取田间持水量的 100%，最小取计划湿润层下限，η 灌溉水有效利用系数，此处取 1，由于灌溉水表安装在灌水小区，故无管道损失。

3. 结果分析

作物耗水量是指作物生长发育期间土壤水分蒸发与植株蒸腾两者之和。影响田间作物需水量的主要因素有气象条件、作物种类、土壤性质和农业措施等。其表达公式为

$$ET_c=I+P\pm\Delta S-R-D \tag{6.5-2}$$

式中：ET_c 为作物耗水量；I 为灌水量；P 为生育期有效降水量；ΔS 为土体贮水量变化；R 为地表径流量；D 为深层渗漏量。根据试验观测和分析，作物生育时期马铃薯滴灌无显著的深层渗漏和地表径流，因此，R 和 D 可以忽略不计。水分生产率是评价节水灌溉工程、灌溉制度、农艺节水措施、农田水分管理以及综合节水措施的最终体现和评价指标。

$$W_c = Y/ET \qquad (6.5-3)$$

式中：W_c 为作物水分生产率，kg/m^3；Y 为马铃薯产量；ET 为耗水量。表 6.5-3 为不同灌水处理下作物耗水量、产量和作物水分生产率。通过数据分析可以得出：①在不同含水率下限的灌水处理中，灌水量、耗水量、产量和作物水分生产率均出现了显著的差异；②作物耗水量随着土壤含水率下限的增加而增加；③作物产量随着土壤含水率下限增加而增加；④通过对比作物水分生产率，处理 T_2 的水分生产率最高，可达 $1.51kg/m^3$，即推荐的灌水处理。因此，通过灌溉试验研究得出：在 2018 年，控制土壤计划湿润层土壤含水率下限为 65%，具有显著的节水和稳产作用，在作物全生育期耗水量为 467.6mm，灌水次数为 11 次，每次灌水定额介于 $15\sim20m^3/$亩。

表 6.5-3   **不同灌水处理下作物耗水量、产量与作物水分生产率**

实验处理	灌水量/mm	耗水量/mm	产量/(kg/亩)	作物水分生产率/(kg/m³)
T_1	214.6	440.5	832.47	1.26
T_2	262.9	467.6	1059.65	1.51
T_3	312.7	504.9	1123.35	1.48
作物系数	0.6164			

6.5.2 河套灌区上游小麦畦灌需水量与需水规律

依据内蒙古沙壕渠节水盐碱化与生态试验站试验观测数据，对试验数据进行分析整理，得出小麦需水量及需水规律。项目区位于巴彦淖尔市杭锦后旗，土壤为砂壤土，代表了内蒙古河套平原上游灌区的基本特性，试验站数据辐射内蒙古黄河流域等地。杭锦后旗东与临河区接壤，西傍乌兰布和沙漠与磴口县毗邻，南临黄河与鄂尔多斯市杭锦旗相望，北靠阴山与乌拉特后旗交界。地理坐标为东经 $106°34'\sim107°34'$，北纬 $40°26'\sim41°13'$。杭锦后旗具有独特的小气候。地处北纬 $40°$ 以上，属温带大陆性气候，年平均降雨量 138.2mm，蒸发量 2096.4mm；昼夜平均温差 $8.2℃$，年平均无霜期 135 天左右，平均风速 $2\sim3m/s$，总体是昼夜温差大、无霜期长、西南风和东北风盛行；年日照时数 3220h 以上，积温 $3520℃$ 以上，日照率达 73%，是全国光能资源最丰富的地区之一；黄河在全旗境内长 17km，过境年流量 226 亿 m^3，是全国八大自流灌溉农区之一。

试验站 2020 年没有开展小麦种植作物需水量的实验研究，本次采用沙壕渠试验站开展的解放闸灌域典型作物农田灌溉水有效利用系数测算工作监测数据进行分析。

1. 研究区域概况

在解放闸灌域选择两个黄灌典型区，一个井灌典型区作为典型试验区，对灌域内主要作物小麦、玉米、葵花灌水情况进行监测。

小麦于 2020 年 5 月 1 日播种，所选典型区，经过田间节水工程改造，土地平整度较高，具有一定的代表性。2020 年度灌域年平均温度 10℃，累计降雨量 154mm，年平均风速 0.2m/s，属正常年份。解放闸灌域井灌区播种面积 27.34 万亩，年总引水量为 10201.45 万 m^3，净灌水量为 6887 万 m^3。

种植灌溉方式采用滴灌，根据小麦根系层内的土壤含水率变化确定灌水时间，灌溉定额 320mm。全生育期灌水 5 次，分别在苗期（5 月 3 日）、分蘖期（5 月 10 日）、拔节期（5 月 22 日）、孕穗期（6 月 20 日）、灌浆期（7 月 10 日）灌水。

2. 需水量及 K_c 计算

基于水量平衡法计算作物耗水量（见表 6.5 - 4），具体公式为

$$ET = \Delta W + P + I + W_g$$

(6.5 - 4)

式中：ΔW 为作物种植和收获后土壤贮水量变化；P 为降雨量；I 为灌水量；W_g 为地下水补给量。

表 6.5 - 4　　　　　　　　　　不同处理各生育阶段耗水量　　　　　　　　　　单位：mm

生育期	苗期	分蘖期	拔节期	抽穗期	灌浆期	成熟期	合计
耗水量	19.13	55.66	111.14	104.63	118.15	46.12	454.83

参考作物腾发量 ET_0 是一种假想草的参照作物，假设其高度为 0.12m，固定表面阻力为 70s/m 和反射率为 0.23，类似一个面积很大、生长旺盛、完全遮盖地面而且不缺水的绿色草地。参考作物腾发量受气象条件的影响，根据作物的生育期对应时段的气象参数进行计算。本书运用国际粮农组织（FAO）推荐的彭曼蒙特斯公式计算，见表 6.5 - 5。

表 6.5 - 5　　　　　　　　　不同生育期小麦的参考作物 ET_0　　　　　　　　单位：mm

生育期	苗期	分蘖期	拔节期	抽穗期	灌浆期	成熟期	累积量
阶段 ET_0	35.45	57.94	104.86	87.25	107.71	201.74	594.95

作物系数是实际作物腾发量与参考作物腾发量的比值，是计算作物耗水量的重要参数，同时也是水资源管理与合理节水灌溉的重要依据。受作物本身、土壤蒸发等影响导致 K_c 出现不同的变化规律。研究分析小麦在喷灌条件下生育阶段的作物系数，有助于确定小麦的需水量，为进一步科学、合理地制定小麦灌溉制度奠定良好的基础。本书计算以作物生育期为划分单位，以单作物系数法计算作物系数 K_c 值。作物系数计算公式为

$$K_c = ET/ET_0$$

(6.5 - 5)

滴灌条件下的小麦作物系数 K_c 值见表 6.5 - 6，可以看出小麦作物系数在整个生育期内呈现出生长初期较低、生长中期增大、后期降低的变化趋势，最低均值出现在苗期、分蘖期，最高均值出现在成熟期，影响小麦作物系数的主要原因是叶面积指数，这是由于小麦处于苗期、开花期时，植株叶片数量少且面积小，同时太阳辐射弱、大气温度低，致使小麦土壤蒸腾蒸发量较小，K_c 较低；随着生育期的推进，小麦植株生长发育速度加快，叶片数量增多且面积增大，同时太阳辐射强、大气温度高，致使小麦土壤蒸腾蒸发量不断增大，K_c 不断增大，在抽穗期达到较高水平；生育后期由于部分叶片凋萎脱落，同时太阳辐射弱、大气温度低，致使小麦蒸发蒸腾量变小，K_c 逐渐降低。

表 6.5 - 6   不同处理小麦生育期作物系数数值表

生育期	苗期	分蘖期	拔节期	抽穗期	灌浆期	成熟期	全生育期
作物系数	0.54	0.96	1.06	1.20	1.10	0.23	0.76

3. 需水规律分析研究

从小麦生育期耗水规律变化来看，不同年份变化趋势基本一致。总体上是前中期耗水强度大，后期逐渐减少的大体趋势。拔节期、抽穗期、灌浆期对应耗水量分别为 104.86mm、87.25mm、107.71mm。而成熟期周期时间较长，耗水量为 201.74mm，但单日耗水量较低为 4.92mm/d。

4. 小结

杭锦后旗小麦在控制灌溉条件下，最佳耗水量在 454.8mm 左右，方可满足其生长发育，从而促进小麦增产。

6.5.3 河套灌区临河区小麦需水规律研究

1. 研究区域概况与试验设计

河套灌区临河节水示范园区位于巴彦淖尔市临河区东北部城关镇治丰村境内，属永济干渠永刚灌域上游。东至三斗沟，西到临狼公路，南邻治丰村二、四组小油路，北靠永刚分干沟，东西长 2.0km，南北宽 1.31km。示范区地理坐标为：东经 107°26′02″～107°27′53″，北纬 40°49′01～40°50′23″。总控制面积 216.67hm²，灌溉面积 173.33hm²。

小麦试验处理采用田间灌溉对比试验的研究方法，将试验田分为 4 种规格进行设计。畦长为 45.0m，畦宽分别为 5.0m、7.5m、15.0m、22.0m，即每畦面积分别为 0.33 亩、0.5 亩、1.0 亩和 1.5 亩，每种畦田规格根据入畦流量的不同均设 3 个处理，共计 12 个处理。试验采用的品种为永良 4 号，生育期 110～120 天。

2. 需水量及 K_c 计算

基于水量平衡法计算作物耗水量，具体公式如下：

$$ET = \Delta W + P + I + W_g \qquad (6.5-6)$$

式中：ΔW 为作物种植和收获后土壤贮水量变化；P 为降雨量；I 为灌水量；W_g 为地下水补给量。

参考作物腾发量 ET_0 受气象条件的影响，根据作物的生育期对应时段的气象参数进行计算。本书运用国际粮农组织（FAO）推荐的彭曼蒙特斯公式计算，见表 6.5-7。

表 6.5 - 7   不同生育期小麦的参考作物 ET_0 单位：mm

生育期	播种—出苗	出苗—分蘖	分蘖—拔节	拔节—抽穗	抽穗—灌浆	灌浆—成熟	累积量
阶段 ET_0	92.72	69.64	78.57	108.31	91.15	92.72	534.24
日均 ET_0	3.75	4.88	5.80	6.55	6.77	4.34	5.09

小麦作物系数 K_c 值见表 6.5-8，可以看出小麦作物系数在整个生育期内呈现出生长初期较低、生长中期增大、后期降低的变化趋势，最低均值出现在灌浆—成熟期，最高均值出现在拔节—抽穗，影响小麦作物系数的主要原因是叶面积指数，图 6.5-1 为不同灌溉水平处理下小麦叶面积指数变化曲线。从图 6.5-1 中可以看出，在不同灌水定额处理

条件下，小麦和葵花叶面积指数总体变化趋势是一致的，呈先增长后减小的生长过程。对小麦而言，在5月下旬到6月中旬 LAI 值比较大，说明小麦在这段时间内的生理活动比较旺盛，小麦在分蘖期、拔节期和抽穗期叶面积指数增长幅度比较大（平均每天指数增加0.14）；灌水定额较高的实验处理比灌水定额较小的实验处理的叶面积指数增加速度相对较快，小麦是一种需水量较大的粮食作物，保证作物各个生育阶段水分供应，对作物生长是极为有利的。

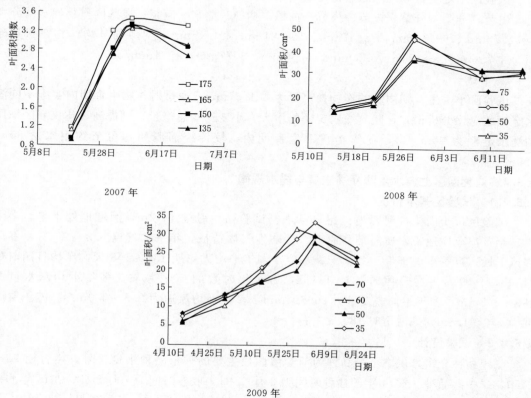

2007 年

2008 年

2009 年

图 6.5-1　不同灌溉水平处理下小麦叶面积变化曲线

叶片数量增多且面积增大，同时太阳辐射强、大气温度高，致使小麦土壤蒸腾蒸发量不断增大，在拔节—抽穗期达到较高水平；生育后期由于部分叶片凋萎脱落，同时太阳辐射弱、大气温度低，致使小麦蒸发蒸腾量变小，K_c 逐渐降低。

K_c 值采用 FAO 推荐的分段单值平均法求一元作物系数。根据田间微型气象站实测气象资料、土壤条件及湿润频率修正各作物各生育阶段的作物系数。在作物初始生长期，土面蒸发占总蒸发蒸腾量的比例较大影响初期作物系数的主要因素是土壤结构及灌溉或降雨的平均间隔。计算得到小麦的作物系数 K_c 见表 6.5-8。

表 6.5-8　　　　　　　　河套磴口小麦生育期作物系数数值表

生育阶段	播种—出苗	出苗—分蘖	分蘖—拔节	拔节—抽穗	抽穗—灌浆	灌浆—成熟
K_c	0.605	0.7755	0.946	1.286	0.768	0.25

3．需水规律分析研究

分析试验区参考作物需水量变化规律发现，耗水量在整个生育期呈现出先增大后减小的二次抛物线型变化趋势。作物需水量逐渐升高并在拔节—抽穗达到峰值，这是由于从 5 月底开始试验区的太阳辐射、大气温度逐渐增加，空气相对湿度较小的原因。在抽穗—灌浆时期，随着太阳辐射、气温逐渐降低，作物耗水量逐渐降低。

试验区小麦生育期内总的作物耗水量为 401.57mm，日均 3.82mm/d。小麦播种—出苗、出苗—分蘖、分桑—拔节、拔节—抽穗、抽穗—灌浆、灌浆—成熟的作物耗水量分别为 92.72mm、69.64mm、78.57mm、108.31mm、91.15mm，对应的日均作物耗水量分别为 3.75mm、4.88mm、5.80mm、6.55mm、6.77mm、4.34mm/d。

4．小结

试验区小麦生育期内总的作物耗水量为 401.57mm，通过对作物生育期内实施不同灌水定额的对比分析得知，随着灌水定额的增大，小麦作物总产量得到提高。建议灌区采用的灌水定额为 60m³/亩，在作物整个生育期内，较传统灌溉相比可节约用水量 80～100m³/亩。

6.5.4 河套灌区上游小麦滴灌需水量与需水规律

6.5.4.1 试验区基本情况

试验区位于内蒙古河套灌区磴口县坝楞试验站，海拔 1072m，灌域地处干旱、半干旱、半荒漠草原地带，属温带高原型、大陆性气候特征，年平均气温 6.3～7.7℃，春季多风干燥，夏季少雨干旱，冬季干燥寒冷，多年平均无霜期 130～168 天，年均日照时数 3180h，4—9 月平均日照时数达 1611h，占全年时数的 50% 左右。多年平均降水量为 130～245mm，多年平均蒸发量为 2096.4mm，多年平均风速为 2.5～3.0m/s。冻土层厚度为 1.0～1.3m，冻融历时 180 天左右。

6.5.4.2 试验设计

（1）品种介绍。供试小麦品种为河套灌区最主要的种植品种永良 4 号，生育期 98～115d，属中熟品种。2014 年的播种时间为 3 月 22 日，收获时间为 7 月 8 日；2015 年的播种时间为 3 月 23 日，收获时间为 7 月 10 日。

（2）种植模式。借鉴新疆滴灌小麦常用的两种种植模式：一膜 5 行和一膜 6 行。当地播种机通常的覆膜控制宽度为 90cm，因此两种种植模式均采用 90cm 的地膜，膜间距为 20cm，株距均为 12cm。采用人工点播，每穴播种 8～12 颗种子，每亩播种量为 12～16kg。一膜 5 行与一膜 6 行行距分别为 15cm 和 12cm，播种密度分别为 28.58 万株/亩和 29.27 万株/亩。每个处理之间相距 1m。实验采用小区对比试验。小区面积 167m²。在各小区间留有 50cm 宽、40cm 高的小埂以供试验灌溉和观测，小区设有隔离带，在试验的四周按地形和小区布置情况留有保护区。CK 参考当地农民常用的机械条播。

（3）滴灌的选取。滴灌带选用单翼迷宫式，滴灌带的外径为 16mm，壁厚为 0.3mm，滴头间距为 30cm，设计流量为 2.4L/h，工作压力为 50～100kPa。试验均采用"一膜一带"的滴灌布设方式。

6.5.4.3 结果分析

由图 6.5-2 可以看出，2014 年与 2015 年不同处理的株高变化规律基本相同，在苗期由于膜内温度较高，膜下滴灌小麦出苗较 CK 早 5～7 天，因此膜下滴灌小麦各处理明显大于 CK，且苗期没有进行灌溉，膜下滴灌小麦各处理的差异并不明显。进入拔节期，小麦生长速率加快，由于种植模式与水分处理的不同，各处理的株高差异性表现明显。膜下滴灌小麦各处理在整个生育期内均大于 CK；在不同的水分处理条件下，2014 年一膜 6 行种植模式小麦的株高与水分成正相关，即 XM-1＞XM-2＞XM-3，一膜 5 行种植模式轻度为 XM-5＞XM-4＞XM-6，而在 2015 年，小麦株高为充分灌溉＞轻度水分亏缺＞中度水分亏缺；在不同的种植模式条件下，2014 年与 2015 年均为一膜 6 行各处理分别小于一膜 5 行的各处理，即 XM-1＜XM-4、XM-2＜XM-5、XM-1＜XM-4。充分灌溉有利于促进小麦生长，适度的水分亏缺不能形成对作物生长的胁迫，过度的水分胁迫可抑制作物的生长，且随着生育期的推进对作物的生长的影响愈加明显；一膜 6 行的种植密度较一膜 5 行更大，适宜的种植密度促进小麦的植株生长，而过大的种植密度导致植株间对水分、养分的竞争明显，抑制了植株生长。

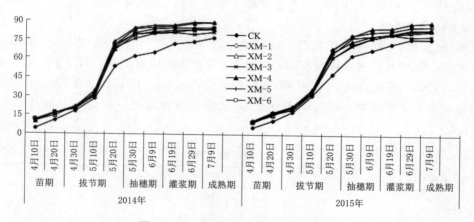

图 6.5-2 不同处理下株高变化规律

滴灌条件下的小麦作物系数 K_c 值见表 6.5-4，可以看出小麦作物系数在整个生育期内呈现出生长初期较低、生长中期增大、后期降低的变化趋势，最低均值出现在苗期、分蘖期，最高均值出现在成熟期，影响小麦作物系数的主要原因是叶面积指数，这是由于小麦处于苗期、开花期时，植株叶片数量少且面积小，同时太阳辐射弱、大气温度低，致使小麦土壤蒸腾蒸发量较小，K_c 较低；随着生育期的推进，小麦植株生长发育速度加快，叶片数量增多且面积增大，同时太阳辐射强、大气温度高，致使小麦土壤蒸腾蒸发量不断增大，心不断增大，在结灌浆期达到较高水平；生育后期由于部分叶片凋萎脱落，同时太阳辐射弱、大气温度低，致使小麦蒸发蒸腾量变小，K_c 逐渐降低。

从小麦生育期耗水规律变化来看，不同年份变化趋势基本一致。总体上是前中期耗水强度大，后期逐渐减小的大体趋势。拔节期、抽穗期、灌浆期对应需水量分别为 139.95mm、117.1mm、101.03mm（见表 6.5-10）。而成熟期周期时间较长，需水量为 71.94，但单日耗水量较低。

表 6.5 - 9 不同处理小麦生育期作物系数数值表

生育阶段	苗期	拔节期	抽穗期	灌浆期	成熟期	全生育期
K_c	0.29	0.5	1.16	0.83	0.2	0.6

表 6.5 - 10 不同处理小麦生育期需水量 单位：mm

生育阶段	苗期	拔节期	抽穗期	灌浆期	成熟期	全生育期
ET_0	108.54	139.95	117.1	101.03	71.94	538.56

6.5.5 河套灌区滴灌马铃薯需水量和需水规律

6.5.5.1 试验区基本情况

试验于 2015 年在巴彦淖尔市农牧科学院杭锦后旗园子渠试验站进行。该站地处中温带大陆性季风气候，全年日照时间为 3225h。年大于 10℃ 的有效积温 3032℃，年均降水量为 80～200mm，无霜期 136 天。供试土壤为壤土，pH 值 8.6，有机质含量 14.8g/kg，全氮 0.8g/kg，有效磷 50.6mg/kg，速效钾 120mg/kg，全盐量 0.6g/kg。

6.5.5.2 试验设计

试验供试马铃薯品种为紫花白，供试地膜为厚度 0.008mm、宽度 90cm 的聚乙烯吹塑农用地膜。试验在总灌水量为 1725m^3/hm^2、灌水次数均为 7 次的情况下，以不灌水处理为对照（CK），分别设置 4 个不同灌水时期组合，用 B1、B2、B3、B4 表示。试验采用随机区组排列，3 次重复，小区面积 92m^2。试验于播种时统一底施 N75kg/hm^2，P_2O_5 75kg/hm^2。

表 6.5 - 11 实 验 处 理 单位：m^3/hm^2

处理	6月5日	6月15日	6月25日	7月5日	7月15日	7月25日	8月4日	8月14日	8月24日
CK	0	0	0	0	0	0	0	0	0
B1	0	300	225	300	300	225	225	150	0
B2	150	300	225	300	300	225	225	0	0
B3	150	300	0	300	300	225	225	225	0
B4	0	300	0	300	300	225	225	225	150

6.5.5.3 结果分析

不同灌水时期组合对膜下滴灌马铃薯水分利用效率的影响见表 6.5 - 12。

表 6.5 - 12 不同灌水时期组合对膜下滴灌马铃薯水分利用效率的影响

处 理	土壤储水量变化 /mm	降雨量 /mm	灌溉量 /mm	作物耗水量 /mm	水分利用效率 /〔kg/(hm^2·mm)〕
CK	171.4	54.8	0	226.2	120.2
B1	99	54.8	172	325.8	163.4
B2	130.6	54.8	172	357.4	136.8
B3	95.9	54.8	172	322.7	149.9
B4	105.8	54.8	172	332.6	131.4

6.5.6 葵花需水量与需水规律

6.5.6.1 河套灌区上游葵花需水量与需水规律研究

1. 试验设计

试验选取当地典型葵花品种,固定灌水次数和每次的灌水时期,采用不同的灌水定额,研究单种葵花现状种植模式的作物需水量及科学灌溉制度。设3种灌水处理:在作物的两个关键生育期设灌两水的3个灌水水平,每个水平设3个重复。另设灌一水的一个灌水水平,3个重复。灌水采用水表量水,灌水定额为35m³/亩,50m³/亩,65m³/亩,灌两水灌水时间为苗期—现蕾和现蕾—开花两个阶段,灌一水时间为苗期—现蕾期,灌水定额为65m³/亩。试验采用随机排列法设计,每个处理设计3个重复的对照处理。

为使试验结果具有一定的可比性,所有处理中作物品种、灌水次数以及施肥情况都相同,作物株距、行距相等。

播种前、收获后需测定试验田的水分、pH值、土壤肥力等基础数据。

采用烘干法测定土壤含水率,每周测定一次,取土层次为0~20cm、20~40cm、40~60cm、60~80cm、80~100cm。播种、收获时加测土壤含水率,以确定土壤水分动态。

在作物生育期测定土壤棵间蒸发,每周测定周边地下水变化。

在作物苗期、现蕾、开花、成熟期需要测定土壤盐分。植株生理指标每周测定一次,每个试验小区选择3株作为代表,测定株高、径粗、花盘直径、叶面积等生育指标。

2. 作物需水量及 K_c 值计算

基于水量平衡法计算作物耗水量,最终得到不同处理葵花生育期内各时段耗水量见表 6.5 - 13。

表 6.5 - 13　　　　　　　　　　葵 花 生 育 期 耗 水 量　　　　　　　　单位：mm

生育期	苗期	现蕾期	开花期	灌浆期	成熟期	合计
处理 1	9.88	97.20	63.82	42.19	18.93	232.02
处理 2	9.84	120.20	87.04	42.25	18.77	278.10
处理 3	9.80	142.23	108.97	42.20	18.75	321.95
处理 4	10.03	141.78	12.20	42.17	18.93	225.12

采用彭曼蒙特斯公式计算 ET_0,结果见表 6.5 - 14。

最终通过作物系数法得到不同处理葵花生育期内各时段 K_c 见表 6.5 - 15。

表 6.5 - 14　　　　　　　　　　　葵 花 生 育 期 ET_0　　　　　　　　单位：mm

生育期	苗期	现蕾期	开花期	灌浆期	成熟期
阶段 ET_0	29.67	72.88	69.73	56.81	52

表 6.5 - 15　　　　　　　　　　　　作 物 系 数

生育期	苗期	现蕾期	开花期	灌浆期	成熟期	全生育期
处理 1	0.33	1.33	0.92	0.74	0.36	0.83

生育期	苗期	现蕾期	开花期	灌浆期	成熟期	全生育期
处理 2	0.33	1.65	1.25	0.74	0.36	0.99
处理 3	0.33	1.95	1.56	0.74	0.36	1.15
处理 4	0.34	1.95	0.17	0.74	0.36	0.80

3. 作物需水规律分析

试验各处理在全生育期的耗水量分布呈现类似的变化趋势：葵花需水模数峰值出现在现蕾期、开花期、灌浆期，前后期都小。葵花现蕾期和开花期日耗水量最大，是需水临界期的重要阶段。适宜的水分条件，能延长和增强绿叶的光合作用，促进作物灌浆饱满。

4. 小结

杭锦后旗葵花需水量在生育期呈抛物线变化趋势，不同处理耗水量达到 225.12mm 左右，方可满足其生长发育。

6.5.6.2 河套灌区临河区条件下葵花需水规律研究

1. 研究区域概况资料数据

利用 5—9 月平均降水量、蒸发量、土壤含水量等资料，依据彭曼公式计算葵花在各个生育期内的 ET_0。见表 6.5 - 16。

表 6.5 - 16　　　　　　　　　葵花生育期 ET_0 数值表

生育阶段	播种—出苗	出苗—现蕾	现蕾—开花	开花—灌浆	灌浆—成熟
ET_0/mm	54.87	163.14	148.34	76.38	197.97

2. 需水量及 K_c 计算

作物系数基于联合国粮农组织出版的灌溉系列文件《作物需水量指南》（FAO - 56）计算，葵花各生育阶段划分及 K_c 值见表 6.5 - 17。

表 6.5 - 17　　　　　　　　　葵花各生育期 K_c 值

生育阶段	播种—出苗	出苗—现蕾	现蕾—开花	开花—灌浆	灌浆—成熟	生育阶段	播种—出苗
K_c	0.697	0.724	0.751	0.804	0.35	FAO	0.697

最终通过单作物系数法计算得到作物需水量见表 6.5 - 18。

表 6.5 - 18　　　　　　　　　葵花生育期作物需水量

生育阶段	播种—出苗	出苗—现蕾	现蕾—开花	开花—灌浆	灌浆—成熟
ET_c/mm	71.90436	65.87944	101.04102	83.18208	22.7875

3. 需水规律分析

可以看出，葵花在生育期内需水量呈先升后降的趋势，在现蕾—开花期达到最大值，灌浆—成熟期出现最低值，在整个生长季内，葵花总需水量为 401.57mm。

6.5.6.3 小麦、葵花需水量的确定

1. 实验设计

参照戴佳信的研究及实验结果，进行小麦葵花的需水量计算。试验设 4 个处理，分别

为单种春小麦、单种未覆膜夏玉米、单种油料向日葵；每种模式均设 3 个重复，共 12 个小区，各小区周边用高为 30cm、顶宽为 30cm、底宽为 50cm 的田埂与 0.5m 宽的隔离带分隔，以避免相互影响。单种小区尺寸 7.2m×7.2m，其中覆膜玉米一膜二行，每膜宽 0.7m；各处理均按现行灌溉制度灌溉，灌水定额为 825m³/hm²，全生育期灌水次数玉米为 6 水，小麦为 4 水，油料向日葵为 3 水。测定土壤含水率时，采样取土采用烘干法和 TRIME-IPH 土壤水分测量仪，5～7 天采样 1 次，采样层次及深度为 0～20cm、20～40cm、40～60cm、60～80cm、80～100cm，灌水及降雨前后加测。HOBO 微型自动气象站常规以 1h 采样间隔自动记录监测。试验材料均采用河套灌区农民使用的常规品种小麦：永良 4 号，生育期 120d 左右抗倒伏性强；油料向日葵：562 号，耐盐耐旱生育期 100d 左右。播种日期：小麦 3 月 23 日，葵花 5 月 28 日。可以看出作者设置的实验精准且合理，因此本研究引用小麦、葵花计算后的 K_c 值。

2. 河套灌区双作物系数下小麦、葵花需水规律研究

(1) 需水量及 K_c 计算。FAO-56 推荐的双值作物系数由两部分组成，分别为反映土面蒸发的系数 K_e 和植株蒸腾的基础作物系数 K_{cb}。其中 K_{cb} 的计算公式为

$$K_{cb} = K_{cb}(T_{ab}) + [0.04(u_2 - 2) - 0.004(RH_{min} - 45)](h/3)^{0.3} \quad (6.5-7)$$

式中：u_2 为 2m 处平均风速，m/s；RH_{min} 为日最小相对湿度的均值，%；h 为 20%≤RH_{min}≤80% 条件下作物中后生育阶段的平均高度，m。试验设计已考虑水分胁迫（胁迫系数 K_s），为更具一般代表性，在取值时给予适当处理。根据河套灌区磴口试验站田间自动气象站采集的基础数据，由式（6.5-7）计算得出修正后单种模式下春小麦、向日葵的基础作物系数 K_{cb}，基于本研究对各生育期进行 K_c 计算，计算结果见表 6.5-19。

表 6.5-19　　　　　双作物系数计算下小麦葵花各生育期 K_c 值

小麦生育阶段	播种—出苗	出苗—分蘖	分桑—拔节	拔节—抽穗	抽穗—灌浆	灌浆—成熟
小麦 K_c	0.233	0.484	0.735	1.237	0.7255	0.214
葵花生育阶段	播种—出苗	出苗—现蕾	现蕾—开花	开花—灌浆	灌浆—成熟	
葵花 K_c	0.192	0.3325	0.473	0.754	0.278	

(2) 需水量分析。最终通过双作物系数法计算得到作物需水量见表 6.5-20。

可以看出，小麦、葵花在生育期内需水量呈先升后降的趋势，小麦在拔节—抽穗期达到最大值，灌浆—成熟出现最低值，在整个生长季内，小麦总需水量为 313.21mm。葵花在现蕾—开花期达到最大值，播种—出苗期出现最低值，在整个生长季内，葵花总需水量为 247.57mm。

表 6.5-20　　　　　　修正后小麦、葵花各生育期需水量

小麦生育阶段	播种—出苗	出苗—分蘖	分桑—拔节	拔节—抽穗	抽穗—灌浆	灌浆—成熟
小麦 K_c	21.86705	44.87648	51.1854	97.19109	78.578905	19.5061
葵花生育阶段	播种—出苗	出苗—现蕾	现蕾—开花	开花—灌浆	灌浆—成熟	
葵花 K_c	10.53504	54.24405	70.16482	57.59052	55.03566	

3. 小结

综合来看，修正后河套磴口小麦、葵花生育期内需水量呈先增大后减小的趋势，小麦最佳耗水量在 313.21mm 左右，葵花最佳耗水量在 247.57mm 左右，便可满足其生长发育。修正后小麦需水量减少 88.37mm，葵花需水量减少 150.89mm，在应用方面极大地减少了小麦、葵花的灌溉用水。

6.5.7　青贮玉米需水量和需水规律

6.5.7.1　鄂托克前旗不同灌溉条件下紫花苜蓿

鄂托克前旗位于内蒙古自治区鄂尔多斯市西南端，地理坐标为 E106°30′～108°30′，N37°38′～38°45′，海拔 1160m；属于中温带温暖型干旱、半干旱大陆性气候，冬寒漫长，夏热短促，干旱少雨，风大沙多，蒸发强烈，日光充足。多年平均气温 7.9℃；多年平均降水量为 260.6mm，7—8 月降水量占年降水量的 30%～70%，6—9 月降水量占年降水量的 60%～90%；多年平均蒸发量为 2497.9mm；多年平均风速为 2.6m/s。相对湿度平均为 49.8%；年平均日照时数为 2500～3200h；无霜期平均为 171d，最大冻土层深度为 1.54m。

试验区位于鄂托克前旗昂素镇哈日根图嘎查巴图巴雅尔牧户，节水灌溉饲草地面积 315 亩，主要种植饲草为紫花苜蓿和饲料玉米。试验区有水源井 2 眼，井深均为 150m，出水量为 40m³/h，配套水泵 2 台，各类变压器 2 台；配设喷灌机 2 台，控制面积为 142 亩的中心支轴式喷灌机一台，控制面积为 150 亩的卷盘式喷灌机一台。试验牧草品种为紫花苜蓿和青贮玉米，灌溉方式为喷灌和地埋滴灌。

1. 喷灌紫花苜蓿需水量

根据水利部牧区水利科学研究所完成的水利部科技推广计划项目"内蒙古大型喷灌综合节水技术集成与示范推广"（TG1202）和内蒙古新增四个千万亩节水灌溉工程科技支撑项目"荒漠化牧区灌溉人工草地综合节水技术集成研究与示范"（20121036）研究成果：鄂托克前旗喷灌条件下紫花苜蓿全生育期的需水量为 536.2mm（2012—2014 年试验成果），见表 6.5 - 21。

表 6.5 - 21　　　　　　　　　　　喷灌紫花苜蓿需水量

年　　份	2012 年	2013 年	2014 年	平均
需水量 ET_c/mm	541.0	532.4	535.3	536.2

根据多年平均气象资料计算得出 ET_0 为 757.2mm，喷灌条件下紫花苜蓿需水量为 536.2mm，作物系数为 0.71。

2. 地埋滴灌紫花苜蓿需水量

根据水利部牧区水利科学研究所完成的水利部科技推广计划项目"西北牧区水草畜平衡管理和饲草地节水增效技术示范与推广"（TG1401）和内蒙古新增四个千万亩节水灌溉工程科技支撑项目"荒漠化牧区灌溉人工草地综合节水技术集成研究与示范"（20121036）研究成果：鄂托克前旗地埋滴灌条件下紫花苜蓿全生育期的需水量为 460.0mm（2015 年试验成果），多年平均气象资料计算得出 ET_0 为 757.2mm，作物系数为 0.61。

6.5.7.2 乌审旗喷灌紫花苜蓿和滴灌青贮玉米

乌审旗位于内蒙古自治区鄂尔多斯市西南部，地理位置为：E108°17′～109°40′，N37°38′～39°23′，海拔1100～1400m；属温带大陆性季风气候，年平均气温7.9℃，历年极端最高气温37.9℃，极端最低气温−28.0℃，年平均降雨量333.7mm，年平均无霜期153天，年平均日照时数2902.4h，年平均风速2.4m/s，年平均蒸发量为2220.7mm。

试验区位于乌审旗毛乌素沙地的沙漠研究所，多年平均气温6.8℃，年极端高温36.5℃，年极端低温−29℃；降雨主要集中在6—8月，年降水量350～400mm；年蒸发量2200～2800mm；年日照数为2886h；无霜期在113～156天之间。土壤质地属沙质土壤，0～100cm土壤容重为1.41g/cm³，田间持水量为16.43%（占干土重）。地下水位埋深较浅，平均埋深1.78m。试验人工牧草品种为紫花苜蓿和青贮玉米，灌溉方式为畦灌、喷灌和滴灌，采用腾散力自动测试法计算需水量。

1. 喷灌紫花苜蓿

根据水利部牧区水利科学研究所完成的国家高技术研究发展计划（863计划）"半干旱生态植被建设区饲草料节水灌溉与水草资源可持续利用技术研究"项目成果，确定畦灌和喷灌条件下紫花苜蓿的需水量和需水规律。喷灌条件下紫花苜蓿需水量规律见图6.5-3。

从图6.5-3中可以看出，三次刈割的紫花苜蓿，其耗水强度不同。第一茬苜

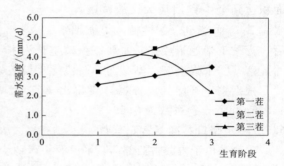

图6.5-3 喷灌紫花苜蓿耗水强度变化过程

蓿耗水强度趋势：由小到大，返青—分枝期，气温较低，生长速度较缓慢，需水强度变幅不大，耗水强度为2.6～3.5mm/d，随着气温的升高和生长速度加快，生理和生态耗水相应增多，在开花期达到最大，其耗水强度为3.5mm/d。第二茬苜蓿耗水强度趋势：由小到大，然后又变小，返青—分枝期，气温较高，耗水强度变幅较大，在现蕾期达到最大，其耗水强度为5.3mm/d。第三茬苜蓿耗水强度趋势：由大到小，然后又变小，返青—分枝期，气温较高，但此时土壤水分的消耗主要是棵间蒸发，因此耗水强度较小，随生长速度加快，在现蕾期达到最大，其耗水强度为4.1mm/d。此后温度逐渐降低，并且进入雨季，其耗水强度逐渐降低。全生育期需水总量530.3mm。根据多年平均气象资料计算ET_0，以及畦灌、喷灌条件下需水量得出紫花苜蓿作物系数K_c值见表6.5-22。

表6.5-22　　　　　　　　喷灌条件下紫花苜蓿作物系数K_c值

灌 溉 方 式	喷 灌	灌 溉 方 式	喷 灌
ET_0/mm	671.6	K_c	0.79
ET_c/mm	530.3		

2. 滴灌青贮玉米

根据水利部牧区水利科学研究所完成的"鄂尔多斯荒漠化草原饲草料高效节水灌溉综合

技术集成示范"研究成果,确定滴灌条件下青贮玉米的需水量和需水规律,见图 6.5 - 4。

由图 6.5 - 4 可知,整个生育期内青贮玉米滴灌的蒸发蒸腾规律总体趋势是前期少,中期多,后期又略少。滴灌条件下,苗期玉米植株矮小,生长缓慢,耗水量基本为地面土壤蒸发,叶面蒸腾量较少,耗水强度较低(仅为 1.9mm/d);进入分蘖—拔节后,植株生长逐渐增大,消耗水分较多,耗水强度增大到 7.2mm/d,阶段耗水模数为 29.4%;到拔节—抽雄期,玉米新陈代谢最为旺盛,即营养生长和生阶段蒸发蒸腾量占整个生育期耗水量的 32.0%,耗水强度达到最高峰值 8.9mm/d,根茎叶健全,叶面积达到全生育期最大,故蒸腾耗水量高;而当进入抽雄—收割期

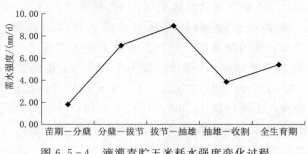

图 6.5 - 4　滴灌青贮玉米耗水强度变化过程

后,青贮玉米趋于成熟,主要以生殖生长为主,气温和太阳辐射强度也降低,大量叶片开始脱落,需水强度又逐渐减小,阶段耗水模数为 25.0%。

根据多年平均气象资料计算得出 ET_c 为 629.2mm,喷灌条件下青贮玉米需水量为 435.6mm,作物系数为 0.69。

6.5.7.3　磴口县滴灌紫花苜蓿

磴口县位于内蒙古西部河套平原源头,乌兰布和沙漠东部边缘。地处 E106°9′~107°10′,N40°9′~40°57′,年平均气温为 7.6℃,积温为 3100℃,生长期昼夜温差 14.5℃,年平均降雨量 144.5mm,年均蒸发量 2397.6mm。

紫花苜蓿试验区位于磴口县城西北方 9km 三海子,地理位置 E107°02′,N40°24′,海拔 1072m 左右。多年平均降雨量 148.6mm,年均蒸发量 2397.6mm,平均气温 7.4℃,0~20cm 土层地温 9.4℃,风速 1.9m/s,日照时数 3300h 以上,气压 891.2mb,全年无霜期在 136~205 天。试验区土壤为粉壤土,平均土壤容重为 1.58g/cm³,最大田间持水量 21.23%。试验区内地下水埋深在 2.5~3.0m。

根据"内蒙古自治区水利科技重大专项(2014117)"和中国水科院科研专项"(MK2012J10)"的项目成果,确定滴灌条件下紫花苜蓿需水量和需水规律。国家"十二五"科技支撑项目"内蒙古河套灌区粮油作物节水技术集成与示范项目(2011BAD2903)"成果确定滴灌条件下紫花苜蓿需水量和需水规律。滴灌条件下紫花苜蓿需水量和需水规律见表 6.5 - 23。

表 6.5 - 23　　　　　　　　　　地埋滴灌紫花苜蓿需水量

指　　标	第　一　茬	第　二　茬	第　三　茬	全　生　育　期
需水量/mm	250.3	131.6	85.4	467.3
生育天数/d	62	46	34	142
需水强度/(mm/d)	4.1	2.6	2.6	3.1

从表 6.5 - 23 中可以看出:第一个生育期耗水量为 250.3mm,第二个生育期耗水量

为131.6mm，第三个生育期耗水量为85.4mm。需水强度第一个生育期的耗水强度为4.1mm/d，第二个生育期的耗水强度为2.6mm/d，第三个生育期的耗水强度为2.6mm/d。根据多年平均气象资料计算 ET_0 为728.1mm，需水量为467.3mm，计算得出紫花苜蓿作物系数 K_c 值为0.64。

6.5.7.4　阿拉善左旗畦灌溉条件下紫花苜蓿

阿拉善左旗地处内蒙古自治区西部，地理位置 E103°21′～106°51′，N37°24′～41°52′，属温带荒漠干旱区，为典型的大陆性气候，以风沙大、干旱少雨、日照充足、蒸发强烈为主要特点。年降雨量80～220mm，年蒸发量2900～3300mm，日照时间3316h，年平均气温7.2℃，无霜期120～180d。

根据2003年郭克贞主编的论著《草原节水灌溉理论与实践》的成果确定畦灌紫花苜蓿需水量和需水规律，畦灌条件下紫花苜蓿需水量为740mm，平均耗水强度为51.0mm，见表6.5-24。

表 6.5-24　畦灌紫花苜蓿需水量

生 育 期	生育天数/d	阶段需水量/mm	需水强度/(mm/d)
返青—分枝	25	72.7	2.9
分枝—孕蕾	28	143.0	5.1
孕蕾—开花	18	232.0	12.9
开花—结荚	16	218.0	13.6
结荚—成熟	32	43.7	1.4
合　计	119	709.4	

根据多年平均气象资料计算 ET_0 为717.3mm，需水量为709.4mm，计算得出畦灌紫花苜蓿作物系数 K_c 值为0.91，根据畦灌需水量折算喷灌紫花苜蓿需水量为603.0mm，喷灌紫花苜蓿作物系数 K_c 值为0.84。

6.6　温热半干旱区

6.6.1　通辽市浅埋式滴灌玉米需水量和需水规律

莫力庙灌区玉米浅埋滴灌灌溉制度试验研究项目历时3年（2020—2022年）。试验区选择在通辽市科尔沁区丰田试验站试验区。通辽市玉米播种面积占耕地面积的80%以上，主要分布在科尔沁区、开鲁县、科左中旗、科左后旗，试验区选择在科尔沁区的莫力庙灌区区域内具有典型性和代表性，交通十分便利，距试验站仅1.0km，距离通辽市区15km处，便于材料运输和日常监测管理。试验田土壤类型按土层分别进行测定，其中耕作层0～25cm为壤土，25～80cm为黏土，80～100cm为黏土含砂层。土壤容重1.34g/cm³，孔隙度54.1%，田间最大持水量33.3%，土壤养分为0～40cm内pH值8.27，有机质24.9g/kg，全盐量0.6g/kg，有效磷4.7mg/kg，速效钾195mg/kg，水解性氮84mg/kg，全氮 1.28×10^3 mg/kg，全磷0.061%，全钾1.58%。

1. 试验设计与方法

依据《灌溉试验规范》（SL 13—2015），确定旱作物灌溉制度试验方法，灌溉制度的处理方法采用土壤水分变化灌水法，根据这一方法，确定各处理地灌水量的上下限值，将几个处理配置在小区内，测定各区的产量，植株生理性状，进行比较分析。作物田间耗水量按各生育时期实测土壤含水率进行确定，土壤含水率测定采取烘干法和一体化智能墒情监测仪自动监测，每5～10天及生育期测定土壤含水率，并于灌溉前后和雨前雨后加测。以土壤含水率占田间最大持水量的百分比作为灌溉下限控制指标。结合2020年和2021年两年的成果，2022年度试验处理设计与2021年一致，具体见表6.6-1和表6.6-2。

表 6.6-1　　　　　　　　　　玉米灌溉制度试验处理设计（2020 年）

处　理		播种后灌水 /(m³/亩)	含水率上下限/%			
			苗期—拔节期	拔节期—抽雄期	抽雄期—灌浆期	灌浆期—成熟
1	低水	25～30	80～65	85～70	85～70	80～65
2	中水	25～30	85～65	90～70	90～70	85～65
3	高水	25～30	90～65	95～70	95～70	90～65
4	CK 对照区	35	灌水量同播后	灌水量同播后	灌水量同播后	灌水量同播后

表 6.6-2　　　　　　　　　　玉米灌溉制度试验处理设计（2021—2022 年）

处　理		播种后灌水 /(m³/亩)	含水率上下限/%			
			苗期—拔节期	拔节期—抽雄期	抽雄期—灌浆期	灌浆期—成熟
1	低水	25～30	80～60	85～65	85～65	80～60
2	中水	25～30	85～65	90～70	90～70	85～65
3	高水	25～30	90～70	95～75	95～75	90～70
4	CK 对照区	35	灌水量同播后	灌水量同播后	灌水量同播后	灌水量同播后

注　表中所列含水率均占田间持水量百分比。

试验区位于科尔沁区丰田镇丰田村西北莫力庙灌区管理所试验站地内，灌溉试验采用田间小区对比试验，试验作物为玉米。共设4个试验处理，每个处理3个重复，共12个小区，每个小区的净面积为8m×80m＝640m²，即为0.95亩，试验区外围设有8m宽保护区，试验区总面积11.51亩。试验处理按土壤水分上下限控制，参照《灌溉试验规范》（SL 13—2015）要求，试验处理设备适宜水分处理4个，并以农户灌溉量为对照。

2020—2022年供试品种为京科968，种植模式为大小垄种植，垄距80cm＋40cm，株距24.7cm，种植密度在4500株左右。5月3—7日机械播种铺带，5月8日按小区划分接地面支管、安装水表及阀门，生育期间正常监测，至9月末收获。三年试验处理情况，选用品种、播种日期、收获日期、生育阶段日期见表6.6-3。

表 6.6-3 　　　　　　　　　　　　**各年品种、生育阶段日期表**

年份	品种选择	播种日期	各生育期时间					收获日期
			播种—出苗	苗期—拔节期	拔节期—抽雄期	抽雄期—灌浆期	灌浆期—成熟期	
2020	京科 968	5月7日	5月7日至5月17日	5月18日至6月15日	6月16日至7月20日	7月21日至8月14日	8月15日至9月30日	9月30日
2021	京科 968	5月5日	5月5日至5月19日	5月20日至6月25日	6月26日至7月17日	7月18日至8月18日	8月19日至9月26日	9月26日
2022	京科 968	5月3日	5月3日至5月19日	5月20日至6月27日	6月28日至7月22日	7月23日至8月20日	8月21日至9月27日	9月27日

2. 耗水过程与分析

试验观测内容主要包括试验区内气象、土壤、作物、农牧业生产情况，同时记录灌溉水。

对三年玉米不同处理各生育阶段的耗水量进行平均，结果见表 6.6-4。从表 6.6-4 中可以看出，播种到出苗期、出苗期到拔节期、拔节期到抽雄期、抽雄期到灌浆期、灌浆期到成熟期耗水量分别为处理 1 低水 424.9mm、处理 2 中水 450.8mm、处理 3 高低水 475.0mm、处理 4 对照 486.5mm；播种到出苗期为了保证出苗率，各处理灌水量相同，均为 49.1mm；出苗期到拔节期处理 1 低水 14.3mm、处理 2 中水 21.3mm、处理 3 高水 26.0mm、处理 4 对照 31.7mm；拔节期到抽雄期处理 1 低水 25.2mm、处理 2 中水 32.7mm、处理 3 高水 39.6mm、处理 4 对照 45.5mm；抽雄期到灌浆期处理 1 低水 18.7mm、处理 2 中水 27.3mm、处理 3 高水 33.0mm、处理 4 对照 33.3mm；灌浆期到成熟期处理 1 低水 10.1mm、处理 2 中水 12.8mm、处理 3 高水 19.8mm、处理 4 对照 19.4mm。上述结果显示玉米浅埋滴灌不同处理在各生育期耗水量在 424.9~486.5mm 之间变化，变幅差在 0~61.6mm 之间，各处理耗水量大小顺序为处理 4 对照＞处理 3 高水＞处理 2 中水＞处理 1 低水。

三年监测数据平均值对作物生育期耗水规律和耗水强度过程线体现的特别典型，各生育期耗水量与耗水模数总体变化呈现前期小、中期大、后期又减小的变化趋势（见表 6.6-5）。即拔节期到抽雄期最大，其次抽雄期到灌浆期、灌浆到成熟期、出苗到拔节期。出苗到拔节期需水量较小，日耗水强度在 2.1~2.7mm/d 之间，耗水模数在 15.56%~17.17% 之间变动，拔节期到抽雄期和抽雄期到灌浆期是从营养生长向生殖生长过渡并进和完全进入生殖生长的时间，此期玉米生长速度快，叶面蒸腾增大，这两个生育期耗水量也大。日耗水强度在 4.0~4.9mm/d 之间变动，耗水模数在 25.61%~27.72% 之间变动，耗水强度增大，但总体呈现前期出苗到拔节期逐渐增加、到抽雄期中间最高、持续到灌浆前期、到灌浆后期到成熟期再降低的变化趋势。耗水量变化趋势基本一致，耗水强度从大到小顺序为拔节期—抽雄期、抽雄期—灌浆期、灌浆期—成熟期、出苗期到拔节期。三年平均值的耗水强度过程线也体现这一变化趋势，具有典型代表性。

表 6.6-4 2020—2022 年三年平均作物灌水量、有效降雨量、阶段耗水量、耗水强度

生 育 时 期		播种—出苗	出苗—拔节	拔节—抽雄	抽雄—灌浆	灌浆—成熟	合计
日期		5月5日—5月19日	5月20日—6月25日	6月26日—7月17日	7月18日—8月18日	8月19日—9月28日	5月5日—9月28日
各生育时期天数/d		12	32	28	28	42	141
灌水量/mm	低水	49.1	14.3	25.2	18.7	10.1	117.4
	中水	49.1	21.3	32.7	27.3	12.8	143.3
	高水	49.1	26.0	39.6	33.0	19.8	167.5
	CK	49.1	31.7	45.5	33.3	19.4	179.0
有效降雨量/mm	低水	12.8	51.9	89.4	91.3	62.2	307.5
	中水	12.8	51.9	89.4	91.3	62.2	307.5
	高水	12.8	51.9	89.4	91.3	62.2	307.5
	CK	12.8	51.9	89.4	91.3	62.2	307.5
阶段耗水量/mm	低水	61.9	66.1	114.6	110.0	72.3	424.9
	中水	61.9	73.2	122.1	118.6	75.0	450.8
	高水	61.9	77.9	129.0	124.6	82.0	475.4
	CK	61.9	83.5	134.9	124.6	81.6	486.5
耗水强度/(mm/d)	低水	5.2	2.1	4.2	4.0	1.7	3.0
	中水	5.2	2.3	4.4	4.3	1.8	3.2
	高水	5.2	2.5	4.7	4.5	2.0	3.4
	CK	5.2	2.7	4.9	4.5	1.9	3.5

表 6.6-5　　　　2020—2022 年三年平均玉米不同处理各生育阶段耗水模数　　　　%

处 理	苗 期	拔 节 期	抽 雄 期	灌 浆 期	全 生 育 期
处理 1（低水）	14.57	15.56	26.97	25.88	17.02
处理 2（中水）	13.73	16.23	27.09	26.31	16.64
处理 3（高水）	13.03	16.40	27.15	26.16	17.26
处理 4（对照）	12.72	17.17	27.72	25.61	16.78

3. 产量与水分生产率结果分析

通过三年各处理水分生产率分析可知，处理 2 中水水分生产率最高，处理 1 低水水分生产率最低，处理 3 高水和处理 4 对照较处理 2 中水水分生产率低，但两处理差异不大。2020 年和 2022 年数据说明在一定范围内，增加灌水量可提高水分生产率，即当水分生产率已达到最大值时，产量仍随需水量的增加而增大，但增大到一定程度后会导致减产，使水分生产率呈现下降趋势，因此不能盲目追求产量最大，在追求获得较高产量的同时，也要注重提高水分生产率，寻求两者之间的平衡点，使有限的水资源发挥最大效益。三年的数据也说明（见表 6.6-6~表 6.6-8），水分生产率不会随着灌水量的增加持续增加，达

到制高点后，呈现下降趋势，2022年和2020年体现了同样的规律，2021年则稍有不同，产量显示的是增加趋势，但增长幅度很小，此结果在2022年的试验中得到了进一步的验证，无限增加灌水量会导致减产，但临界值的点需要进一步试验验证才能准确。

表 6.6 - 6　　　　　　　　　　　2020 年水分生产率计算表

处　理	需　水　量		产量 /(kg/亩)	水分生产率 /(kg/m³)
	mm	m³/亩		
处理1（低水）	404.60	269.73	765.19	2.84
处理2（中水）	433.80	289.20	1006.16	3.48
处理3（高水）	449.50	299.67	923.77	3.08
处理4（对照）	460.00	306.67	951.30	3.10

表 6.6 - 7　　　　　　　　　　　2021 年水分生产率计算表

处　理	需　水　量		产量 /(kg/亩)	水分生产率 /(kg/m³)
	mm	m³/亩		
处理1（低水）	385.31	256.87	901.38	3.51
处理2（中水）	406.43	270.95	1207.24	4.46
处理3（高水）	422.96	281.97	1252.63	4.44
处理4（对照）	447.33	298.22	1265.73	4.24

表 6.6 - 8　　　　　　　　　　　2022 年水分生产率计算表

处　理	需　水　量		产量 /(kg/亩)	水分生产率 /(kg/m³)
	mm	m³/亩		
处理1（低水）	457.68	305.12	935.21	3.07
处理2（中水）	478.04	318.69	1168.50	3.67
处理3（高水）	513.85	342.57	1185.33	3.46
处理4（对照）	510.18	340.12	1080.64	3.18

4. 浅埋式滴灌需水量和需水规律

通过对不同灌水量处理的分析及比较，结合不同灌水处理的土壤温湿度、生理性状指标、增产量及水分生产率等，择优选择处理2（中水）为玉米浅埋滴灌灌溉制度试验能代表玉米全生育期耗水规律耗水量的计算结果和水分对玉米产量的影响，以此确定了玉米需水规律与需水量。各年度玉米需水规律及需水量表见表6.6-9～表6.6-11。

从表6.6-9～表6.6-11可知，2020年玉米全生育期需水量为433.0mm，日需水强度在0.80～4.50mm/d之间变动。需水量为抽雄期＞灌浆期＞拔节期＞苗期＞成熟期，各占全生育期的35.3%＞23.5%＞16.8%＞16.4%＞8.0%，耗水强度从大到小的顺序与各生育阶段需水量多少顺序相同。2021年玉米全生育期需水量为406.4mm，日需水强度在0.80～4.50mm/d之间变动。需水量为灌浆期＞成熟期＞抽雄期＞苗期＞拔节期，各占全生育期的36.4%＞31.59%＞16.38%＞14.03%＞7.09%，2021年耗水强度从大到小的顺序与各生育阶段需水量不同，主要因为生育后期，特别是抽雄到灌浆，灌浆到成熟这两个阶段，因降雨持续时间长，雨量较大，一直未进行灌溉，所以降雨对数据的影响较大，体现的规律也与2020年不同，这需要进一步试验测试，验证需水规律。2022年玉米全生育期需水量为478.0mm，日需水强度在1.8～6.0mm/d之间变动。需水量为抽雄期＞灌浆期＞拔节期＞成熟期＞苗期，各占全生育期的31.39％＞23.77％＞20.90％＞14.31％＞9.63％，2022年耗水强度从大到小的顺序与2020年基本一致，能较好地体现各生育阶段需水量规律。

表 6.6-9 **2020年玉米需水规律及需水量**

需水量指标	生 育 期					合 计
	播种—出苗	出苗—拔节	拔节—抽雄	抽雄—灌浆	灌浆—成熟	
日期	5月7—17日	5月18日—6月15日	6月16日—7月20日	7月21日—8月14日	8月15日—9月30日	140d
需水量/mm	72.8	71.0	153.2	101.9	34.9	433.8
日需水强度/(mm/d)	7.3	2.6	4.5	4.2	0.8	3.10
需水模数/%	16.8	16.4	35.3	23.5	8.0	100.0

表 6.6-10 **2021年玉米需水规律及需水量**

需水量指标	生 育 期					合 计
	播种—出苗	出苗—拔节	拔节—抽雄	抽雄—灌浆	灌浆—成熟	
日期	5月5—19日	5月20日—6月25日	6月26日—7月17日	7月18日—8月18日	8月19日—9月28日	141d
需水量/mm	54.1	27.3	63.1	140.3	121.7	406.4
日需水强度/(mm/d)	3.9	0.8	3.0	4.5	3.1	2.9
需水模数/%	14.03	7.09	16.38	36.40	31.59	100.0

表 6.6-11 **2022年玉米需水规律及需水量**

需水量指标	生 育 期					合 计
	播种—出苗	出苗—拔节	拔节—抽雄	抽雄—灌浆	灌浆—成熟	
日期	5月3—19日	5月20日—6月27日	6月28日—7月22日	7月23日—8月20日	8月21日—9月27日	144d
需水量/mm	46.0	99.9	150.1	113.6	68.4	478.0
日需水强度/(mm/d)	2.9	2.6	6.0	4.1	1.8	3.3
需水模数/%	9.63	20.90	31.39	23.77	14.31	100.00

对于中水处理三年需水规律及需水量进行平均，更能充分显示不同生育时期的需水规律，全生育期需水量450.8mm，日需水强度在1.8～5.2mm/d之间变动。需水量为抽雄期＞灌浆期＞成熟期＞拔节期＞苗期，各占全生育期的27.09％＞26.31％＞16.64％＞16.23％＞13.73％，耗水强度从大到小的顺序与各生育阶段需水量多少顺序相同。2020—

2022 年三年平均玉米需水规律及需水量见表 6.6-12。

表 6.6-12　　　　　　2020—2022 年三年平均玉米需水规律及需水量

需水量指标	生育期					合　计
	播种—出苗	出苗—拔节	拔节—抽雄	抽雄—灌浆	灌浆—成熟	
日期	5 月 5—19 日	5 月 20 日—6 月 25 日	6 月 26 日—7 月 17 日	7 月 18 日—8 月 18 日	8 月 19 日—9 月 28 日	141d
需水量/mm	61.9	73.2	122.1	118.6	75.0	450.8
日需水强度/(mm/d)	5.2	2.3	4.4	4.3	1.8	3.2
需水模数/%	13.73	16.23	27.09	26.31	16.64	100.0

5. 浅埋式滴灌玉米 ET_0 计算及作物系数的确定

三年分析采用 Penman-Monteith 方法，根据实测数据计算了 2020 年 5—9 月逐日 ET_0，可以看出玉米生育期内 ET_0 在 1.38～8.68mm/d 之间变化，经计算本试验充足供水条件下 2020 年作物腾发量为 568.10mm。根据实测数据计算了 2021 年 5—9 月逐日 ET_0，可以看出玉米生育期内 ET_0 在 1.50～9.99mm/d 之间变化。经计算本试验充足供水条件下 2021 年作物腾发量为 551.27mm。根据实测数据计算了 2022 年 5—9 月逐日 ET_0，可以看出玉米生育期内 ET_0 在 1.10～7.27mm/d 之间变化，经计算本试验充足供水条件下 2022 年作物腾发量为 486.25mm。

作物系数 K_c 为 ET_c 与 ET_0 的比值，莫力庙灌区浅埋滴灌玉米的作物系数为 K_c 苗期=0.59、K_c 拔节期=0.59、K_c 抽雄期=1.03、K_c 灌浆期=1.60、K_c 成熟期=0.41。

6. 浅埋式滴灌优化灌溉制度制定

通过三年玉米全生育期的耗水规律可以看出，玉米不同灌水处理的耗水量不同。从节水增产双重效益的角度进行分析，玉米各灌水处理中，处理 2（中水）处理对节水和增产双重收效最大，其次是处理 3（高水），再次是处理 4（对照），处理 1（低水）灌水量最小，产量也最低。所以说，适宜的灌水量能够促进产量增加，提高水分生产率。

通过玉米不同水分处理三年数据对比分析中可以看出，2020—2021 年为一般年份，频率在 37.5%～62.5%，有效降雨量在 259～327mm 之间，2022 年为湿润年份，频率小于 37.5%，有效降雨量在 327mm 以上，不同年份，受降雨频次的影响，各生育时期灌水量不同，但从整个生育时期来看，总的灌水量和灌水次数差别不大，所以总结由三年试验结果总结出莫力庙灌区区域玉米浅埋滴灌在一般年份和湿润年份每年应灌水 4 次，各生育阶段灌水时间为播种到苗期 1 次，出苗到拔节期 0-1 次，抽雄期 1 次，灌浆期 1 次，成熟期 0-1 次，灌水定额播种到出苗期 52.5mm/亩（35m³/亩），出苗到拔节期灌水定额 30～37.5mm/亩（20～25m³/亩），其他生育时期灌水定额 45～52.5mm/亩（30～35m³/亩），全生育期总灌水量为 172.5～195.0mm/亩（115～130m³/亩）。其间在出苗到拔节期和灌浆到成熟期是否灌溉需根据降雨量情况进行增减。如遇干旱年份，根据各生育时期降雨量多少，适当增加灌水次数，灌水定额根据总结出的各生育时期的量执行。优化后的玉米灌溉浅埋滴灌灌溉制度见表 6.6-13。

表 6.6 - 13　　　　　优化后的玉米浅埋滴灌灌溉制度（一般年份和湿润年份）

生育时期	播种—出苗	出苗—拔节	拔节—抽雄	抽雄—灌浆	灌浆—成熟	合计
日期	5月5日—5月19日	5月20日—6月25日	6月26日—7月17日	7月18日—8月18日	8月19日—9月28日	5月5日—9月28日
各生育时期天数/d	12	32	28	28	42	141
灌水定额/mm	52.5	30～37.5	45～52.5	45～52.5	45～52.5	172.5～195
灌水次数	1	0～1	1	1	0～1	4
有效降雨量/mm	12.8	51.9	89.4	91.3	62.2	307.5
生育期需水量/mm	65.3	51.9～89.4	134.4～141.9	136.3～143.8	62.2～114.7	450.1～555.1
生育期日需水量/(mm/d)	5.44	1.62～2.79	4.80～5.06	4.86～5.13	1.48～2.73	3.19～3.93

7. 通辽市浅埋式滴灌玉米需水量和需水规律总结

（1）浅埋滴灌玉米的耗水规律。通过三年数据分析对比来看，玉米耗水量、耗水模数和耗水强度反映出了玉米全生育期的耗水规律。玉米各生育期耗水量与耗水模数总体变化呈现各生育期耗水量与耗水模数总体变化呈现前期小、中期大、后期又减小的变化趋势。即抽雄到灌浆最大、拔节期到抽雄期，其次为出苗到拔节期、灌浆到成熟期。这说明在拔节期到抽雄期到灌浆作物生长速度快，叶面蒸腾增大，该两个生育期耗水量也大。日耗水强度在 4.80～5.13mm/d 之间，耗水模数在 11.5%～29.9% 之间，耗水强度总体呈现前期低、中间高、后期再降低的变化趋势。与耗水量变化趋势基本一致，耗水强度从大到小顺序为抽雄期—灌浆期、拔节期—抽雄期、出苗期到拔节期、灌浆期—成熟期。因三年年际间降雨影响较大，但三年平均耗水规律体现的基本一致，三处平均耗水过程线对这一规律完全体现。

（2）通过试验说明灌水量变化对产量影响显著。对三年试验各处理产量进行方差分析和新复极极差测验，结果显示，各处理间产量存在差异显著性，说明灌水量变化对产量影响是显著的。新复极差测验结果显示，处理2（中水）、处理3（高水）和处理4（对照）与处理1（低水）相比在 5% 水平上均存在着差异显著性，处理2（中水）和处理3（高水）、处理4（对照）之间差异不显著。说明处理1（低水）的灌水量会导致玉米产量下降。其他2、3、4三个处理的灌水量对产量的影响不大，灌水量的增加不会使产量持续增加，甚至会出现小幅的产量增长或下降。

（3）明确了浅埋滴灌玉米全生育期需水量、需水强度。玉米全生育期需水量为 450.1～555.1mm，日需水强度在 1.48～5.13mm/d 之间变动，耗水强度从大到小的顺序与各生育阶段需水量多少顺序相同。

（4）一定年份下玉米的 ET_0 和作物系数。一定年份下，玉米 ET_0 变化区间在 486.25～568.1mm 之间。作物系数 K_c 为 ET_c 与 ET_0 的比值，通过分析 ET_c 与 ET_0 的比值，计算可知 K_c 苗期为 0.46、K_c 拔节期为 1.36、K_c 抽雄期为 1.52、K_c 灌浆期为 0.14。

（5）玉米浅埋滴灌灌溉制度。一般年份和湿润年份莫力庙灌区区域玉米浅埋滴灌每年应灌水 4 次，各生育阶段灌水时间为苗期 1 次，拔节期 0—1 次，抽雄期 1 次，灌浆期 1

次，成熟期 0—1 次，灌水定额播种到出苗期 52.5mm/亩（35m³/亩），出苗到拔节期灌水定额 30～37.5mm/亩（20～25m³/亩），其他生育时期灌水定额 45～52.5mm/亩（30～35m³/亩），全生育期总灌水量为 172.5～195.0mm/亩（115～130m³/亩）。拔节期和成熟期是否灌溉需根据降雨量情况进行增减。

6.6.2 青贮玉米需水量与需水规律

科尔沁左翼中旗位于 E121°08′～23°32′，N43°32′～44°32′，平均海拔 120～215m；属温带大陆性季风气候、四季分明。春季回暖快，多风沙；夏季雨热同步，雨量集中；秋季短促，降温快；冬季干冷漫长；多年平均无霜期 140 天，全年日照 2892h，多年平均降雨 350mm，年平均气温为 5.5℃。

根据水利部牧区水利科学研究所完成的"内蒙古东部节水增粮高效灌溉技术集成研究与规模化示范（2014BAD12B03）"研究成果：得出喷灌条件下青贮玉米需水量和需水规律，见表 6.6-14。

表 6.6-14   **青 贮 玉 米 需 水 规 律**

生 育 期	生长天数/d	需水强度/(mm/d)	需水模数/%	需水量/mm
播种—出苗	10	2.9	6.9	29.1
苗期	18	3.0	12.8	54.0
分蘖期	24	3.9	22.1	93.4
拔节期	32	4.8	36.9	155.9
抽雄期	29	3.1	21.3	89.9
全生育期	113	3.6	100	422.3

青贮玉米一般 5 月上旬或 5 月中旬播种，正常年份 8 月下旬或 9 月上旬收获，生育期相较饲料玉米短。从表 6.6-14 中可以看出：全生育期多年平均需水量 422.3mm，全生育期内日需水强度拔节期＞分蘖期＞抽雄期＞苗期＞出苗前，其中拔节期明显高于其他生育期，平均可达 4.8mm/d。青贮玉米拔节期多年平均需水量达到 155.9mm，需水模数为 36.9%，由此可知青贮玉米需水关键期为拔节期。

根据多年平均气象资料计算得出作物生育期内 ET_0 为 485.8mm，ET_c 为 422.3mm，得出喷灌青贮玉米作物系数 K_c 值 0.87。

6.6.3 大豆需水量与需水规律

6.6.3.1 科尔沁区大豆滴灌需水量与需水规律

通辽市科尔沁区位于内蒙古自治区东部，区域范围东经 121°42′～123°02′，北纬 43°22′～43°58′。吉林省四平地区距离科尔沁区 207km，温带大陆性季风气候，属温带半湿润大陆性季风气候，多年降雨量为 570mm，但是年际间差别较大，降水主要分布在每年的 6—8 月。

由于科尔沁区缺少大豆灌溉试验资料，并且科尔沁区与四平地区的降雨量、气候类型及土壤类型相似，因此采用洮北区的大豆滴灌试验资料进行分析。

（1）研究区域概况及试验设计。本书所用的数据为四平气象站（国家气象台站编号 54157）1951—2014 年的气象数据，包括日平均气温、日最高气温、日最低气温、日降水量、日照时数、日平均风速、日平均相对湿度等气象资料。

（2）需水量及 K_c 计算。根据联合国粮农组织 FAO56 对作物生长阶段的划分，将大豆的生长阶段划分为苗期、快速生长期、开花结实期、成熟期。结合四平地区的气象条件，给出了大豆在不同生长阶段的作物系数 K_c 值见表 6.6 - 15，大豆在生育期内 K_c 变化范围在 $0.64\sim1.25$ 之间。

表 6.6 - 15 大 豆 生 育 期 K_c 值

生育期	苗期	分枝期	开花期	结荚期	鼓粒期	成熟期	均值
K_c 值	0.51	0.56	1.12	1.05	0.82	0.69	0.79

利用气象数据和公式计算参考作物腾发量 ET_0，见表 6.6 - 16。

表 6.6 - 16 大 豆 生 育 期 ET_0 值 单位：mm

生育期	苗期	分枝期	开花期	结荚期	鼓粒期	成熟期	总量
ET_0 值	24.56	26.21	115.36	123.25	89.36	79.26	458

结合作物系数计算四平区大豆需水量。从表 6.6 - 17 可以看出，大豆多年平均需水量为 413.78mm，其中苗期最少，为 12.53mm，占大豆全生育期需水量的 3.03%；开花期和结荚期较大，分别为 129.20mm 和 129.41mm，分别占大豆全生育期需水量的 31.22% 和 31.28%。

（3）作物需水规律分析。通过水量平衡法计算了不同处理大豆生育期内耗水变化规律，观察数据分析表明，在整个生育期内大豆耗水量呈先升后降的二次抛物线变化趋势，耗水强度主要集中开花期和结荚期，分别为 129.20mm 和 129.41mm，占整个生育期的 62.50%，在苗期、分枝期及成熟期水分耗散较低。

表 6.6 - 17 大 豆 多 年 平 均 需 水 量 单位：mm

生育期	苗期	分枝期	开花期	结荚期	鼓粒期	成熟期	总量
耗水量	12.53	14.68	129.20	129.41	73.28	54.69	413.78

（4）小结。综合来看，通辽市科尔沁区大豆生育期内需水量呈先增大后减小的趋势，大豆最佳耗水量在 413.78mm 左右，方可满足其生长发育。

6.6.3.2 科尔沁区（2）大豆需水量与需水规律

通辽市科尔沁区位于内蒙古自治区东部，区域范围东经 $121°42'\sim123°02'$，北纬 $43°22'\sim43°58'$。白城市（东经 $121°42'$，北纬 $45°36'$）距离科尔沁区 304km，温带大陆性季风气候，海拔 $150\sim180$m，降水集中在夏季，年均降水量 408mm，年均气温 4.9℃，土壤类型为淡黑钙土，偏弱碱性。

由于科尔沁区缺少大豆灌溉试验资料，并且科尔沁区与白城市的降雨量、气候类型及土壤类型相似，因此采用洮北区的大豆滴灌试验资料进行分析。

（1）研究区域概况资料数据。利用 5—9 月 30 年（1961—1990 年）平均降水量、蒸发量、土壤含水量资料，计算大豆在生育期内逐月需水量。

（2）需水量及 K_c 计算。基于联合国粮农组织出版的灌溉系列文件《作物需水量作物指南》（FAO-56），大豆各生育阶段划分及 K_c 值见表 6.6-18。

表 6.6-18   大豆生育期 K_c 值

生育期	苗期	分枝期	开花期	结荚期	鼓粒期	成熟期	均值
K_c 值	0.45	0.78	1.25	1.35	0.95	0.77	0.93

最终通过单作物系数法计算得到作物需水量，见表 6.6-19。

表 6.6-19   大豆生育期作物需水量

生育期	苗期	分枝期	开花期	结荚期	鼓粒期	成熟期	总量
耗水量/mm	40.35	43.25	131.25	150.32	90.25	69.36	524.78

（3）需水规律分析。可以看出，大豆在生育期内需水量呈先升后降的趋势，在结荚期达到最大值，苗期出现最低值，在整个生长季内，大豆总需水量为 524.78mm。

（4）小结。综合来看，白城市大豆生育期内需水量呈先增大后减小的趋势，大豆最佳耗水量在 524.78mm 左右，方可满足其生长发育。

6.6.3.3 敖汉旗大豆滴灌需水量与需水规律

敖汉旗（119°9′，42°28′）位于内蒙古赤峰市东南部，属温带大陆性气候。辽宁省朝阳市（东经 121°42′，北纬 45°36′）距离敖汉旗 112km，地理坐标位于东经 118°50′～121°17′，北纬 40°36′～42°22′之间，属于北温带大陆性半干旱季风气候区。

由于敖汉旗缺少大豆灌溉试验资料，并且敖汉旗与朝阳市的降雨量、气候类型及土壤类型相似，因此采用朝阳市的大豆资料进行分析。

（1）研究区概况。研究区域为辽宁省朝阳市，该地区地处辽宁西部，地处河北、内蒙古、辽宁 3 省（自治区）交界处，东与辽宁省阜新市、锦州市为邻，南与葫芦岛市接壤，西与河北省平泉、宽城、青龙三县毗邻，北与内蒙古自治区的赤峰、通辽两市相接。辖朝阳、北票、凌源、建平、喀左五县及朝阳市区，东西跨度约 165km，南北跨度约 216km，边界周长约 980km。年平均气温 5.5～8.9℃，年日照时数在 2747～2947h 之间，多年平均降水量 482.8mm，夏季降水量约占年降水量的 80%，易造成不同时段的干旱，无霜期除建平县北部外为 148～159 天。春秋两季多风易旱，风力一般 2～3 级，冬季盛行西北风，风力较强。

朝阳市主要有凌源、北票、喀左、建平、朝阳、羊山 6 个气象站，因此以该 6 个站点为分析单元。

（2）作物需水量及 K_c 计算。根据联合国粮农组织 FAO56 对作物生长阶段的划分，结合研究区地气象条件，给出大豆在苗期、分枝期、开花期、结荚期、鼓粒期和成熟期 K_c 值分别为 0.51，0.55，0.80，1.12，1.20，0.62，均值为 0.80。

根据朝阳市各站 1996—2015 年逐月气象资料，计算得到各站的参考作物腾发量均值，见表 6.6-20。

表 6.6 - 20   **大 豆 生 育 期 作 物 ET_0**   单位：mm

作物	苗期	分枝期	开花期	结荚期	鼓粒期	成熟期	总量
ET	66.36	72.15	131.25	116.32	94.56	79.98	560.62

最终通过作物系数法得到朝阳市凌源、北票、喀左、建平、朝阳、羊山 6 个地区大豆需水量均值为 560.62mm。

（3）作物需水量规律分析。在气候变化条件下，朝阳市各站的大豆需水量呈先升后降的趋势，在开花期达到最大值（131.25mm），同样在苗期耗水量最小为 66.36mm。

（4）小结。朝阳市大豆最佳耗水量在 560mm 左右，方可满足其生长发育。

6.6.4 水稻需水量与需水规律

6.6.4.1 奈曼旗滴灌水稻需水量与需水规律研究

1. 研究区域概况与试验设计

试验区选取在具有典型地形代表的通辽市奈曼旗的六号农场。通辽市奈曼旗的六号农场属半丘陵地区，坐标位置（42°52′N，120°39′E），所在地属北温带大陆性季风干旱气候，冬季漫长而寒冷，夏季短而温热、干旱少雨。年平均气温介于 6.0～6.5℃。平均降水量为 366mm。无霜期平均 150d 左右。年平均风速 3.0～4.1m/s。项目区大风主要集中在春冬两季，春季占全年大风日数的 60％以上，年平均风速为 3m/s，灌溉生育期平均风速为 2m/s。最大冻土深为 1.8m。

项目区多年平均降雨量为 344.7mm，多年 70％以上的降雨集中在 6—8 月。多年平均蒸发量为 1939.9mm，整个生育期日照时数在 1490～1640h 之间，气温不小于 10℃年积温为 3000℃，项目区光照充足，为作物生长提供了丰富的热量和光照条件，适宜作物生长。试验选取时间为 2016 年，该年份代表性属于一般干旱年。本次试验在 2016 年选取 6667m² 为试验面积，选取通辽市常种的龙埂 39 水稻品种为研究对象，水稻植株采用大垄双行种植，毛管沿着作物种植走向单行平顺布置，大垄设计宽 70cm，小垄设计宽 40cm，滴灌带间距保持在 110cm。为了保持土壤含水率，提高地面积温，延长水稻生育期，试验采用覆膜种植方式。覆膜选 0.02mm 厚地膜，膜宽设计为 1.5m，通过使水稻横向加宽而纵向加密，最大限度地改善田间通风透光条件，通过边行效应提高水稻光合作用，增加水稻产量。本次试验选取 3 种灌溉定额进行试验，分别为 3000（W1）、4500（W2）、7500m³/hm²（W3）进行灌溉。

2. 作物需水量及 K_c 值变化

通过计算得到不同年份水稻在各个生育期总耗水量，可以看出，水稻生育期耗水量变化范围在 38.6～413.0mm 之间，总量达到 560.3～984.4mm，见表 6.6 - 21。

表 6.6 - 21   **不同处理水稻生育期耗水量**   单位：mm

处理	返青	分蘖	拔节	抽穗	乳熟	成熟	总量
W1	21.6	30.25	190.25	175.36	109.36	33.48	560.3
W2	23.3	33.15	243.26	264.25	85.32	70.52	719.8
W3	25.3	40.02	356.25	389.56	79.36	93.91	984.4

通过计算得到 2016 年水稻生育期内各时段 ET_0，见表 6.6-22。

表 6.6-22   **不同处理水稻生育期 ET_0 值**   单位：mm

处理	返青	分蘖	拔节	抽穗	乳熟	成熟	总量
ET_0	30.8	72.5	149.6	201.2	92.2	57	603.3

最终通过作物系数法求得各处理水稻生育期 K_c 值，见表 6.6-23。

表 6.6-23   **不同处理生育期 K_c 值**

处理	返青	分蘖	拔节	抽穗	乳熟	成熟	均值
W1	0.70	0.71	1.27	0.87	1.19	0.38	0.85
W2	0.76	0.78	1.63	1.31	0.93	0.81	1.04
W3	0.82	0.94	2.38	1.94	0.86	1.08	1.34
均值	0.76	0.81	1.76	1.37	0.99	0.76	1.08

3. 作物需水规律分析

由于水稻在不同生育时期对水分的需求有所不同，整个生育时期耗水量强度也不尽相同。从水稻不同处理耗水量关系曲线可以看出，不同灌水量处理的水稻生育期耗水量变化规律趋于一致，即在发芽出苗期和幼苗期需水量较少，分蘖期需较多的水分，抽穗期需水量达到最高峰，以后显著减少。拔节孕穗期植株迅速生长，此时由于气温高，叶面蒸腾会随之加强，要有充足的水分供应。水稻抽穗开花期日耗水量最大，是需水临界期的重要阶段。适宜的水分条件，能延长和增强绿叶的光合作用，促进作物灌浆饱满。反之，如土壤水分不足，会使叶片过早衰老枯黄，产量降低。

4. 小结

奈曼旗水稻生育期内需水量呈先增大后减小的趋势，适当增加灌水定额有利于水稻的生长，对于平水年，灌溉定额控制在 7500m³/hm²，在干旱年份，加大计划湿润层深度，增加灌溉定额 4500m³/hm²，即可保证水稻的生长发育。

6.6.4.2 库伦旗水稻需水量与需水规律

库伦旗位于通辽市西南部，地处东经 121°09′～122°21′，北纬 42°21′～43°14′之间。辽宁省阜蒙县距离库伦旗 94km，该区多年平均降雨量 490mm，保证率 $P=75\%$ 降雨量为363mm，且时空分布不均，多年平均蒸发量 1830mm，多年平均日照时数为 2828h，多年平均气温为 7.2C°，无霜期 152 天，30cm 地层以内，化冻日期为 3 月 28 日，结冻日期为 12 月 4 日。

由于库伦旗缺少水稻灌溉试验资料，并且库伦旗与阜蒙县的降雨量和气候类型相似，因此采用阜蒙县的水稻灌溉试验资料进行分析。

（1）研究区域概况资料数据。试验数据以 1989 年为例，阜蒙县现有水田 18.5 万亩，灌溉用水量 15877 万 m³，为了减少水稻灌溉的用水量，使农业灌溉节水增产、增收，达到高产、优质、高效的目的，推广水田高产节水栽培技术，减少单位粮食产量的用水量，提高水的利用率，为本地区制定大面积水田节水灌溉制度提供科学依据。该区多年平均降雨量为 490mm，保证降雨量为 363mm，且时空分布不均，多年平均蒸发量为 1830mm，多年平均日照时数为 2828h，多年平均气温为 7.2℃，无霜期 152 天，30cm 地层以内，化冻日期为 3 月 28 日，结冻日期为 12 月 4 日。

污水灌溉属淹灌型，一般 3～7 天灌水一次，全生育期灌水次数达 20 次左右。灌溉定额为 300m³/亩。

（2）作物需水量及 K_c 计算。通过水量平衡法计算得到 1989 年水稻在各个生育期耗水量，见表 6.6－24。

表 6.6－24　　　　　　　　　　水稻生育期耗水量　　　　　　　　单位：mm

生育期	返青	分蘖	拔节	抽穗	乳熟	成熟	总量
ET_0	127.6	185.7	143.5	48.7	34.4	30.6	570.5

通过计算得到 1989 年水稻生育期内 ET_0，见表 6.6－25。

表 6.6－25　　　　　　　　　　水 稻 生 育 期 ET_0　　　　　　　　单位：mm

生育期	返青	分蘖	拔节	抽穗	乳熟	成熟	总量
ET_0	220.00	147.38	106.30	40.58	43.54	44.35	602.15

最终通过作物系数法得到不同年份作物系数，见表 6.6－26。

表 6.6－26　　　　　　　　　　水稻生育期 K_c 值

返青	分蘖	拔节	抽穗	乳熟	成熟	均值
0.58	1.26	1.35	1.2	0.79	0.69	0.98

（3）作物需水量规律分析。从水稻生育期耗水规律变化来看，不同年份变化趋势基本一致。总体上是前中期耗水强度大，后期逐渐减少的大体趋势。返青、分蘖和拔节期对应耗水量分别为 127.6mm、185.7mm、143.5mm。而抽穗、乳熟和成熟期耗水量较低，分别为 40.58mm、43.54mm 和 44.35mm。

（4）小结。库伦旗水稻在控制灌溉条件下，最佳耗水量在 570.5mm 左右，方可满足其生长发育，从而促进水稻增产。

7

内蒙古主要作物灌溉制度制定

7.1 高效节水条件下玉米、马铃薯灌溉制度

根据内蒙古自治区水利科学研究院完成的"内蒙古自治区新增四个千万亩节水灌溉工程科技支撑"（2012—2015）项目成果和内蒙古自治区地方标准《玉米膜下滴灌水肥管理技术规程》（DB15/T 683—2014）和《马铃薯膜下滴灌水肥管理技术规程》（DB15/T 684—2014），内蒙古自治区主要玉米和马铃薯种植区膜下滴灌条件下适宜的灌溉含水率下限值和不同农业区的参考灌溉制度见表7.1-1～表7.1-10。

表7.1-1　　玉米膜下滴灌不同生育阶段适宜土壤湿润深度和适宜含水率下限值

生育阶段	适宜土壤湿润深度/cm	适宜土壤含水率下限值（占田间持水率的百分数）/%
播种—出苗	20	65
出苗—拔节	30	60
拔节—抽穗	40	65
抽穗—灌浆	40	70
灌浆—蜡熟	40	65
蜡熟—收获	—	—

表7.1-2　　　　　　　温凉半湿润农业区（I_1）玉米膜下滴灌灌溉制度

生育期	时间	一般年份（50%）			干旱年份（85%）		
		灌水次数	灌水定额/（m³/亩）	灌溉定额/（m³/亩）	灌水次数	灌水定额/（m³/亩）	灌溉定额/（m³/亩）
播种及出苗期	5月上旬至6月中旬	1	10～12	42～48	1	10～12	70～81
出苗至拔节期	6月中旬至7月上旬	—	—		1	12～15	
拔节至抽穗期	7月上旬至8月上旬	1	16～18		1	16～18	

续表

生育期	时 间	一般年份（50%）			干旱年份（85%）		
		灌水次数	灌水定额/(m³/亩)	灌溉定额/(m³/亩)	灌水次数	灌水定额/(m³/亩)	灌溉定额/(m³/亩)
抽穗至灌浆期	8月上旬至8月下旬	1	16~18	42~48	1	16~18	70~81
灌浆至蜡熟期	8月下旬至9月中旬	—	—		1	16~18	
蜡熟至收获期	—	—	—		—	—	

表 7.1-3　　　　　　　温凉半干旱农业区（I₂）玉米膜下滴灌灌溉制度

生育期	时 间	一般年份（50%）			干旱年份（85%）		
		灌水次数	灌水定额/(m³/亩)	灌溉定额/(m³/亩)	灌水次数	灌水定额/(m³/亩)	灌溉定额/(m³/亩)
播种及出苗期	5月上旬至6月中旬	1	10~12	102~117	1	10~12	130~150
出苗至拔节期	6月中旬至7月上旬	1	12~15		2	12~15	
拔节至抽穗期	7月上旬至8月上旬	2	16~18		2	16~18	
抽穗至灌浆期	8月上旬至8月下旬	2	16~18		2	16~18	
灌浆至蜡熟期	8月下旬至9月中旬	1	16~18		2	16~18	
蜡熟至收获期	—	—	—		—	—	

表 7.1-4　　　　　　　温暖半干旱农业区（II）玉米膜下滴灌灌溉制度

生育期	时 间	一般年份（50%）			干旱年份（85%）		
		灌水次数	灌水定额/(m³/亩)	灌溉定额/(m³/亩)	灌水次数	灌水定额/(m³/亩)	灌溉定额/(m³/亩)
播种及出苗期	4月下旬至6月上旬	1	10~12	102~117	1	10~12	130~150
出苗至拔节期	6月上旬至6月下旬	1	12~15		2	12~15	
拔节至抽穗期	6月下旬至7月下旬	2	16~18		2	16~18	
抽穗至灌浆期	7月下旬至8月中旬	2	16~18		2	16~18	
灌浆至蜡熟期	8月中旬至9月上旬	1	16~18		2	16~18	
蜡熟至收获期	—	—	—		—	—	

表 7.1－5　　　　　温暖干旱农业区（Ⅲ）玉米膜下滴灌灌溉制度

生育期	时间	一般年份（50%）			干旱年份（85%）		
		灌水次数	灌水定额/(m³/亩)	灌溉定额/(m³/亩)	灌水次数	灌水定额/(m³/亩)	灌溉定额/(m³/亩)
播种及出苗期	4月下旬至6月上旬	1	10～12		2	10～12	
出苗至拔节期	6月上旬至7月上旬	2	12～15		2	12～15	
拔节至抽穗期	7月上旬至7月下旬	2	16～18	114～132	2	16～18	156～180
抽穗至灌浆期	7月下旬至8月中旬	2	16～18		3	16～18	
灌浆至蜡熟期	8月中旬至9月上旬	1	16～18		1	16～18	
蜡熟至收获期							

表 7.1－6　　　　　温热半干旱农业区（Ⅳ）玉米膜下滴灌灌溉制度

生育期	时间	一般年份（50%）			干旱年份（85%）		
		灌水次数	灌水定额/(m³/亩)	灌溉定额/(m³/亩)	灌水次数	灌水定额/(m³/亩)	灌溉定额/(m³/亩)
播种及出苗期	4月下旬至6月上旬	1	10～12		1	10～12	
出苗至拔节期	6月上旬至6月下旬	1	12～15		1	12～15	
拔节至抽穗期	6月下旬至7月下旬	2	16～18	86～99	2	16～18	118～135
抽穗至灌浆期	7月下旬至8月中旬	1	16～18		2	16～18	
灌浆至蜡熟期	8月中旬至9月上旬	1	16～18		2	16～18	
蜡熟至收获期	—				—	—	

表 7.1－7　　　　　内蒙古不同区域玉米的适宜种植品种

分区号		玉米种植区域		≥10℃有效积温/℃	品　种	播　种　期
		分区名	位置			
Ⅰ	Ⅰ₁	温凉半湿润农业区	大兴安岭东南麓	2200～2600	选择生育期110～120天经审认定品种	5月1日—5月10日
	Ⅰ₂	温凉半干旱农业区	阴山北麓	1900～2200	选择生育期95天左右经审认定品种	5月1日—5月10日

续表

分区号	玉米种植区域		≥10℃有效积温 /℃	品　种	播　种　期
	分区名	位置			
Ⅱ	温暖半干旱农业区	大兴安岭南麓、西辽河平原、阴山南麓	2500～2900	选择生育期120～128天经审认定品种	4月25日—5月10日
Ⅲ	温暖干旱农业区	内蒙古西部、阴山以南	2700～2900	选择生育期125～130天经审认定品种	4月25日—5月10日
Ⅳ	温热半干旱农业区	西辽河平原、科尔沁坨甸、燕北丘陵	2700～3000	选择生育期128～135天经审认定品种	4月20日—5月5日

表 7.1－8　　　　　　　　　　　　　内蒙古农业灌溉分区表

分区号	分区名		位　置	分区（旗、县、市、区）
Ⅰ	Ⅰ₁	温凉半湿润农业区	大兴安岭东南麓	扎兰屯市、阿荣旗、莫力达瓦达斡尔族自治旗、鄂伦春自治旗、科尔沁右翼前旗、突泉县等
	Ⅰ₂	温凉半干旱农业区	阴山北麓	太仆寺旗、集宁区、化德县、商都县、兴和县、察哈尔右翼中旗、察哈尔右翼后旗、四子王旗、武川县、乌拉特前旗、固阳县等
Ⅱ	温暖半干旱农业区		大兴安岭南麓、西辽河平原、阴山南麓	乌兰浩特市、科尔沁右翼前旗、科尔沁右翼中旗、扎赉特旗、科尔沁区、科尔沁左翼中旗、开鲁县、扎鲁特旗、阿鲁科尔沁旗、巴林左旗、巴林右旗、林西县、克什克腾旗、多伦县、翁牛特旗、丰镇市、卓资县、凉城县、赛罕区、土默特左旗、托克托县、和林格尔县、清水河县、九原区、土默特右旗、准格尔旗等
Ⅲ	温暖干旱农业区		内蒙古西部、阴山以南	临河区、五原县、磴口县、乌拉特前旗、乌拉特中旗、乌拉特后旗、杭锦后旗、达拉特旗、鄂托克前旗、杭锦旗、乌审旗等
Ⅳ	温热半干旱农业区		西辽河平原、科尔沁坨甸、燕北丘陵	科尔沁区、科尔沁左翼中旗、科尔沁左翼后旗、开鲁县、库伦旗、奈曼旗、赤峰市郊、翁牛特旗、喀喇沁旗、宁城县、敖汉旗等

注　1. 有部分旗县分属两个不同的灌溉区。
　　2. 部分旗县农业生产所占比重很少，且无灌溉资料，故未列入表中，需要时可参考邻近旗县。

表 7.1-9　　　　　内蒙古中部阴山沿麓马铃薯膜下滴灌制度表

一般年份（灌溉保证率50%）				干旱年份（灌溉保证率85%）			
灌水次数	灌水时间	灌水定额/(m³/亩)	灌溉定额/(m³/亩)	灌水次数	灌水时间	灌水定额/(m³/亩)	灌溉定额/(m³/亩)
1	播种至出苗 5月下旬	8～10	110～134	1	播种至出苗 5月下旬	10～12	142～162
2	出苗至现蕾 6月中旬	10～12		2	出苗至现蕾 6月中旬	10～12	
3	现蕾至花期 7月初	12～15		3	现蕾至花期 7月初	13～15	
4	现蕾至花期 7月上旬	12～15		4	现蕾至花期 7月上旬	13～15	
5	盛花期至终花期 7月中旬	15～18		5	盛花期至终花期 7月中旬	18～20	
6	盛花期至终花期 7月下旬	15～18		6	盛花期至终花期 7月下旬	18～20	
7	盛花期至终花期 8月上旬	15～18		7	盛花期至终花期 8月初	18～20	
8	盛花期至终花期 8月中旬	15～18		8	盛花期至终花期 8月上旬	18～20	
				9	盛花期至终花期 8月中旬	14～16	
9	终花期至收获期 8月下旬	8～10		10	终花期至收获期 8月下旬	10～12	

表 7.1-10　　　内蒙古中部阴山沿麓有效降水量、不同生育期耗水量、灌水
时间和灌水量参照表

生育时期	播种至出苗		出苗至现蕾		现蕾至花期		盛花期至终花期		终花期至收获期		合　计	
	5月10日—6月1日		6月1日—6月20日		6月20日—7月10日		7月10日—8月15日		8月15日—9月1日		110	
降雨年份	一般年份	干旱年份	一般年份	干旱年份	一般年份	干旱年份	一般年份	干旱年份	一般年份	干旱年份	一般年份	干旱年份
生育时期有效降水量/mm	15	12	24	20	45	33	66	46	30	21	180	132
生育期耗水量/mm	30	30	40	42	78	80	175	180	40	40	363	372
生育期灌水量/mm	15	18	16	22	33	47	109	134	10	19	183	240
生育期灌水量/(m³/亩)	10	12	11	15	22	31	73	89	7	13	122	160

注　1. 马铃薯目标产量 3000kg。

　　2. 内蒙古中部阴山沿麓有效降水量为阴山沿麓各个旗、县、区水文站多年平均资料。

7.2 高效节水条件下大豆灌溉制度

根据内蒙古自治区水利科学研究院完成的"内蒙古自治区新增四个千万亩节水灌溉工程科技支撑"（2012—2015）项目成果和内蒙古自治区地方标准《玉米膜下滴灌水肥管理技术规程》（DB15/T 683—2014）和《内蒙古东部膜下滴灌旱作水稻高产技术规程》（DB15/T 2575—2022），内蒙古自治区主要大豆和水稻种植区膜下滴灌条件下的适宜地灌溉含水率下限值和不同农业区的参考灌溉制度见表7.2-1～表7.2-7。

表7.2-1　　大豆膜下滴灌不同生育阶段适宜土壤湿润深度和适宜含水率下限值

生育阶段	适宜土壤湿润深度/cm	适宜土壤含水率下限值（占田间持水率的百分数）/%
播种—苗期	20	50
苗期—分支	25	60
分支—开花	25	65
开花—结荚	30	75
结荚—鼓粒	30	60
鼓粒—成熟	40	—

表7.2-2　　　温凉半湿润农业区（Ⅰ）大豆膜下滴灌灌溉制度参照表

生育期	时间	一般年份（50%）			干旱年份（85%）		
		灌水次数	灌水定额/(m³/亩)	灌溉定额/(m³/亩)	灌水次数	灌水定额/(m³/亩)	灌溉定额/(m³/亩)
播种及出苗期	6月中旬至7月上旬	1	6	56	1	10	60
出苗至分枝期	7月中旬至7月下旬	1	15		1	10	
分枝至开花期	7月下旬至8月上旬	1	15		1	20	
开花至结荚期	8月上旬至8月中旬	1	10		1	10	
结荚至鼓粒期	8月中旬至9月上旬	1	10		1	10	
鼓粒至成熟期	9月上旬至9月下旬	—	—		—	—	

表7.2-3　　　温暖半干旱农业区（Ⅱ）大豆膜下滴灌灌溉制度参照表

生育期	时间	一般年份（50%）			干旱年份（85%）		
		灌水次数	灌水定额/(m³/亩)	灌溉定额/(m³/亩)	灌水次数	灌水定额/(m³/亩)	灌溉定额/(m³/亩)
播种及出苗期	5月中旬至5月下旬	1	15	100	1	10	150
出苗至分枝期	5月下旬至6月上旬	1	20		2	15	

生 育 期	时 间	一般年份（50%）			干旱年份（85%）		
		灌水次数	灌水定额/(m³/亩)	灌溉定额/(m³/亩)	灌水次数	灌水定额/(m³/亩)	灌溉定额/(m³/亩)
分枝至开花期	6月上旬至6月中旬	1	20		2	20	
开花至结荚期	6月中旬至7月上旬	1	25		2	20	
结荚至鼓粒期	7月上旬至8月上旬	1	20	100	2	15	150
鼓粒至成熟期	9月上旬至8月下旬	—			—		

表7.2-4　　　　　温热半干旱农业区（Ⅳ）大豆膜下滴灌灌溉制度参照表

生 育 期	时 间	一般年份（50%）			干旱年份（85%）		
		灌水次数	灌水定额/(m³/亩)	灌溉定额/(m³/亩)	灌水次数	灌水定额/(m³/亩)	灌溉定额/(m³/亩)
播种及出苗期	5月下旬至6月上旬	1	15		1	20	
出苗至分枝期	6月上旬至6月中旬	1	15		2	15	
分枝至开花期	6月中旬至6月下旬	2	20		2	20	
开花至结荚期	6月下旬至7月中旬	2	20	150	2	20	170
结荚至鼓粒期	7月中旬至8月上旬	2	20		2	20	
鼓粒至成熟期	8月上旬至9月上旬	—	—		—	—	

表7.2-5　　　　　内蒙古不同区域大豆地适宜种植品种参照表

分 区 号		大豆种植区域		≥10℃有效积温/℃	品　种	播　种　期
		分区名	位置			
Ⅰ	Ⅰ₁	温凉半湿润农业区	大兴安岭东南麓	2200～2600	选择生育期105～120天经审定品种	6月18日—7月1日
Ⅱ		温暖半干旱农业区	科尔沁右翼前旗、科尔沁右翼中旗、扎赉特旗、科尔沁区、科尔沁左翼中旗	2600～2950	选择生育期115～125天经审定品种	5月13日—9月1日
Ⅳ		温热半干旱农业区	科尔沁区、科尔沁左翼中旗、库伦旗、奈曼旗	2700～3200	选择生育期118～135天经审定品种	5月4日—8月25日

表 7.2-6　　　　　　温凉半湿润农业区（I1）水稻灌溉制度表

生育期	时间	一般年份（50%）			干旱年份（75%）		
		灌水次数	灌水定额 /（m³/亩）	灌溉定额 /（m³/亩）	灌水次数	灌水定额 /（m³/亩）	灌溉定额 /（m³/亩）
播种及返青期	5月上旬至5月下旬	1	60		1	70	
返青至分蘖	5月下旬至6月上旬	1	60		2	70	
分蘖枝至拔节期	6月上旬至6月下旬	2	60	520	2	70	630
拔节至抽穗期	6月下旬至7月下旬	2	70		2	70	
抽穗至乳熟	7月下旬至8月下旬	2	70		2	70	
乳熟至成熟期	8月下旬至9月下旬	—	—		—	—	

表 7.2-7　　　　　　温热半干旱农业区（Ⅳ）水稻灌溉制度表

生育期	时间	一般年份（50%）			干旱年份（75%）		
		灌水次数	灌水定额 /（m³/亩）	灌溉定额 /（m³/亩）	灌水次数	灌水定额 /（m³/亩）	灌溉定额 /（m³/亩）
播种及返青期	5月上旬至5月下旬	1	45		1	100	
返青至分蘖	5月下旬至6月上旬	1	45		2	100	
分蘖枝至拔节期	6月上旬至6月下旬	2	100	690	2	100	900
拔节至抽穗期	6月下旬至7月中旬	2	100		2	100	
抽穗至乳熟	7月中旬至8月中旬	2	100		2	100	
乳熟至成熟期	8月中旬至9月上旬	—	—		—	—	

7.3　高效节水条件下小麦灌溉制度

　　根据内蒙古自治区水利科学研究院完成的"内蒙古自治区新增四个千万亩节水灌溉工程科技支撑"（2012—2015）项目成果，内蒙古自治区主要小麦套种葵花畦灌条件下的水分生产率和优化后推荐的参考灌溉制度见表7.3-1和表7.3-2。

表 7.3-1 　　　　　2007—2009 年不同水分处理小麦套种葵花产量与水分生产率

年份	处理	灌水量/(m³/亩)	有效降雨量/mm	产量/(kg/亩)		总产量/(kg/亩)	水分生产率/(kg/m³)
				小麦	葵花		
2007	I75	345	80	329.5	129	0	1.15
	I65	315	80	323	125.3	3.7	1.22
	I50	270	80	288.2	112.2	16.8	1.24
	I35	225	80	263.9	95.5	33.5	1.29
2008	I75	345	85	292.6	154	0	1.11
	I65	315	85	285.2	144	10	1.15
	I50	270	85	255.8	137.5	6.5	1.2
	I35	225	85	243.7	128.8	8.7	1.32
2009	I70	345	75	277.9	224.31	0	1.31
	I60	315	75	247.7	223.43	0.88	1.41
	I50	270	75	267.2	222.7	0.73	1.53
	I35	225	75	234.1	195.1	27.6	1.56

表 7.3-2 　　　　　　　　　　小麦套葵花推荐灌溉制度

灌水定额/(m³/亩)	灌水次数	灌水日期［灌水定额/(m³/亩)］		
		1（苗期）	2（拔节）	3（抽穗）
60	3	5 月 16 日［60］	5 月 28 日［60］	6 月 12 日［60］

7.4　燕麦灌溉制度

根据"呼伦贝尔草甸草原水草畜平衡管理技术与示范"（编号：2008GB23320435）项目研究成果，草甸草原（呼伦贝尔地区）燕麦喷灌灌溉制度见表 7.4-1。

表 7.4-1 　　　　　草甸草原（呼伦贝尔地区）燕麦喷灌灌溉制度

水文年份	生 育 阶 段								合计/(m³/hm²)
	苗期—分蘖		分蘖—拔节		拔节—抽穗		抽穗—成熟期		
	灌水次数	灌水定额/(m³/hm²)	灌水次数	灌水定额/(m³/hm²)	灌水次数	灌水定额/(m³/hm²)	灌水次数	灌水定额/(m³/hm²)	
一般年份（50%）	1	450	1	450	1	450	1	375	115
干旱年份（75%）	1	450	2	300	2	375	1	450	150

7.5　紫花苜蓿灌溉制度

根据《紫花苜蓿中心支轴式喷灌水肥管理技术规程》（DB15/T 680—2014），紫花苜蓿典型草原区（中部牧区）和荒漠草原区（西部牧区）喷灌的灌溉制度见表7.5－1和表7.5－2。

表 7.5－1　　　　　典型草原区（中部牧区）紫花苜蓿喷灌灌溉制度

一　般　年　份（50%）				干　旱　年　份（85%）			
灌水次数	灌水时间	灌水定额/(m³/亩)(mm)	灌溉定额/(m³/亩)(mm)	灌水次数	灌水时间	灌水定额/(m³/亩)(mm)	灌溉定额/(m³/亩)(mm)
第一茬				第一茬			
1	返青期（苗期）5月中旬—6月上旬	20~30(30~45)	60~90(90~135)	1	返青期（苗期）5月中旬—6月上旬	20~30(30~45)	80~120(120~180)
2	拔节—分枝期6月上旬—7月上旬	20~30(30~45)		2	拔节期6月上旬—6月中旬	20~30(30~45)	
				3	分枝期6月中旬—7月上旬	20~30(30~45)	
3	开花期7月上旬—7月中旬	20~30(30~45)		4	开花期7月上旬—7月中旬	20~30(30~45)	
第二茬				第二茬			
1	返青期7月中旬—7月下旬	20~30(30~45)	60~90(90~135)	1	返青期7月中旬—7月下旬	20~30(30~45)	80~120(120~180)
2	拔节—分枝期7月下旬—8月中旬	20~30(30~45)		2	拔节期7月下旬—8月上旬	20~30(30~45)	
				3	分枝期8月上旬—8月中旬	20~30(30~45)	
3	开花期8月中旬—9月上旬	20~30(30~45)		4	开花期8月中旬—9月上旬	20~30(30~45)	
合计（灌水 6 次）		120~180(180~270)		合计（灌水 8 次）		160~240(240~360)	

表 7.5－2   **荒漠草原区（西部牧区）紫花苜蓿喷灌灌溉制度**

一般年份（50%）				干旱年份（85%）			
灌水次数	灌水时间	灌水定额/(m³/亩)(mm)	灌溉定额/(m³/亩)(mm)	灌水次数	灌水时间	灌水定额/(m³/亩)(mm)	灌溉定额/(m³/亩)(mm)
第一茬				第一茬			
1	返青期（苗期）4月中旬—4月下旬	20～30(30～45)	60～90(90～135)	1	返青期（苗期）4月中旬—4月下旬	20～30(30～45)	80～120(120～180)
2	拔节—分枝期4月下旬—5月下旬	20～30(30～45)		2	拔节期4月下旬—5月中旬	20～30(30～45)	
3	开花期5月下旬—6月中旬	20～30(30～45)		3	分枝期5月中旬—5月下旬	20～30(30～45)	
				4	开花期5月下旬—6月中旬	20～30(30～45)	
第二茬				第二茬			
1	返青期6月中旬—6月下旬	20～30(30～45)	40～60(60～90)	1	返青期6月中旬—6月下旬	20～30(30～45)	60～90(90～135)
2	拔节—分枝期6月下旬—7月中旬	20～30(30～45)		2	拔节期6月下旬—7月上旬	20～30(30～45)	
3	开花期7月中旬—7月下旬	20～30(30～45)		3	分枝期7月上旬—7月中旬	20～30(30～45)	
				4	开花期7月中旬—7月下旬	20～30(30～45)	
第三茬				第三茬			
1	返青期7月下旬—8月中旬	20～30(30～45)	40～60(60～90)	1	返青期7月下旬—8月中旬	20～30(30～45)	40～60(60～90)
2	拔节—分枝期8月中旬—9月中旬	20～30(30～45)		2	拔节—分枝期8月中旬—9月中旬	20～30(30～45)	
3	开花期9月中旬—9月下旬			3	开花期9月中旬—9月下旬		
合计（灌水7次）		140～210(210～315)		合计（灌水9次）		180～270(270～405)	

7.6 青贮玉米灌溉制度

根据"呼伦贝尔草甸草原水草畜平衡管理技术与示范"（编号：2008GB23320435）项目研究成果，草甸草原（呼伦贝尔地区）青贮玉米喷灌灌溉制度见表7.6-1。

表7.6-1　　　　　　草甸草原（呼伦贝尔地区）青贮玉米喷灌灌溉制度

水文年份	生育阶段								合计 /(m³/hm²)
	苗期—分蘖		分蘖—拔节		拔节—抽穗		抽穗—成熟期		
	灌水次数	灌水定额 /(m³/hm²)	灌水次数	灌水定额 /(m³/hm²)	灌水次数	灌水定额 /(m³/hm²)	灌水次数	灌水定额 /(m³/hm²)	
一般年份 (50%)	1	450	2	300	2	375	1	375	145
干旱年份 (75%)	1	450	2	450	2	450	1	450	180

根据《青贮玉米中心支轴式喷灌水肥管理技术规程》（DB15/T 681—2014），典型草原（锡林郭勒地区）和半干旱草原（鄂尔多斯地区）青贮玉米喷灌的灌溉制度见表7.6-2和表7.6-3。

表7.6-2　　　　　典型草原（锡林郭勒地区）青贮玉米喷灌灌溉制度

一般年份（50%）				干旱年份（85%）			
灌水次数	灌水时间	灌水定额/(m³ 亩)/(mm)	灌溉定额/(m³ 亩)/(mm)	灌水次数	灌水时间	灌水定额/(m³ 亩)/(mm)	灌溉定额/(m³ 亩)/(mm)
1	播种期 5月下旬—6月初	20 (30)	160～180 (240～300)	1	播种期 5月下旬—6月初	20 (30)	180～210 (285～330)
1	拔节期前 6月中旬—7月初	20～30 (30～45)		2	拔节期前 6月中旬—7月初	20～30 (30～45)	
2	拔节后期、吐丝期、抽穗前后 7月中旬—8月初	20～30 (20～45)		3	拔节后期、吐丝期、抽穗前后 7月中旬—8月初	20～30 (30～45)	
2	抽雄扬花期 8月上旬—8月下旬	20～30 (30～45)		2	抽雄扬花期 8月上旬—8月下旬	20～30 (30～45)	

表7.6-3　　　　　半干旱草原（鄂尔多斯地区）青贮玉米喷灌灌溉制度

一般年份（50%）				干旱年份（85%）			
灌水次数	灌水时间	灌水定额/(m³ 亩)/(mm)	灌溉定额/(m³ 亩)/(mm)	灌水次数	灌水时间	灌水定额/(m³ 亩)/(mm)	灌溉定额/(m³ 亩)/(mm)
1	播种期 5月上旬—5月中旬	20 (30)	180～200 (270～345)	1	播种期 5月中旬—5月下旬	20 (30)	200～230 (310～390)
2	拔节期前 6月上旬—7月初	20～30 (30～45)		2	拔节期前 6月上旬—7月初	20～30 (30～45)	

一 般 年 份（50%）				干 旱 年 份（85%）			
灌水次数	灌水时间	灌水定额/(m³亩)/(mm)	灌溉定额/(m³亩)/(mm)	灌水次数	灌水时间	灌水定额/(m³亩)/(mm)	灌溉定额/(m³亩)/(mm)
2	拔节后期、吐丝期、抽穗前后 7月中旬—8月初	20～30 (20～45)	180～200 (270～345)	3	拔节后期、吐丝期、抽穗前后 7月中旬—8月初	20～30 (20～45)	200～230 (310～390)
2	抽雄扬花期 8月上旬—8月下旬	20～30 (30～45)		2	抽雄扬花期 8月上旬—8月下旬	20～30 (30～45)	

高效用水数据平台研发

8.1　研究内容与技术路线

需水量等值线图制定路线如图 8.1-1 所示。

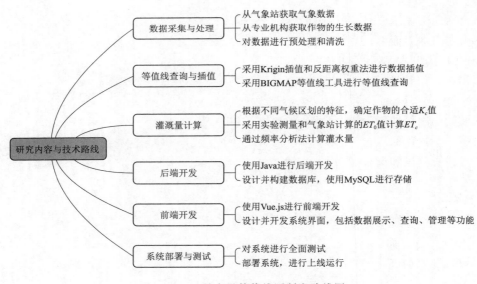

图 8.1-1　需水量等值线图制定路线图

（1）数据采集与处理：本系统的数据来源主要包括气象数据和作物参数数据等。气象数据采集主要通过气象站，作物参数数据则从相关研究中获取。采集的数据需要进行预处理，如数据清洗、格式转换、统一标准等。

（2）ET_0、ET_c、M 参考作物需水量、等值线计算：本系统采用克里金法和反距离权重法进行等值线计算，通过 GIS 技术将结果可视化展示在地图上。

（3）灌溉量 M 计算：本系统通过实验获取作物的 K_c 值和气象站获得的 ET_0 计算 ET_c，并实现等值线查询。用户可以按作物、生育周期和降雨量排频（25%、50%、70%、75%、85%、90%、95%），通过频率年进行计算灌水量，$M = ET_c - P$。

（4）系统设计与实现：本系统的总体设计采用 B/S 架构，前端采用 VUE 实现，后端采用 Java 实现，数据库采用 MySQL 实现。系统功能包括气象站气象信息管理、作物 K_c 值管理、气候区划管理等，用户可以选择作物和相应的生育期查看等值线。

（5）系统部署与测试：系统部署采用物理服务器，测试主要包括功能测试、性能测试和安全测试等。

本系统主要是基于 GIS 和大数据分析技术，通过数据的采集、处理和计算，实现对作物灌溉用水的高效管理。本系统已在国内外多个研究中得到应用，取得了较好的效果。系统开发的内容如下：

（1）数据库设计：设计一个 MySQL 数据库，用于存储植物的 K_c 值以及其他相关数据，如植物的名称、生长阶段、所在地区等。可以通过 JDBC 连接在 Java 后端中操作数据库。

（2）后端开发：使用 Java 语言开发后端，采用 Spring 框架搭建 Web 应用程序。后端应用程序实现对数据库的增删改查操作以及查询植物的 K_c 值等功能。后端应用程序还可以通过 HTTP 接口或 WebSocket 与前端进行通信。

（3）前端开发：使用 Vue 框架开发前端界面，实现用户查询 ET_c 等值线的功能。前端界面包括地图显示、植物选择、查询按钮等元素。通过 BIGMAP 提供的 API，可以将地图显示在前端界面上，并实现用户的地图操作，如平移、缩放等。前端应用程序还可以通过 HTTP 接口或 WebSocket 与后端进行通信。

（4）地图 API 使用：使用 BIGMAP 提供的 API 实现地图显示和操作。可以使用 BIGMAP 提供的 JavaScript SDK 来实现地图的显示和操作，如在地图上绘制标记、测量距离、区域绘制等功能。通过地图操作，用户可以选择地图上的区域，然后查询该区域内植物的 K_c 值等值线。

（5）系统测试和调试：完成系统开发后需要进行测试和调试，确保系统正常运行并提供正确的结果。可以使用 Postman 等工具对 HTTP 接口进行测试，使用 Chrome 或 Firefox 等浏览器进行前端调试。

总的来说，实现 ET_c 等值线查询系统需要涉及数据库设计、后端开发、前端开发和地图 API 使用等方面。通过 BIGMAP 提供的 API，可以实现地图的显示和操作，并将地图数据与后端数据进行整合，为用户提供方便的查询服务。

8.2 气象与作物需水信息数据处理方法

不同作物的 K_c 值是不同的，而且同一作物的 K_c 值在不同生长阶段也会有所不同。因此，可以通过选择作物的生长周期来获取相应的 K_c 值，进而计算出 ET_c 等值线。

具体实现方法如下：

（1）数据准备：需要准备好不同作物在不同生长周期的 K_c 值数据。可以将数据存储在数据库中，并通过后端 API 来获取。

（2）选择作物和生长周期：在前端界面中，增加选择作物和生长周期的交互控件，让用户可以选择所需作物和生长周期。可以使用下拉框等控件来实现。

（3）计算 K_c 值：根据所选作物和生长周期，从数据库中获取相应的 K_c 值。

（4）计算 ET_c：根据所选区域坐标和气象站数据，使用 Penman-Monteith 公式计算 ET_{c0}。然后，根据所选作物的 K_c 值，计算出该作物在相应生长周期下的可能蒸腾量。

（5）绘制等值线：使用 Leaflet 的插件 Leaflet. draw 来实现等值线的绘制，同时将计算出的 ET_c 等值线显示在地图上。

通过以上步骤，可以根据所选作物和生长周期，准确地计算出 ET_c 等值线，并将其显示在地图上。这样，用户可以更加方便地了解 ET_c 等值线的分布情况，从而更好地规划和管理农业生产。

8.2.1 数据采集及预处理

8.2.1.1 数据来源

本系统所需的数据主要包括气象数据、土地利用数据、作物生长期数据、土地形态数据等。标明数据来源时一定要说明气象站点分布（数量、列表），如何插值等专业问题。

气象站点分布见表 8.2-1。

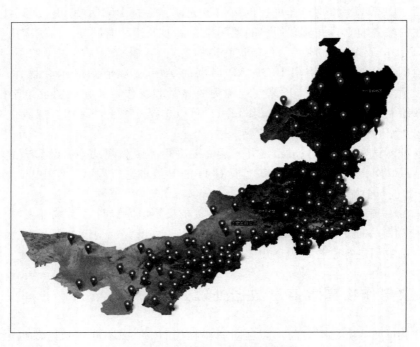

图 8.2-1　气象站点分布图

站点信息如下：

表 8.2-1　　　　　　　　　　气象站点分布

站 点 名 称	所属盟市	海拔/m	经度/(°)	纬度/(°)
巴彦诺日公国家基准气候站	阿拉善盟	1290.8	104.8	40.16
吉兰泰	阿拉善盟	1028.3	105.75	39.78
阿拉善左旗	阿拉善盟	1560.1	105.68	38.83
乌斯太	阿拉善盟	1252.8	106.66	39.43
拐子湖	阿拉善盟	954.6	102.36	41.36
额济纳旗国家基准气候站	阿拉善盟	939.0	101.06	41.96
磴口国家气象观测站	巴彦淖尔市	1052.4	106.99	40.33
杭锦后旗	巴彦淖尔市	1038.5	107.13	40.87
临河国家基本气象站	巴彦淖尔市	1041.2	107.37	40.72
乌拉特后旗	巴彦淖尔市	1036.0	107.06	41.08
海力素	巴彦淖尔市	1510.3	106.41	41.4
乌拉特前旗国家气象观测站	巴彦淖尔市	1020.9	108.64	40.73
大佘太	巴彦淖尔市	1079.3	109.14	41.02
乌拉特中旗国家基准气候站	巴彦淖尔市	1288.4	108.51	41.57
五原国家气象观测站	巴彦淖尔市	1023.3	108.47	41.09
白云鄂博	包头市	1612.1	109.96	41.76
希拉穆仁	包头市	1606.4	111.22	41.32
满都拉	包头市	1224.9	110.12	42.53
达茂旗	包头市	1375.0	110.44	41.7
固阳国家气象观测站	包头市	1403.1	110.1	41.03
包头国家基本气象站	包头市	1004.7	109.88	40.53
土右旗	包头市	998.4	110.53	40.55
阿鲁科尔沁旗国家气象观测站	赤峰市	428.9	120.03	43.86
敖汉旗国家气象观测站	赤峰市	579.4	119.94	42.29
宝国吐	赤峰市	400.5	120.69	42.32
巴林右旗国家气象观测站	赤峰市	688.8	118.63	43.53
富河	赤峰市	710.0	119.28	44.45
巴林左旗国家基准气候站	赤峰市	587.8	119.32	43.96
喀喇沁旗	赤峰市	733.7	118.7	41.92
克什克腾旗	赤峰市	1003.3	117.52	43.24
林西国家基本气象站	赤峰市	825.0	118.03	43.63
八里罕	赤峰市	679.3	118.74	41.51
宁城县	赤峰市	544.2	119.3	41.59
岗子	赤峰市	960.0	118.41	42.56
赤峰国家基准气候站	赤峰市	668.6	118.83	42.31

站 点 名 称	所属盟市	海拔/m	经度/(°)	纬度/(°)
翁牛特旗	赤峰市	634.3	119.01	42.92
达拉特旗	鄂尔多斯市	1008.8	110.03	40.39
东胜国家基本气象站	鄂尔多斯市	1462.2	110.01	39.82
乌审召	鄂尔多斯市	1314.2	109.03	39.1
鄂托克旗国家基本气象站	鄂尔多斯市	1381.4	107.96	39.09
鄂托克前旗	鄂尔多斯市	1333.2	107.47	38.19
伊克乌素	鄂尔多斯市	1180.8	107.84	40.05
杭锦旗国家气象观测站	鄂尔多斯市	1414.0	108.71	39.81
河南	鄂尔多斯市	1230.0	108.72	37.86
乌审旗	鄂尔多斯市	1305.9	108.83	38.59
伊金霍洛旗国家气象观测站	鄂尔多斯市	1367.0	109.71	39.56
准格尔旗国家气象观测站	鄂尔多斯市	1223.8	111.22	39.85
和林格尔国家气象观测站	呼和浩特市	1166.7	111.82	40.4
呼和浩特国家基本气象站	呼和浩特市	1153.5	111.57	40.86
清水河国家气象观测站	呼和浩特市	1208.0	111.66	39.92
呼和浩特郊区站	呼和浩特市	1042.0	111.71	40.76
土默特左旗	呼和浩特市	1042.8	111.17	40.73
托克托国家气象观测站	呼和浩特市	1015.9	111.25	40.25
武川国家气象观测站	呼和浩特市	1637.3	111.46	41.08
阿荣旗	呼伦贝尔市	237.8	123.48	48.12
陈巴尔虎旗国家气象观测站	呼伦贝尔市	597.4	119.46	49.34
额尔古纳市	呼伦贝尔市	581.4	120.17	50.24
小二沟	呼伦贝尔市	286.1	123.72	49.2
鄂伦春自治旗	呼伦贝尔市	425.5	123.73	50.58
鄂温克族自治旗	呼伦贝尔市	617.3	119.74	49.13
根河市	呼伦贝尔市	716.7	121.51	50.78
海拉尔国家基准气候站	呼伦贝尔市	649.7	119.7	49.25
满洲里国家基准气候站	呼伦贝尔市	661.8	117.32	49.58
莫力达瓦达斡尔族自治旗国家气象观测站	呼伦贝尔市	198.2	124.48	48.48
新巴尔虎右旗国家基本气象站	呼伦贝尔市	542.4	116.81	48.68
新巴尔虎左旗国家基本气象站	呼伦贝尔市	622.0	118.26	48.19
牙克石市	呼伦贝尔市	654.9	120.69	49.28
博克图	呼伦贝尔市	741.7	121.91	48.76
图里河	呼伦贝尔市	734.8	121.69	50.48

站 点 名 称	所属盟市	海拔/m	经度/(°)	纬度/(°)
扎兰屯	呼伦贝尔市	309.3	122.75	47.99
霍林郭勒国家基准气候站	通辽市	860.0	119.65	45.55
开鲁	通辽市	241.3	121.29	43.6
通辽	通辽市	181.2	122.26	43.6
科尔沁左翼后旗国家气象观测站	通辽市	256.9	122.36	42.91
科尔沁左翼中旗国家气象观测站	通辽市	141.0	123.25	44.09
舍伯吐	通辽市	183.9	122	44.03
库伦国家气象观测站	通辽市	278.8	121.79	42.72
奈曼旗国家气象观测站	通辽市	368.2	120.64	42.85
青龙山	通辽市	396.0	121.06	42.39
巴雅尔吐胡硕	通辽市	632.9	120.32	45.06
扎鲁特	通辽市	263.6	120.9	44.55
乌海	乌海市	1105.4	106.8	39.79
察右后旗	乌兰察布市	1423.4	113.18	41.44
察哈尔右翼前旗国家气象观测站	乌兰察布市	1284.4	113.2	40.81
察右中旗	乌兰察布市	1737.2	112.62	41.29
丰镇	乌兰察布市	1191.9	113.13	40.44
化德	乌兰察布市	1482.0	114	41.9
集宁	乌兰察布市	1416.9	113.07	41.03
凉城	乌兰察布市	1268.6	112.47	40.52
商都国家气象观测站	乌兰察布市	1420.0	113.54	41.6
四子王旗国家基本气象站	乌兰察布市	1445.2	111.65	41.55
兴和	乌兰察布市	1286.8	113.84	40.88
卓资	乌兰察布市	1451.7	112.56	40.89
那仁宝力格	锡林郭勒盟	1181.6	114.15	44.62
阿巴嘎旗国家基本气象站	锡林郭勒盟	1147.0	115	44.02
乌拉盖	锡林郭勒盟	864.6	118.83	45.72
东乌珠穆沁	锡林郭勒盟	838.9	116.96	45.51
多伦县	锡林郭勒盟	1245.5	116.47	42.19
二连浩特国家基准气候站	锡林郭勒盟	963.1	111.94	43.63
朱日和	锡林郭勒盟	1150.8	112.9	42.4
苏尼特右旗	锡林郭勒盟	1104.9	112.64	42.76
苏尼特左旗	锡林郭勒盟	1037.2	113.63	43.85
太仆寺旗	锡林郭勒盟	1468.9	115.27	41.89
西乌珠穆沁	锡林郭勒盟	1001.7	117.63	44.57

站 点 名 称	所属盟市	海拔/m	经度/(°)	纬度/(°)
锡林浩特	锡林郭勒盟	1003.5	116.12	43.95
镶黄旗	锡林郭勒盟	1322.3	113.83	42.24
正蓝旗	锡林郭勒盟	1315.5	116	42.23
正镶白旗国家气象观测站	锡林郭勒盟	1366.5	115.03	42.28
阿尔山	兴安盟	997.0	119.93	47.18
索伦国家基准气候站	兴安盟	500.4	121.21	46.6
科尔沁右翼中旗国家气象观测站	兴安盟	282.1	121.48	45.06
高力板	兴安盟	201.0	121.81	44.89
突泉	兴安盟	311.4	121.58	45.38
乌兰浩特国家基本气象站	兴安盟	329.0	122.03	46.13
扎赉特旗国家气象观测站	兴安盟	218.6	122.88	46.74
胡尔勒	兴安盟	332.2	122.07	46.71
阿右旗	阿拉善盟	1512.7	101.68	39.21
雅布赖	阿拉善盟	1239.0	102.78	39.41
李井滩	阿拉善盟	1380.5	105.4	37.89

8.2.1.2　数据处理

对于采集到的数据，需要进行一定的处理和分析，以获得所需的指标数据，如 ET_0、K_c 值等。同时，需要对数据进行清洗、整合、格式化等处理，使其能够在系统中有效地被调用和利用。

在计算灌水量时，排频方案是非常重要的。排频的目的是筛选出一定比例的数据，以便减小数据量并反映出数据的分布情况。常见的排频方案有以下几种：

（1）等间隔法：将数据按照等间隔的间隔排列，然后选择固定间隔内的数据。该方法简单直观，但容易受到数据分布的影响，可能不能很好地反映数据的实际情况。

（2）百分位数法：将数据按照大小排列，然后选择某个百分位数对应的数据作为阈值，如 25%、50%、75%、85%、90% 等。该方法能够较好地反映数据的实际分布情况，但需要根据数据的实际情况来选择合适的百分位数。

（3）标准差法：计算数据的标准差，然后选择在均值上下若干倍标准差之间的数据。该方法能够较好地反映数据的分布情况，但对数据分布的要求较高，需要满足正态分布或类似正态分布的假设。

在本方案中，选择百分位数法来进行排频，根据所选的排频频率（25%、50%、75%、85% 和 90%）选择对应的百分位数，例如 25% 降雨排频的排频，就选取数据中频率为 25% 的数据。百分位数法能够较好地反映数据的分布情况，并且容易理解和操作，因此适合本案例的需求。计算 K_c 值：根据所选作物和生长周期，从数据库中获取相应的 K_c 值。不同作物的 K_c 值是不同的，而且同一作物的 K_c 值在不同生长阶段也会有所不同。因此，可以通过不同生育阶段的试验数据来获取相应的 K_c 值，进而计算出 ET_c

等值线。

相关技术概述如下。

1. 虚谷数据库

虚谷数据库管理系统是一款大型、高性能、高安全、高可靠和完全自主知识产权的系统软件，是位于用户与操作系统之间的一层数据系统管理软件，为应用软件的运行提供数据存储和管理功能，主解决信息数据的高效存贮、安全管理与快速检索等问题，主要功能包括数据字典、内存管理、事务管理、语法分析器、集成管理工具箱等，提供数据定义、数据操作功能、数据库的运行管理、数据库的建立和维护功能。

在已有研发基础上，使虚谷 DBMS 全面达到 Oracle10 所具有的功能和性能，能在主流的 Unix、Linux、Windows 等平台上可与 Oracle、DB2、SQLServer 等目前主流的数据库管理平台软件竞争。

具体目标包括：突破数据库管理系统核心技术；开发能够与国外主流数据库产品相抗衡的、具有自主产权和知名品牌的数据库管理系统。

推动数据库及其应用软件产业化：与国产操作系统、中间件，以及应用软件等共同形成我国自主的软件产业；面向制造业信息化、电子政务、信息安全工程等实施数据库应用工程；为国民经济信息化提供支撑，为国家信息安全提供保障。

2. 虚谷数据库管理系统主要指标

(1) 功能指标：全面实现 SQL92 标准；实现 SQL3 标准的已确定部分（注：SQL3 标准仍在发展中）；内建对 GBK、GB2312、BIG5、CZECH、EUC _ KR、SJIS、UJIS 等字符集的支持，并可加载任意符合格式的其他字符集模块；支持对数据表进行分区，支持分区表上的局部索引、全局索引、全局分区索引等索引方式；支持多级事务嵌套，允许事务部分回滚；支持存贮过程，支持存贮过程在线调试；支持全文检索；支持空间数据管理，空间数据管理功能完全兼容 OpenGIS 标准；支持 XML 数据类型（该版本不支持）；支持"数据刀片"功能，即用户可将自定义的数据类型、操作符、函数等如同刀片一样插入到系统或从系统中拔出；内置 JAVA 支持，支持 JAVA 语言编写的存贮过程（该版本不支持）；实现对共享磁盘（SD）及无共享（SN）两种数据库集群模式的支持（该版本不支持）；具备数据库镜像功能（该版本不支持）；支持联邦数据库功能（该版本不支持）；支持远程数据库间的数据同步与复制；具备完善的容灾能力，提供多种物理及逻辑备份方式，支持通过备份文件重建部分或全部数据库，同时，支持基于日志的灾难恢复；支持用脚本描述的定时任务与周期性任务的自动执行；支持 SNMP（简单网络管理）协议，允许专业网元监控软件对数据库运行状态进行远程集中监视和管理（该版本不支持）；支持 ODBC、JDBC、ADO、DBI 等驱动程序标准。

(2) 性能指标：支持大数据量，实现 TB 级数据量管理；单台服务器最大同时在线连接数达到 10000 个；一个安装实例中可以创建 32768 个用户数据库；一个用户数据库允许创建多达 32768 个表空间；一个表空间可包含 32768 个文件；一个数据库内允许创建多达 20 亿个表；一个表中的字段数最大可达 2048 个；一个表中允许容纳多达 20 亿条记录；一个常规记录的最大长度可达 16M 字节；一个表中允许同时存在多个大对象字段，大对象字段的数据尺度不受限制；一个表可分成 2048 个分区表，每个分区表允许再次分成

512 个子分区表；实现完全行级封锁，不因封锁对象数增加而提高封锁级别；在同等硬件配置、同等数据量的情况下，在线事务处理能力指标 tpmc 值达到 ORACLE9 的水平。

（3）安全指标：具备审计功能，可以对指定用户、指定操作过程等进行跟踪记载；系统安全级别达到 B1 级，争取 B2 级；支持数据加密，数据加密采用按块即时加解密方式，不依赖外部加密软件或加密文件系统，启动数据加密功能不影响系统性能；支持网络加密，使用伪噪声发生器产生加密流，具有速度快，强度高等优点，且加密过程无须操作系统的 SSL 层支持，能抵御目前已知的网络攻击手段。

（4）稳定性与扩展性指标：可用性 99.8%，支持 7×24，具有完善的容错和容灾性能，因本软件故障引起的停机时间全年不超过 1 天。在高可扩展性方面：支持多种可扩展计算机体系结构，加速比和伸缩比接近线性。

（5）可管理能力。实用：交互式 SQL、导入导出、备份恢复、审计分析等工具；易用：基于 WEB 的集成管理工具；智能：性能监测和优化工具等。

3. Python 技术

Python 提供了高效的高级数据结构，还能简单有效地面向对象编程。Python 语法和动态类型，以及解释型语言的本质，使它成为多数平台上写脚本和快速开发应用的编程语言，随着版本的不断更新和语言新功能的添加，逐渐被用于独立的、大型项目的开发。Python 解释器易于扩展，可以使用 C 语言或 C++（或者其他可以通过 C 调用的语言）扩展新的功能和数据类型。Python 也可用于可定制化软件中的扩展程序语言。Python 丰富的标准库，提供了适用于各个主要系统平台的源码或机器码，具有以下特性：

（1）高层语言：用 Python 语言编写程序的时候无须考虑诸如如何管理你的程序使用的内存一类的底层细节。

（2）可移植性：由于它的开源本质，Python 已经被移植在许多平台上（经过改动使它能够工作在不同平台上）。这些平台包括 Linux、Windows、FreeBSD、Macintosh、Solaris、OS/2、Amiga、AROS、AS/400、BeOS、OS/390、z/OS、Palm OS、QNX、VMS、Psion、Acom RISC OS、VxWorks、PlayStation、Sharp Zaurus、Windows CE、PocketPC、Symbian 以及 Google 基于 linux 开发的 android 平台。

（3）解释性：一个用编译型语言比如 C 或 C++ 写的程序可以从源文件（即 C 或 C++ 语言）转换到一个你的计算机使用的语言（二进制代码，即 0 和 1）。这个过程通过编译器和不同的标记、选项完成。

运行程序的时候，连接/转载器软件把你的程序从硬盘复制到内存中并且运行。而 Python 语言写的程序不需要编译成二进制代码。你可以直接从源代码运行程序。

在计算机内部，Python 解释器把源代码转换成称为字节码的中间形式，然后再把它翻译成计算机使用的机器语言并运行。这使得使用 Python 更加简单。也使得 Python 程序更加易于移植。

（4）面向对象：Python 既支持面向过程的编程也支持面向对象的编程。在"面向过程"的语言中，程序是由过程或仅仅是可重用代码的函数构建起来的。在"面向对象"的语言中，程序是由数据和功能组合而成的对象构建起来的。Python 是完全面向对象的语言。函数、模块、数字、字符串都是对象。完全支持继承、重载、派生、多继承，有益于增强源代码的复用性。Python 支持重载运算符和动态类型。相对于 Lisp 这种传统的函数式编程语言，Python 对函数式设计只提供了有限的支持。有两个标准库（functools，itertools）提供了 Haskell 和 Standard ML 中久经考验的函数式程序设计工具。

（5）可扩展性、可扩充性：如果需要一段关键代码运行得更快或者希望某些算法不公开，可以部分程序用 C 或 C++编写，然后在 Python 程序中使用它们。

8.2.1.3　质量控制

在气象数据应用中，提供用户使用的经过质量控制后的数据，其中包含了观测数据和质量控制标识。质量控制标识，是通过合理的质量控制技术方案对气象资料进行质量控制，判定其质量状况，重点是对错误数据进行检测，为了保证用户使用的数据质量。在本数据集的数据质量检测过程中，对数据错误的数据进行订正，订正后对数据进行标记，用户可以根据质量控制标识，结合自身需求情况，对数据进行处理与应用。

1. 疑误数据标注

质量控制码（简称：质控码）分 3 个层次：一是 QC 方法质控码（-3～3）；二是过程质控码（0～100）；三是《QXT118—2010 地面气象观测资料质量控制》中所规定的综合质控码（0～9）。

（1）QC 方法质控码。考虑到实时和历史资料一体化的实际情况，为每个 QC 方法设置 7 级质控码，取值范围为-3～3，其中 0 表示正确，±1 表示可疑，±2 表示警告，±3 表示数据错误。QC 码的符号表示疑误数据偏离真值的方向，负号表示疑误数据偏小，正号表示疑误数据偏大，即数据质量随着控制码数值绝对值的增加而降低。

（2）过程质控码。过程质控码取值范围为 0～100，为方便后期数据处理，部分质控码取两位，详见表 8.2-2。

表 8.2-2　　　　　　　　　　过　程　质　控　码

质控码	描　述	质控码	描　述
0	数据正确	13	相关要素未通过日变检查
±1	数据可疑	14	相关要素未通过内部一致性检查
±2	数据警告	15	相关要素未通过空间一致性检查
±3	数据错误	16	相关要素未通过基于 AR&IDW 方法检查
4～9	备用	17	相关要素未通过基于聚类分析方法检查
11	相关要素未通过界限值和范围值检查	99	数据缺测
12	相关要素未通过持续性检查	100	显性错误

（3）综合质控码。综合质控码设置见表 8.2-3。

表 8.2-3　　　　　　　　　　综　合　质　控　码

质控码	描　述	质控码	描　述
0	数据正确，未做过修改	3	数据有修改值
1	数据可疑，未做过修改	4	数据有订正值
2	数据错误，未做过修改	5	原数据错误，对数据进行过修改

续表

质控码	描　　述	质控码	描　　述
6	原数据缺测，对数据进行过修改	8	缺测
7	备用		

2. 要素标识

为方便使用，本方案为各气象观测要素设置了对应的符号，详见表 8.2 - 4。

表 8.2 - 4 　　　　　　　　　　　　观 测 要 素 符 号 标 识

项　　目	要　　素	要 素 符 号
气温	日平均气温	T_n
	日最高气温	T_h
	日最低气温	T_l
	日平均气温、日最高气温、日最低气温	T
相对湿度	日平均相对湿度	U_n
	日最小相对湿度	U_l
降水	日降水量	R
风速	日平均风速	F_{02}
	日最大风速	F_{max}
	日极大风速	F_{most}
地温	日平均地面温度	D_n
	日最高地面温度	D_h
	日最低地面温度	D_l
日照	日总日照时数	SS
	总日日照百分率	SSP

3. 质量控制方法

（1）界限值检查方法。界限值检查方法是检查要素值是否在其测量允许值范围之内。各气象要素的界限值阈值范围参考《地面气象观测规范》中表"我国自动气象站技术性能要求表"以及《QX/T 118—2010 地面气象观测资料质量控制》的相关内容。

（2）范围值检查方法。范围值检查是采用时间和空间插值原理，基于广义极值分布理论，推求任意地点的多年日要素极值。

（3）空间一致性检查。采用百分位法（即 Madsen-Allerupt 方法）进行空间一致性检查。将待检站对应邻近台站待检日及前 3 日的"超阈值值"组成一个邻近站时间序列，计算 25%、50% 和 75% 值，计算质控系数 f。

$$f = \frac{QC_A - QC_{p50}}{QC_{p75} - QC_{p25}} \tag{8.2 - 1}$$

式中：QC_A 为待检站待检植入误差后的超阈值，QC_{p25}、QC_{p50} 和 QC_{p75} 分别为邻近站时间序列的 25％、50％和 75％的百分位数值。若 $abs(f) > 3$，则认为该待检站待检时次的观测值为疑误值。

超阈值值为超出阈值范围的大小的值。但在空间一致性检查方法中，范围上限的百分位取 80％，范围下限为 20％。

（4）内部一致性检查。有些气象观测要素相互之间关系密切，其变化规律具有一致性。根据该特性，就可对相关数据是否保持这种内部关系来检查其是否发生异常，以确定数据质量，即为内部一致性检查。内部一致性检查分为 2 种情况：一是同类要素之间；二是不同类型要素之间。

1）同类要素之间的关系：如日最高值应大于等于日平均值大于等于日最小值，对于气温有 $T_h \geqslant T_n \geqslant T_l$。

2）不同类型要素之间的关系：如相对湿度和降水具备关联关系、气温和地温具备关联关系。

（5）日变检查。大气中的有些观测数据与时间显著相关，具有良好的时间一致性，将此类数据与其时间上前、后的测值相比较，来判断其数据是否发生异常。本方案采用日变检查来实现时间一致性检查方法，日变检查主要是根据要素在某一时段内可能变化范围判断该要素值质量。

（6）持续性检查。在一段时间内（如一天），许多气象要素值会随着时间、地域的变化出现波动。如果某要素值没有发生变化有可能数据有问题。

在质量控制中，用标准差 σ 来衡量某要素一组数值中某一数值与其平均值差异程度，可以评估某要素值可能的变化或波动程度。标准差越大，要素值波动的范围就越大。σ 的取值随地理区域和要素而不同。

通过计算获得 25％，50％，70％，75％，80％，85％，90％，95％降水频率的全区降水分布色斑图。

基于 1991—2020 年气象数据整编，获得气候数据标准值，阿拉善盟、巴彦淖尔市西部地区多年平均降水量低于 200mm，呼伦贝尔市东部，锡林郭勒盟西北部、乌兰察布市北部、包头市北部、巴彦淖尔市、鄂尔多斯市西北部年平均降水量低于 300mm，锡林郭勒盟东南部、赤峰市、通辽市、乌兰察布南部、呼和浩特市、鄂尔多斯市东南部降水量为 300～400mm，其中呼和浩特位于 400mm 等降水线上，呼伦贝尔市东部及兴安盟大部降水量超过 400mm。

取得的成果：

（1）形成内蒙古地区 1990—2020 年逐年蒸散量 ET_0 和对应作物系数 K_c 值的分析数据集。

（2）形成内蒙古地区降雨频率下（如 25％、50％、70％、75％、80％、85％、90％、95％）分析数据集；利用气象数据分析产品开展作物灌溉制度研究。

为节水灌溉共享了气象智慧。

具体实现方法如下：

数据准备：需要准备好不同作物在不同生长周期的 K_c 值数据。可以将数据存储在数据库中，并通过后端 API 来获取。选择作物和生长周期：在前端界面中，增加选择作物

和生长周期的交互控件，让用户可以选择所需作物和生长周期。可以使用下拉框等控件来
实现。

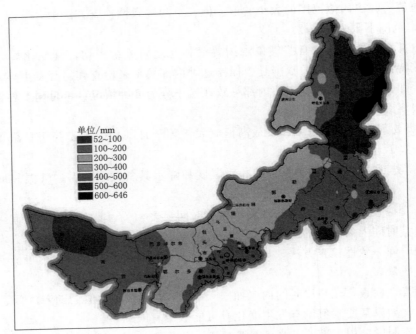

图 8.2-1　1991—2020 年降水排频 25% 降水量分布图

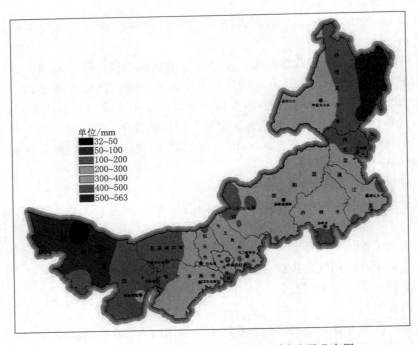

图 8.2-2　1991—2020 年降水排频 50% 降水量分布图

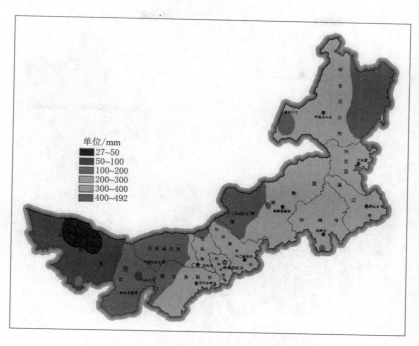

图 8.2-3　1991—2020 年降水排频 70％降水量分布图

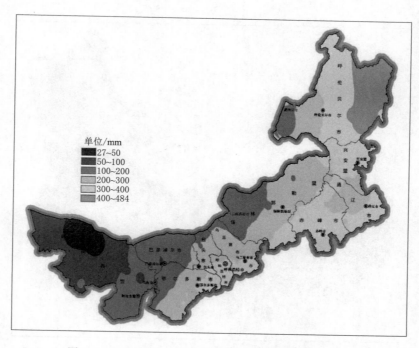

图 8.2-4　1991—2020 年降水排频 75％降水量分布图

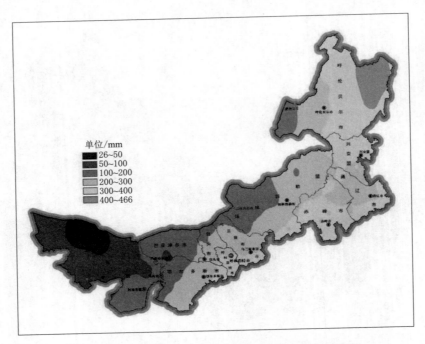

图 8.2-5 1991—2020 年降水排频 80％降水量分布图

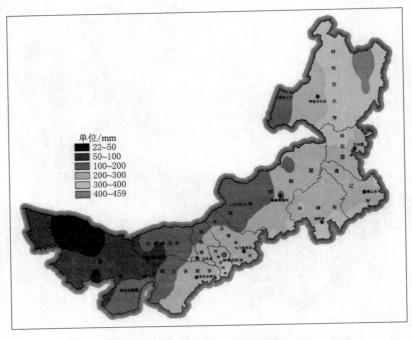

图 8.2-6 1991—2020 年降水排频 85％降水量分布图

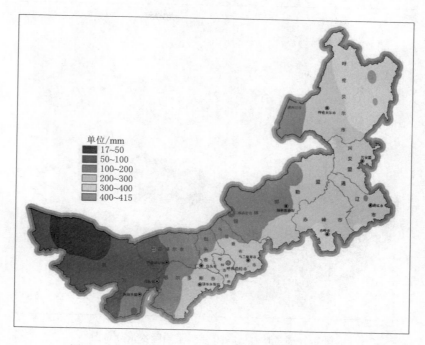

图 8.2-7 1991—2020 年降水排频 90% 降水量分布图

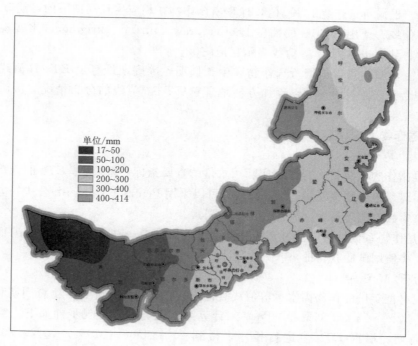

图 8.2-8 1991—2020 年降水排频 95% 降水量分布图

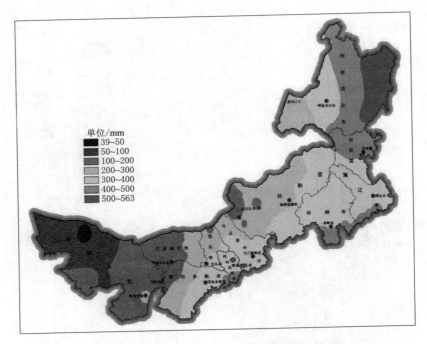

图 8.2 - 9　1991—2020 年年平均降水量分布图

计算 ET_c：根据所选区域坐标和气象站数据，使用 Penman-Monteith 公式计算 ET_0。然后，根据所选作物的 K_c 值，计算出该作物在相应生长周期下的可能蒸腾量。

绘制等值线：使用 Leaflet 的插件 Leaflet. draw、turf. js、kriging. js 来实现等值线的绘制，同时将计算出的 ET_c 等值线显示在地图上。

通过以上步骤，可以根据所选作物和生长周期，准确地计算出 ET_c 等值线，并将其显示在地图上。这样，用户可以更加方便地了解 ET_c 等值线的分布情况，从而更好地规划和管理农业生产。

8.2.2　参考作物 ET_0、ET_c、M 计算

1. ET_c 计算

ET_c 是指作物蒸腾量，是作物实际用水量的重要指标。系统中，ET_c 的计算需要先计算出 ET_0，即参考作物蒸发量。ET_0 的计算可以采用 Penman-Monteith 公式等方法，其中包括了气象参数、地理参数（海拔高度）等因素。

K_c 值是作物系数，可以通过实验获得，也可以参考一些文献或经验值进行估算。在本系统中，将使用试验获得的 K_c 值进行计算。

2. 灌水量 M 计算

在实现典型年份的作物需水量等值线查询之后，可以按照作物、生育周期和降雨量排频（25％、50％、75％、85％ 和 90％）来计算灌水量。具体实现步骤如下：对于每个作物和生育周期，根据 ET_c 值进行排序，得到 25％、50％、70％、75％、80％、85％、90％ 和 95％ 对应的 M 值。对于每个灌水量水平，计算典型年的降雨量。可以使用历史降

雨数据，根据概率分布进行计算。灌水量 $M =$ 需水量 ET_c 一有效降雨量 P ；有效降雨量 $P = 0.85 \times$ 某段时间降雨量 。

8.2.3 结果计算与输出

为了方便用户查询 ET_c 的空间分布情况，在系统中实现了等值线查询功能。等值线查询可以直观地反映不同地区的 ET_c 值，并为灌溉决策提供参考依据。实现等值线查询的关键是将 ET_c 值转化为等值线图。具体实现步骤如下：

将 ET_c 值按照一定的间隔划分为不同的区间，例如，将 ET_c 值从 0 到 200 按照 20 的间隔划分为 10 个区间 。

在本系统中，采用的是克里金插值和反距离权重插值方法，这两种方法都是常用的地理信息系统（GIS）数据插值方法。

克里金插值是一种通过已知离散点间的距离来估算未知位置点的值的方法。它将估计值表示为离散点值的加权平均值，权重系数通过克里金方程计算得出。克里金插值的优点是估计结果精度高，缺点是计算量大。

反距离权重插值也是一种通过已知离散点间的距离来估算未知位置点的值的方法。它将未知位置点的值表示为已知点值的加权平均值，权重系数由距离和其他参数共同决定。反距离权重插值的优点是计算量小，适合处理较大规模数据集，缺点是估计结果精度相对较低。

在本系统中，克里金插值和反距离权重插值是根据系统内已有的气象站数据进行插值，生成等值线，用于计算 ET_c 。

将 ET_c 值按照一定的间隔划分为不同的区间，例如，将 ET_c 值从 0 到 200 按照 20 的间隔划分为 10 个区间。这样的划分可以根据实际需求进行调整，例如如果需要更细致地灌溉量计算，可以将 ET_c 值划分为更多的区间，或者根据作物的特性进行调整。最后对 ET_c 值进行等值线化处理，生成等值线图。可以使用一些 GIS 软件，例如 ArcGIS 等，来实现等值线的生成和展示。

8.3 主要作物高效用水信息查询系统设计与实现

8.3.1 系统总体设计

本系统采用 Web 架构，使用 GIS 技术实现数据的可视化展示和动态查询，同时结合历史数据进行预测和分析，系统框架结构如图 8.3－1 所示。

该系统的技术架构基于客户端—服务器（Client－Server）模式，由前端、后端和数据库三个部分组成。前端部分采用 Vue.js 框架进行开发，通过 HTML、CSS 和 JavaScript 实现系统的交互界面。前端页面包括 ET_c 值查询、作物选择、生育期选择、等值线图展示和数据导出等功能。后端部分采用 Java 语言进行开发，通过 Spring Boot 框架搭建系统的业务逻辑。后端包括气象站气象信息管理、作物 K_c 值管理、气候区划管理等功能模块，并负责接收前端请求并处理相应的业务逻辑，最终返回数据给前端。数据库部分采用 MySQL 进行搭建，用于存储气象站、作物 K_c 值和气候区划等数据信息，供后端进行查询和处理。数据库采用关系型数据库模式，具有良好的数据管理和查询性能。

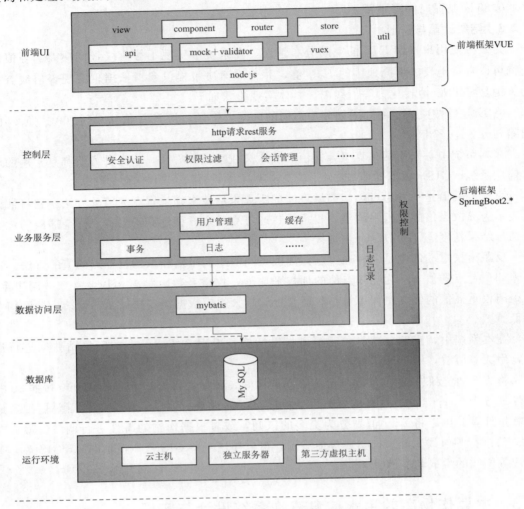

图 8.3 - 1　基于 Web 查询系统框架结构图

前端和后端通过 RESTful API 进行通信，前端通过发送 HTTP 请求调用后端接口，后端将处理后的数据以 JSON 格式返回给前端。系统还利用 GIS 技术展示等值线图，采用 Leaflet 和 BIGMAP 进行绘图，采用 Kriging 和反距离权重法进行插值计算。总体来说，该系统的技术架构采用流行的 Web 开发技术，能够满足高效、可扩展和易维护的需求。

8.3.1.1　B/S 架构

B/S 架构，即 Browser/Server 架构，指浏览器/服务器架构，是一种基于浏览器和服务器的网络架构，也是目前互联网应用开发中最为普遍的架构模式之一。在 B/S 架构中，浏览器作为客户端，向服务器发起请求，并接收服务器返回的数据，而服务器则负责处理客户端发来的请求，从数据库中获取数据并进行相应的处理，然后将处理结果返回给客户端浏览器。相比于 C/S 架构，B/S 架构具有以下优点：

（1）可跨平台：由于 B/S 架构使用浏览器作为客户端，因此无须安装客户端软件，用户只需要打开浏览器就可以访问应用，从而实现跨平台访问。

（2）易维护：由于应用逻辑全部部署在服务器端，因此应用的维护和更新只需要在服务器端进行，无须在每个客户端进行操作，大大降低了维护成本。

（3）安全性高：由于应用逻辑全部部署在服务器端，客户端只能通过浏览器向服务器发送请求，无法直接访问数据库，从而大大提高了应用的安全性。

因此，本系统采用 B/S 架构，将应用逻辑全部部署在服务器端，通过浏览器向服务器发起请求，从而实现对作物高效用水信息的查询和管理。

8.3.1.2　技术构架

平台基于 Java 企业级平台（Java Platform，Enterprise Edition），继承了 Java 平台的跨平台、安全、强大、高性能等所有优势。选用了经过 java 社区长时间使用，被证明稳定、可靠、安全、高性能的开源框架，包括 Spring boot、Mybatis、vue、Jquery 等框架。使用这些框架可以使软件开发更加高效、易于维护，而且具有更好的性能、更高的安全性。

可以在 Linux、UNIX、Windows 以及主流的安全可控操作系统等系统上运行。客户可以根据自身情况选择自己熟悉的或正在使用的操作系统，减少维护成本。数据库持久层采用 MyBatis 实现，MyBatis 是一款优秀的持久层框架，它支持定制化 SQL、存储过程以及高级映射。MyBatis 避免了几乎所有的 JDBC 代码和手动设置参数以及获取结果集。MyBatis 可以使用简单的 XML 或注解来配置和映射原生信息，将接口和 Java 的 POJOs（Plain Ordinary Java Object，普通的 Java 对象）映射成数据库中的记录。应用服务器支持 TongWeb、Tomcat、Weblogic、Webspere、JBoss 等应用服务器。目前多种浏览器并存，使用非 IE 浏览器的用户越来越多，即使是 IE 浏览器也有多种版本。平台兼容 IE8、FireFox、Chrome、Opera、Safari 等主流浏览器。Web 页面制作遵循 w3c 标准制作，使用 Div＋Css 布局，所有标签生成的 Html 代码都经过跨浏览器测试。Javascript 脚本基于 Jquery 和 Javascript 标准编写，有效地解决了 Js 跨浏览器的问题。

平台技术架构分别是数据展示层、视图层（view）、数据控制层（Controller）、业务处理层（Service）、数据访问层（DAO）和数据库文件系统部分。数据展示层通过 HT-TP 传输协议返回请求，其中视图层、数据控制层、业务处理层、数据访问层和数据库文件系统采用 DTO（数据传输对象）进行数据交互和通信。数据访问层采用 ORM 映射方式和 JDBC 与数据库进行通信。系统技术架构具有技术稳定、兼容性好、扩展性好等特点。

8.3.1.3　采用 turf.js 实现空间地理分析

turf.js 是一个 JavaScript 库，可以用来处理空间数据和执行 GIS 分析。它可以轻松地实现等值线生成和其他空间分析功能，非常适合在 Web 应用程序中使用。

具体使用步骤如下：在前端页面中引入 turf.js 库；在前端页面中调用 turf.js 库提供的相关函数，例如：turf.isobands（）函数用来生成等值线；通过传入参数，调用函数生成等值线，如下所示：var contour = turf. isobands（points，values，breaks）；其中，points 是数据点数组，values 是数据点对应的值数组，breaks 是将值数组划分成多少个区间，从而得到多少条等值线。最后，将生成的等值线添加到地图上进行展示。通过上述步骤，就可以使用 turf. js 进行等值线分析了。

8.3.1.4 系统需求分析与功能设计

为了实现该系统，需要分析用户的需求。用户需要能够方便地查询不同气候区域的作物高效用水信息，包括 ET_c 值、灌溉量等，并且需要一个用户友好的界面，能够轻松选择不同的作物和生育期。系统还需要具备数据管理、气象站管理、作物 K_c 值管理等功能。

（1）功能设计：为了满足用户需求，将系统分为以下几个模块：数据管理模块，负责数据的导入、存储和管理，包括气象站数据、作物 K_c 值数据等；气象站管理模块，负责管理气象站的信息，包括位置、气象数据等；作物 K_c 值管理模块，负责管理不同作物的 K_c 值，用户可以根据需要自定义或选择默认值；气候区划管理模块，负责将不同气候区域划分为不同的等值线，方便用户选择；等值线查询模块，根据用户选择的作物和生育期，在地图上显示相应的等值线，并可以计算出 ET_c 值和灌溉量。

（2）气象站气象信息管理：管理员可以添加、修改、删除气象站信息，并查看所有气象站的信息。作物 K_c 值管理：管理员可以添加、修改、删除作物信息和相应的 K_c 值，并查看所有作物的信息。气候区划管理：管理员可以添加、修改、删除气候区划信息，并查看所有气候区划的信息。等值线查询：用户可以根据选择不同的作物和生育期，查询相应的等值线数据，并进行灌溉计算。

8.3.1.5 系统总体架构与开发环境

（1）总体架构：系统采用前后端分离的架构，后端使用 Java 语言，采用 Spring 框架和 MyBatis 技术实现，数据库采用 MySQL，前端使用 HTML、CSS、JavaScript 等技术实现，地图使用 Leaflet 库，等值线插值采用克里金法和反距离权重法。

（2）开发环境：后端开发环境：Java SE 8、Spring Framework 5.0、MyBatis 3.4、Maven 3.3、Tomcat 9.0、IDEA；前端开发环境：HTML、CSS、JavaScript、Leaflet、jQuery、Vue、Kriging、Turf；数据库：MySQL 8。

8.3.2 系统数据库及界面设计

8.3.2.1 数据库结构

核心数据表包括气象站点管理表、气象数据表、降雨量数据表、作物管理表、作物系数表、模型管理表、算法管理表、区域管理表、等值线计算表等。

系统基础运行表包括用户表、角色权限表、菜单表、字典表、组织机构表等。

核心表字段设计见表 8.3-1～表 8.3-8。

表 8.3-1   作物管理表（crop）

字 段 名	数据类型	字段类型	长度	是否为空	备注
id	varchar（36）	varchar	36	NO	主键
name	varchar（32）	varchar	32	YES	名称

续表

字 段 名	数据类型	字段类型	长度	是否为空	备注
create_by	varchar（50）	varchar	50	YES	创建人
create_time	datetime	datetime		YES	创建日期
update_by	varchar（50）	varchar	50	YES	更新人
update_time	datetime	datetime		YES	更新日期
sys_org_code	varchar（64）	varchar	64	YES	所属部门
areas	varchar（32）	varchar	32	YES	地区
qhares	varchar（32）	varchar	32	YES	气候区

表 8.3-2　　　　　　　　　　作物系数表（crop_coefficient）

字 段 名	数据类型	字段类型	长度	是否为空	备注
id	varchar（36）	varchar	36	NO	主键
level	varchar（32）	varchar	32	YES	生育阶段
kc	varchar（32）	varchar	32	YES	KC
crop_date	varchar（32）	varchar	32	YES	时间
crop_num	varchar（32）	varchar	32	YES	时长
crop_id	varchar（32）	varchar	32	YES	所属作物
create_by	varchar（50）	varchar	50	YES	创建人
create_time	datetime	datetime		YES	创建日期
update_by	varchar（50）	varchar	50	YES	更新人
update_time	datetime	datetime		YES	更新日期
sys_org_code	varchar（64）	varchar	64	YES	所属部门
et0	varchar（32）	varchar	32	YES	ET0
etc	varchar（32）	varchar	32	YES	ETC
day_end	varchar（32）	varchar	32	YES	结束日
month_start	varchar（32）	varchar	32	YES	开始月
month_end	varchar（32）	varchar	32	YES	结束月
day_start	varchar（32）	varchar	32	YES	开始日

表 8.3-3　　　　　　　　　　等值线计算表（equal_line_item）

字 段 名	数据类型	字段类型	长度	是否为空	备注
id	varchar（36）	varchar	36	NO	
sort_num	varchar（32）	varchar	32	YES	排序
line_val	varchar（32）	varchar	32	YES	分割值
line_color	varchar（32）	varchar	32	YES	分割颜色
calculation_formula_id	varchar（32）	varchar	32	YES	计算公式

续表

字　段　名	数据类型	字段类型	长度	是否为空	备注
create＿by	varchar（50）	varchar	50	YES	创建人
create＿time	datetime	datetime		YES	创建日期
update＿by	varchar（50）	varchar	50	YES	更新人
update＿time	datetime	datetime		YES	更新日期
sys＿org＿code	varchar（64）	varchar	64	YES	所属部门

表 8.3－4　　　　　　　　　　　计 算 模 型 表 （model）

字　段　名	数据类型	字段类型	长度	是否为空	备注
id	varchar（36）	varchar	36	NO	
name	varchar（32）	varchar	32	YES	模型名称
code	varchar（32）	varchar	32	YES	编码
remark	varchar（32）	varchar	32	YES	描述
grid	varchar（32）	varchar	32	YES	格点
create＿by	varchar（50）	varchar	50	YES	创建人
create＿time	datetime	datetime		YES	创建日期
update＿by	varchar（50）	varchar	50	YES	更新人
update＿time	datetime	datetime		YES	更新日期
sys＿org＿code	varchar（64）	varchar	64	YES	所属部门

表 8.3－5　　　　　　　　　　降 雨 量 数 据 表 （rainfall）

字　段　名	数据类型	字段类型	长度	是否为空	备注
id	varchar（36）	varchar	36	NO	主键
name	varchar（32）	varchar	32	YES	地区名称
rainfall＿date	datetime	datetime		YES	时间
rainfall＿value	varchar（32）	varchar	32	YES	降雨量
frequency	varchar（32）	varchar	32	YES	频率
create＿by	varchar（50）	varchar	50	YES	创建人
create＿time	datetime	datetime		YES	创建日期
update＿by	varchar（50）	varchar	50	YES	更新人
update＿time	datetime	datetime		YES	更新日期
sys＿org＿code	varchar（64）	varchar	64	YES	所属部门
site＿id	varchar（32）	varchar	32	YES	站点
site＿name	varchar（32）	varchar	32	YES	站点名称

表8.3-6　　　　　　　　　气 象 数 据 表 （slgg＿logical）

字 段 名	数据类型	字段类型	长度	是否为空	备注
id	varchar （36）	varchar	36	NO	主键
slgg＿site＿id	varchar （32）	varchar	32	YES	站名
year	varchar （32）	varchar	32	YES	年
month	varchar （32）	varchar	32	YES	月
day	varchar （32）	varchar	32	YES	日
day＿sort	varchar （32）	varchar	32	YES	日序
pe	varchar （32）	varchar	32	YES	ET_0
create＿by	varchar （50）	varchar	50	YES	创建人
create＿time	datetime	datetime		YES	创建日期
update＿by	varchar （50）	varchar	50	YES	更新人
update＿time	datetime	datetime		YES	更新日期
sys＿org＿code	varchar （64）	varchar	64	YES	所属部门
val＿date	datetime	datetime		YES	日期

表8.3-7　　　　　　　　　站 点 管 理 表 （slgg＿site）

字 段 名	数据类型	字段类型	长度	是否为空	备注
id	varchar （36）	varchar	36	NO	主键
name	varchar （32）	varchar	32	YES	站名
location	varchar （32）	varchar	32	YES	地市
area	varchar （32）	varchar	32	YES	区县
height	varchar （32）	varchar	32	YES	测站高度 （m）
longitude	varchar （32）	varchar	32	YES	经度 （°）
create＿by	varchar （50）	varchar	50	YES	创建人
create＿time	datetime	datetime		YES	创建日期
update＿by	varchar （50）	varchar	50	YES	更新人
update＿time	datetime	datetime		YES	更新日期
sys＿org＿code	varchar （64）	varchar	64	YES	所属部门
latitude	varchar （32）	varchar	32	YES	纬度 （°）

表8.3-8　　　　　　　　　区 域 管 理 表 （slgg＿site＿area）

字 段 名	数据类型	字段类型	长度	是否为空	备注
id	varchar （36）	varchar	36	NO	主键
name	varchar （32）	varchar	32	YES	区划名称
description	varchar （32）	varchar	32	YES	描述

字 段 名	数据类型	字段类型	长度	是否为空	备注
sites	text	text	65535	YES	区域站点
create_by	varchar（50）	varchar	50	YES	创建人
create_time	datetime	datetime		YES	创建日期
update_by	varchar（50）	varchar	50	YES	更新人
update_time	datetime	datetime		YES	更新日期
sys_org_code	varchar（64）	varchar	64	YES	所属部门
kc	varchar（32）	varchar	32	YES	KC 值

8.3.2.2　界面设计

（1）系统登录界面如图 8.3-2 所示。

图 8.3-2　系统登录界面

（2）等值线查询模块：根据用户选择的作物和生育期，在地图上显示相应的等值线，并可以计算出 ET_c 值和灌溉量。

（3）气象站气象信息管理：管理员可以添加、修改、删除气象站信息，并查看所有气象站的信息。

（4）频率年查看界面如图 8.3-3 所示。

（5）数据查询表格界面如图 8.3-4 所示。

（6）ET_0 等值线查询界面如图 8.3-5 所示。

（7）灌水量 M 等值线查询如图 8.3-6 所示。

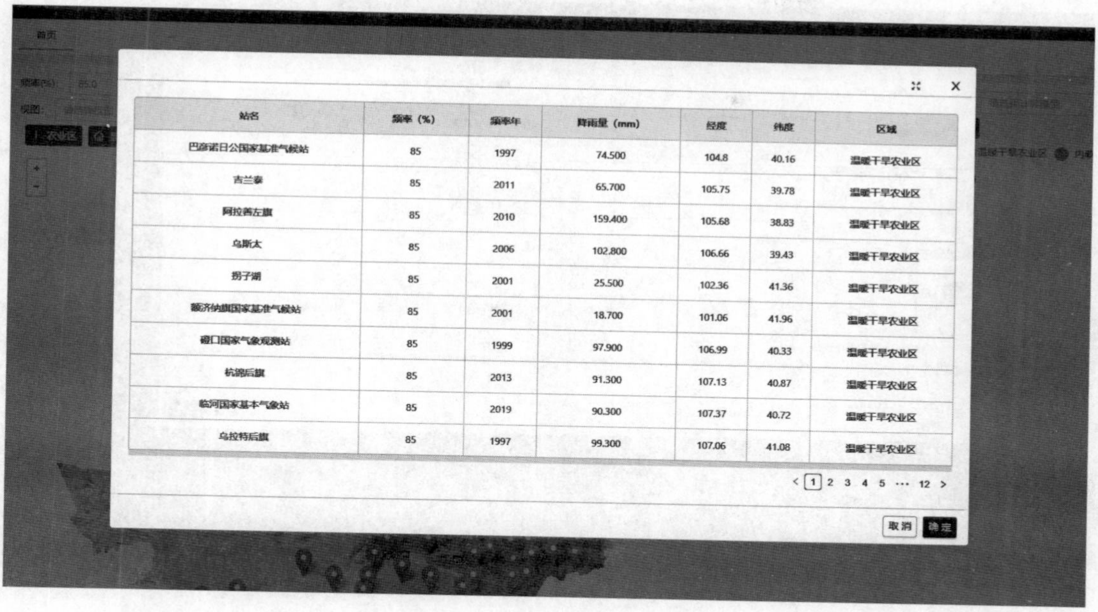

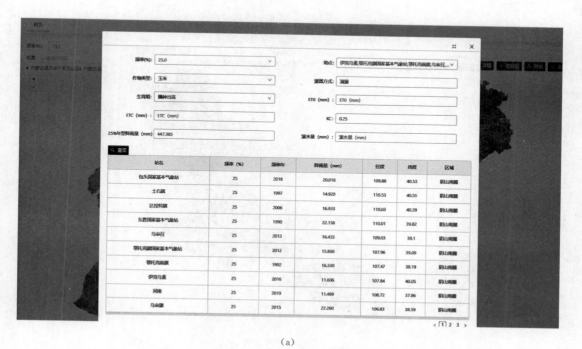

图 8.3-3 频率年查看界面

图 8.3-4（一） 数据查询表格界面

（a）

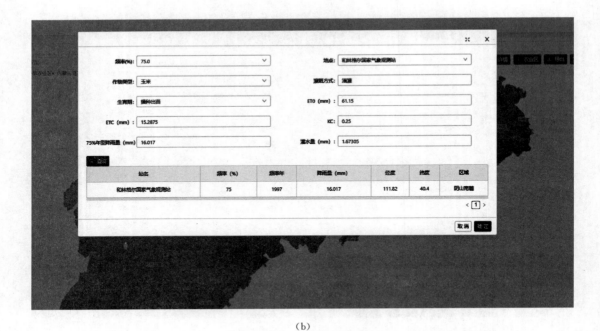

(b)

图 8.3-4（二）　数据查询表格界面

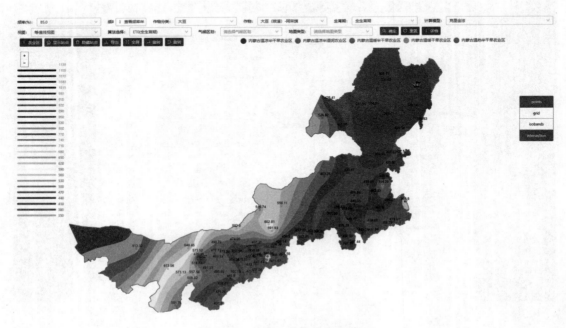

图 8.3-5　ET_0 等值线查询界面

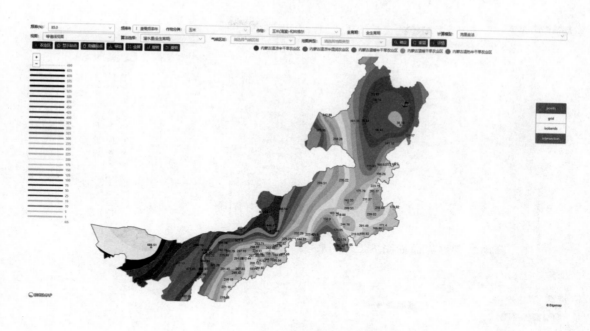

图 8.3-6　灌水量 M 等值线查询界面

（8）ET_c 等值线查询界面如图 8.3-7 所示。

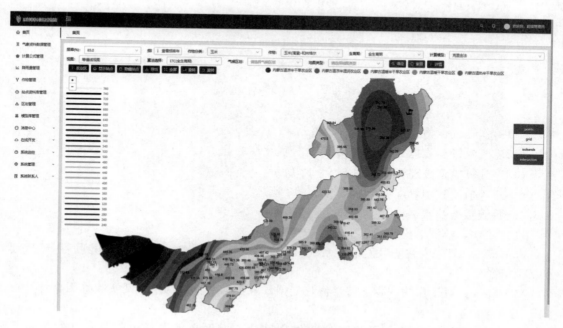

图 8.3-7　ET_c 等值线查询界面

（9）计算公式管理界面如图 8.3-8 所示。

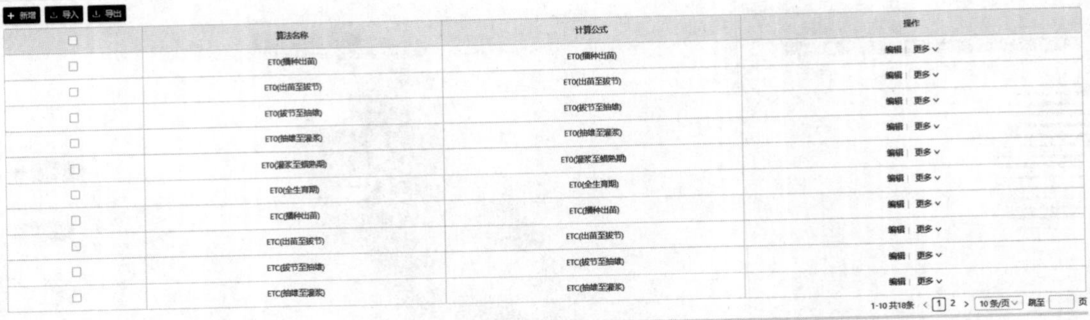

图 8.3-8　计算公式管理界面

（10）降雨量管理界面如图 8.3-9 所示。

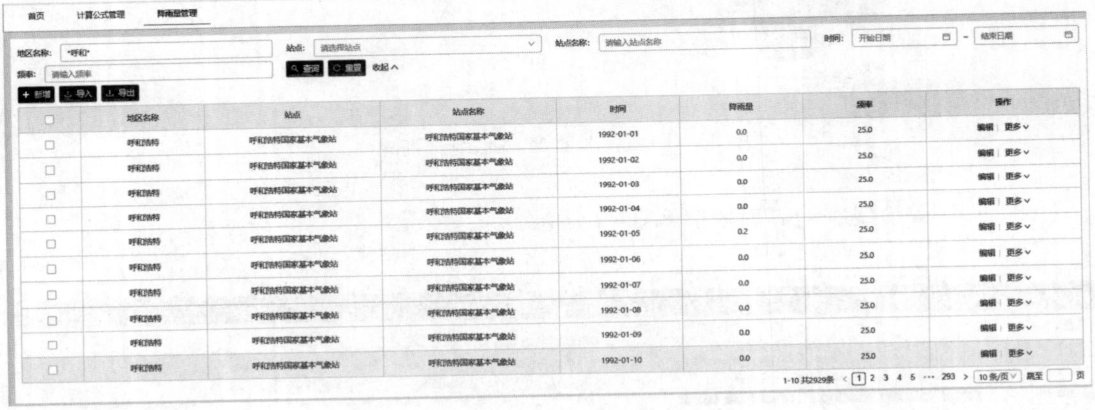

图 8.3-9　降雨量管理界面

（11）作物及作物系数管理界面如图 8.3-10 所示。

（12）气象资料管理界面如图 8.3-11 所示。

（13）计算模型管理界面如图 8.3-12 所示。

（14）等值线分割管理界面如图 8.3-13 所示。

8.3.3　系统数据及表格输出

在系统中，数据输出包括以下几个方面：

（1）ET_0：对于潜在蒸散发值，系统根据气象站采集的气象数据计算得到，用于后续的 ET_c 计算。

（2）ET_c：对于作物实际蒸散发值，根据气象数据和作物的生育期实验等因素计算得到，用于灌水量的计算。

（3）K_c：不同作物在不同生育期的作物系数，根据文献中提供的公式和数据进行计算。

（4）降雨量：气象站采集到的降雨数据，作为灌水量计算中的一个因素。

（5）灌水量：根据 ET_c 和典型年降雨量的差值计算得到，表示需要灌溉的水量。

（6）等值线：采用 turf.js 库对 ET_c、ET_0、灌水量等值进行插值计算，得到不同等值线区域。

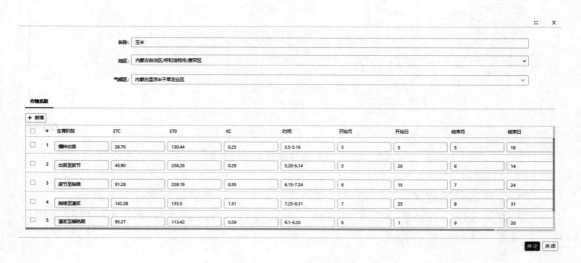

图 8.3-10　作物及作物系数管理界面

图 8.3-11　气象资料管理界面

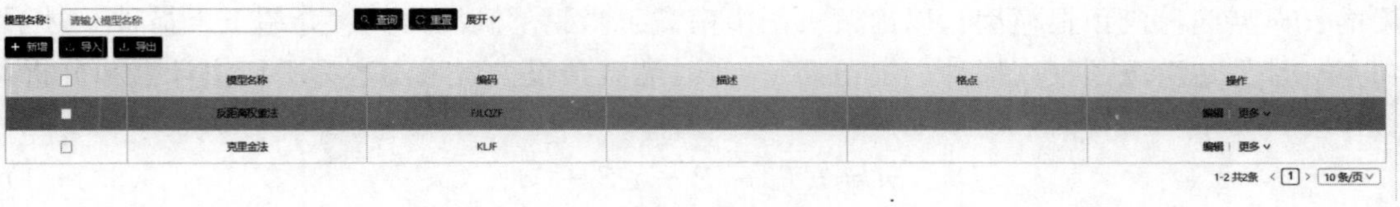

图 8.3-12　计算模型管理界面

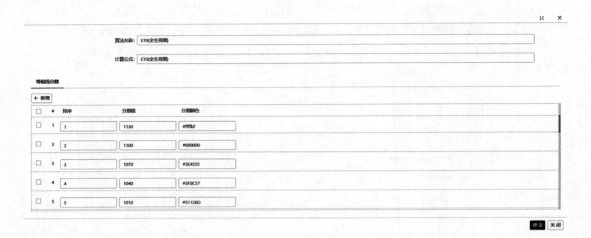

图 8.3-13　等值线分割管理界面

（7）作物生育期数据：用户选择的作物和生育期进行相应的数据计算和展示。

（8）数据表格：在系统界面中以表格的形式展示所选地区的气象站和作物的具体信息，方便用户进行查看和管理。

8.4　实时灌溉预报

灌溉预报是指以田间水分状况、作物蒸发蒸腾量、地下水动态以及最新预测信息（如短期天气预报、作物生长趋势等）为基础，借助灌溉预报程序，确定在本周或本旬内作物需要的灌水日期和灌水量的一种短期适时预报方法。灌溉预报主要是预报灌水时间和灌水定额。

由于年际间降水量和蒸发量的随机变化，该灌水时间不同于某一具体年份的最优灌水时间。为了使得灌水时间尽可能地接近于具体年份的最优灌水时间，对墒情预测和灌溉预报进行了广泛研究，提出了实时灌溉预报的方法。其核心是充分利用降雨、气温、光照等气象、作物生长和土壤墒情等实时信息，对作物根系层土壤含水率做出精准预测，当土壤含水率小于给定的灌水下限值时做出灌水预报。实时灌溉预报有助于节水灌溉、增加作物产量、提高灌溉经济效益。

8.4.1　实时预报模型

实时灌溉预报模型是基于 GIS 条件下利用中央气象台天气预报及作物水量平衡法开展的。典型区灌溉预报模型：以内蒙古阴山南麓玉米膜下滴灌为例，介绍玉米播种 4 月下旬至 5 月上旬灌溉预报（播种—出苗期）。实时灌溉预报模型采用水量平衡法计算和分析，具体公式如下：

$$M = ET_c - P - \Delta S + M_0 \qquad (8.4-1)$$

式中：M 为预报 7 天或旬内灌水量，mm；ET_c 为某个生育阶段作物耗水量，mm；P 为预报 7d 或旬内有效降水量，mm；ΔS 为灌水前后计划湿润层内土壤供水量，mm；M_0 为预报时段内土壤补充水量即保证相对含水率，取 $60\% \sim 85\%$。

8.4.2 预报期内作物耗水量

为了提高灌溉保证率，作物耗水量 ET_c 采用 85% 年型的日耗水量数据，例如 2005 年阴山南麓和林格尔县播种至出苗期作物耗水量见表 8.4-1。

表 8.4-1 和林气象站 2005 年 85%降雨年型膜下滴灌玉米日需水量

日期（年-月-日）	日序数/d	ET_0/mm	K_c	ET_c/mm
2005-05-05	125	3.52	0.28	0.9856
2005-05-06	126	4.93	0.28	1.3804
2005-05-07	127	4.77	0.28	1.3356
2005-05-08	128	4.84	0.28	1.3552
2005-05-09	129	4.45	0.28	1.246
2005-05-10	130	5.61	0.28	1.5708
2005-05-11	131	4.96	0.28	1.3888
2005-05-12	132	6.33	0.28	1.7724
2005-05-13	133	6.92	0.28	1.9376
2005-05-14	134	6.11	0.28	1.7108
2005-05-15	135	3.96	0.28	1.1088
2005-05-16	136	2.12	0.28	0.5936
2005-05-17	137	4.12	0.28	1.1536
2005-05-18	138	4.35	0.28	1.218
2005-05-19	139	4.14	0.28	1.1592
2005-05-20	140	3.67	0.28	1.0276

8.4.3 预报期内有效降雨量

$$P_e = 0.85 \times 0.5(P_{\min} + P_{\max}) \tag{8.4-2}$$

式中：P_e 为预报 7 天或旬内有效降雨量，mm；$P_{\min}$ 为预报最小降雨量，mm；$P_{\max}$ 为预报最大降雨量，mm；0.85 为有效降雨量经验系数。

例如 4 月 26 日预报未来 7 天降雨量为：$10 \sim 25$mm（24h 内中雨），则 P_e 为 14.86mm

8.4.4 预报期内土壤供水量

$$\Delta S = \sum_{i=1,2,3,\cdots,5}^{10cm} 100(\theta - 0.60\theta_{FC}) \tag{8.4-3}$$

式中：ΔS 为预报 7 天或旬内供水量，mm；θ 为计划湿润层内（播种至出苗为 30cm）土壤含水率，cm^3/cm^3。如果供水至相对含水率的 60% 则 ΔS 为 0，需要补充土壤墒情。若未来降雨≥作物耗水量，则结余水量将回归至土壤。

8.4.5 预报期内土壤墒情补充

$$M_0 = 0.1\gamma ZP(\theta_{\max} - \theta_{\min})/\eta \tag{8.4-4}$$

式中：M_0 为计划湿润层内补充水量，mm；γ 计划土壤湿润层内的土壤干容重，g/cm^3；Z

为计划土壤湿润层深度，cm；P 为设计土壤湿润比；θ_{max}、θ_{min} 为适宜土壤含水率上、下限（占干土重的百分比），θ_{max} 取 $85\% FC$；η 为灌溉水有效利用系数，取 0.9。

8.4.6 实时灌溉预报案例分析

（1）数据接口。天气预报降雨数据接口为中央气象台官网。

（2）生育期作物耗水。生育期作物耗水参考表 8.4-1 中具体时段内数据。

（3）土壤含水率。采用内蒙古灌溉试验中心站（和林格尔）墒情自动采集数据，选取的土壤层分别为 0～10cm、10～20cm、20～30cm 土壤体积含水率数据，经过测试试验点田间持水率为 22%。

8.4.7 结果输出

（1）预报时段：2023 年 4 月 26 日至未来 1 周。

（2）作物 ET_c 为 11.23mm。

（3）有效降雨量 P_e 为 14.86mm。

（4）土壤供水量：4 月 26 日早 8：00，0～30cm 土壤体积含水率为 17.21%，相对含水率为 81.95%＞60%，土壤供水量为 51.63mm−37.80mm＝13.83mm。

（5）未来一周 4 月 26 日—5 月 2 日的耗水量为 11.23mm，有效降雨量为 14.86mm，土壤供水量为 13.83mm，因此 $P + \Delta S = 28.69\text{mm} > ET_c = 11.23\text{mm}$，无须灌溉，即 $M = 0\text{mm}$。

9

结 论 与 展 望

9.1 结论

9.1.1 高效用水作物需水量离不开灌溉试验成果支撑

本书通过收集灌溉试验站网 2000 年以来已完成及正在开展的高效节水灌溉试验成果与典型经验总结，收集 2000 年以来各相关科研院所、高等院校、农业灌溉站、推广站在各地区完成的高效节水灌溉的灌溉试验及研究成果，分析并推求作物系数 K_c，揭示需水量、降水量、气象要素与作物生长和产量之间的关系；同时由内蒙古自治区气象局提供全区 119 个气象站点近 30 年气象资料数据，采用 FAO 的 Penman-Monteith 方法分析计算 ET_0，标准条件下的作物腾发量 ET_c 通过"作物系数与参照腾发量"（$K_c \cdot ET_0$）的原理计算，最终得出全区作物需水量数据，根据需水量时空分布插值优化及预测分析绘制作物需水量等值线图。

作物高效用水需水量需要灌溉试验成果来支撑，对于全区作物需水量准确性主要源自近些年各个灌溉试验站、科研院所通过灌溉试验艰辛付出得来的成果，灌溉试验是研究作物需水规律、探究经济合理的灌溉制度，为作物科学灌溉、水资源合理利用提供基本依据的公益性、基础性工作。作物需水量长期定位观测和研究，是确定作物灌溉制度以及地区灌溉用水量的基础，是流域规划、地区水利规划、灌排工程规划、设计和管理的基本依据。目前内蒙古灌溉试验站网包含 1 个中心站、6 个重要国家站、3 个自治区级试验站，分布于自治区各个区域，代表不同气候区、不同地类地貌的农牧区主要作物灌溉制度试验。目前各个试验站经过近些年配套建设，大部分已具规模，针对现在规模化高效节水灌溉技术及智能化管理，各站近些年逐步开展新形势下的灌溉制度试验观测工作，对于日益发展的灌溉技术，灌溉试验观测工作需进行长期定位观测和研究，以确保灌溉试验基础数据更为准确，更具合理性。只有全区主要作物在新的灌溉技术下，灌溉试验成果丰富、具有长系列的观测资料，才能保证主要作物高效用水需水量及灌溉制度更加精准，更合理。同时也建议由灌溉试验总站收集并汇总试验站网已有的灌溉试验数据，同时联系并与其他科研院所共享已有的灌溉试验成果数据，逐步让灌溉试验资料更加丰富，为高效用水管理提供数据支撑。

9.1.2 高效用水作物需水量智能数据平台

本书依据全区各个区域作物各个生育期有效降雨量，进行降雨频率分析，通过水量平衡计算法推算出各个区域主要作物需水量，确定全区各个区域主要作物节水灌溉制度。依据全区主要作物需水量及等值线图、节水灌溉制度数据成果，构建数据库，采用克里格差值方法，搭建基于地理信息系统的主要作物高效用水数据管理平台，实现典型作物需水量、气象要素、推荐灌溉制度查询功能。数据平台可以更直观、更高效反映全区高效用水数据、气象资料等。

全区主要作物需水量数据平台的建立，是作物需水量等值图更加直观的反映，是作物分类分区基于地理信息系统构建数据成果更精准、更先进的计算分析，同时符合水利信息化建设的需求。

9.2　展望

标准条件下的作物腾发量 ET_c 是指无病虫害、具有最优水土条件、施肥量适宜、在一定气候条件下能获得大面积高产的作物的腾发量。为了补偿农田作物蒸腾蒸发所需消耗的水量定义为作物需水量。虽然作物需水量与作物腾发量在数量上相等，但作物需水量对应的是需要供给的水量，而作物腾发量对应的是作物通过蒸腾蒸发损失的水量。灌溉用水量通常是作物需水量和有效降雨量之间的差值。此外，灌溉需水量也包括用来冲洗压盐的水量和补偿由于灌水不均匀而增加的水量。灌溉需水量的损失并不计算本项目内，需要进一步研究。

9.2.1 对于水资源匮乏地作物需水量灌溉制度的研究

基于内蒙古农业用水现状，水资源匮乏且分布不均匀，人均水资源占有量较低，水资源的不合理开发或过度利用加剧了该形势，甚至破坏了当地的生态与环境。大力发展节水农业，提高水资源利用效率，实现水资源可持续利用是缓解水资源短缺局面的重要途径。2020 年内蒙古播种面积 10242.00 万亩，有效灌溉面积 4797.29 万亩，2021 年，全区总用水量为 191.66 亿 m^3，农田灌溉用水量为 122.28 亿 m^3，占全区总用水量的 63.8%，农田灌溉水利用系数由"十二五"末的 0.52 提高到 0.568，与发达国家 0.7～0.8 的利用系数差距很大。

近些年虽然农业大力发展高效节水灌溉，并有效地减少亩均耗水量，但随着内蒙古高标准农田建设，有效灌溉及实现粮食丰产与绿色生态农业规模逐步扩大，内蒙古已建成 4989 万亩高标准农田，占耕地总面积的 29%，导致农业用水依然紧张。下一步发展非充分灌溉制度优化研究，开展缺水地区水分胁迫条件下作物水分生产率及灌溉效益的研究，对水资源开发利用、提高水资源利用效率和效益、保障农业可持续发展、维护生态环境等，均具有一定的现实与指导意义。

9.2.2 农业灌溉高效用水数据平台功能提升

（1）本次开展作物需水量及灌溉制度的数据服务平台的研究，目前主要功能是为全区不同区域、不同农业分区作物需水量及灌溉制度提供数据查询服务，并支持有权限的作物需水量后台补充修改写入，后期可逐步增加灌溉试验成果数据，完善提高作物需水量数据精度。

（2）在数字时代的背景下，内蒙古自治区水利科学研究院逐步建立了全区农牧业智能化土壤墒性设备与数据平台：内蒙古水科院大数据平台由数据显示中心、云端服务器和田间无线数据监测传感器系统组成，截至 2019 年 7 月 3 日，在全区已建成大型、中心、小型及纯井样点灌区共计 59 个样点灌区，共计 389 个典型地块，已安装 642 套智能化土壤墒情监测设备。全部采用无线通信方式将监测数据实时上传，即时整理分析，形成全区数据采集、分析、测算网络体系，全面提高测算分析成果效率和准确性。

依据灌溉预测预报研究工作，逐步建立完成预报预测模型，下一步可结合土壤墒情数据平台对土壤墒情监测，利用气象预测预报、智慧化灌溉管理系统、试验区内气象站点逐日气象要素（温度、湿度、风速、日照时数、降雨、太阳辐射、水面蒸发），采用彭曼公式计算各个站点潜在腾发量，使用 FAO-56 推荐的作物系数法推算作物腾发量。通过对于示范区高效节水的作物需水量及缺水量、作物系数、作物灌溉制度的研究成果，自动分析计算实时作物需水量。系统收集录入气象部门预报近一周的降雨情况，通过已确定的实时作物需水量，利用智慧化灌溉管理系统实时分析计算，实时修正未来 7 天作物灌溉水量，通过灌溉系统进行决策灌溉水量，达到精准灌溉。

参 考 文 献

［1］ 程满金，等. 内蒙古高寒地区甸子地水稻田开发利用与节水灌溉综合技术试验研究成果报告［R］. 1998.

［2］ 柳剑峰，等. 绰勒灌区水稻优化灌溉制度试验研究［D］. 呼和浩特：内蒙古农业大学，2018.

［3］ 段爱旺，等. 灌溉试验研究方法［M］. 北京：中国农业科学技术出版社，2015.

［4］ 李和平，郑和祥，佟长福，等. 鄂托克前旗示范区大型喷灌综合节水技术集成与示范推广［D］. 呼和浩特：水利部牧区水利科学研究所，2014.

［5］ 李和平，郑和祥，佟长福，等. 荒漠化牧区灌溉人工草地综合节水技术集成研究与示范［D］. 呼和浩特：水利部牧区水利科学研究所，2015.

［6］ 佟长福，郭克贞，史海滨，等. 毛乌素沙地饲草料作物土壤水动态及需水规律的研究［J］. 中国农村水利水电，2007（1）：28-31.

［7］ 佟长福，史海滨，李和平，等. 呼伦贝尔草甸草原人工牧草土壤水分动态变化及需水规律研究［J］. 水资源与水工程学报，2010，6（21）：12-14.

［8］ 刘钰，Pereira L S，Teixeira J L，等. 参照腾发量的新定义及计算方法对比［J］. 水利学报，1997（6）：27-28.

［9］ 焦有权，王茜，江芳，等. 全国参考作物腾发量及其主要影响因素演变趋势［J］. 中国农村水利水电，2020（9）：30-34.

［10］ 佟长福，李和平，胡翠艳，等. 内蒙古自治区参考作物腾发量的时空变化［J］. 排灌机械工程学报. 2018，36（11）：1071-1075.

［11］ 范晓慧，吕志远，郭克贞，等. 毛乌素沙地膜下滴灌青贮玉米作物需水量研究［J］. 灌溉排水学报，2014（1）：65-67.

［12］ 佟长福，李和平，白巴特尔，等. 锡林河流域灌溉紫花苜蓿需水规律与灌溉定额优化研究［J］，中国农学通报，2014（30）：188-192.

［13］ 佟长福，李和平，白巴特尔，等. 锡林河流域青贮玉米灌溉定额优化研究［J］. 中国农村水利水电，2014（2）：33-35.

［14］ 田德龙，李熙婷，郭克贞，等. 河套灌区地下滴灌对紫花苜蓿生长特性的影响［J］. 节水灌溉，2015（5）：16-19.

［15］ 佟长福，史海滨，霍再林，等. 参考作物腾发蒸腾量等值线图的绘制［J］. 沈阳农业大学学报，2004，35（5-6）：492-494.

［16］ 郭克贞，李和平，史海滨，等. 毛乌素沙地灌溉人工牧草耗水量与节水灌溉制度优化研究［J］. 灌溉排水学报，2005（1）：24-27.

［17］ 胡雨琴，佘国英，王桂林. 阴山北麓干旱荒漠草原人工饲草料作物节水灌溉制度［J］. 内蒙古水利，2004（2）：19-21.

［18］ 郑和祥，赵淑银，郭克贞，等. 内蒙古中部牧区青贮玉米立体种植灌溉制度优化［J］. 水土保持研究，2013（4）：86-90.

［19］ 王志强，朝伦巴根，朱仲元. 京蒙沙源区人工牧草基本作物系数的修订［J］. 西南农业大学学报，2006，28（1）：145-148.

［20］ 李和平，郑和祥，佟长福，等. 鄂托克前旗示范区大型喷灌综合节水技术集成与示范推广［D］.

呼和浩特：水利部牧区水利科学研究所，2014.

[21] 李和平，郑和祥，佟长福，等. 荒漠化牧区灌溉人工草地综合节水技术集成研究与示范 [D]. 呼和浩特：水利部牧区水利科学研究所，2015.

[22] 佟长福，郭克贞，史海滨，等. 毛乌素沙地饲草料作物土壤水动态及需水规律的研究 [J]. 中国农村水利水电，2007 (1)：28 - 31.

[23] 王荣莲，莫彦，任志宏，等. 玉米地下滴灌适宜的毛管铺设参数及灌水定额研究 [J]. 中国农村水利水电，2019，444 (10)：105 - 110.

[24] 周向荣，宋日权. 李井滩扬黄灌区滴灌玉米灌溉需水量研究 [J]. 内蒙古水利，2019，204 (8)：61 - 62.

[25] 杜斌，屈忠义，于健，等. 内蒙古河套灌区大田作物膜下滴灌作物系数试验研究 [J]. 灌溉排水学报，2014，33 (4/5)：16 - 20.

[26] 马涛. 内蒙古阿拉善左旗腰坝井灌区玉米膜下滴灌试验研究 [D]. 银川：宁夏大学，2016.

[27] 李颖，张胜，郝云凤，等. 不同灌水时期组合对膜下滴灌马铃薯产量及水分利用效率的影响 [J]. 华北农学报，2020，35 (3)：160 - 167.

[28] 程满金. 内蒙古新增四个千万亩节水灌溉工程科技支撑项目. 内蒙古自治区，内蒙古自治区水利科学研究院，2015.

[29] 赵靖丹. 内蒙古通辽地区滴灌玉米耗水特性与 SIMDual _ Kc 模型模拟研究 [D]. 呼和浩特：内蒙古农业大学，2016.

[30] 郑荣，王娟，缪纯庆，等. 膜下滴灌条件下制种玉米灌水制度研究 [J]. 灌溉排水学报，2015，34 (9)：55 - 58.

[31] 卢彦. 黑龙江省马铃薯主产区灌溉用水研究 [J]. 水利水电技术（中英文），2021，52 (S2)：479 - 481.

[32] 李蔚新，王忠波，张忠学，等. 膜下滴灌条件下玉米灌溉制度试验研究 [J]. 农机化研究，2016，38 (1)：196 - 200.

[33] 张耘铨，刘继龙，聂堂哲. 基于 CROPWAT 模型的玉米需水量及灌溉制度研究 [J]. 灌溉排水学报，2018，37 (7)：67 - 75.

[34] 时晴晴，王仰仁，李炎，等. 有限供水条件下玉米灌水时间确定方法的研究 [J]. 灌溉排水学报，2022，41 (10)：51 - 57.

[35] 胡琦，潘学标，邵长秀，等. 内蒙古降水量分布及其对马铃薯灌溉需水量的影响 [J]. 中国农业气象，2013，34 (4)：419 - 424.

[36] 冯勇，侯旭光，薛春雷，等. 内蒙古玉米品种适宜生态区划分 [J/OL]. 作物杂志：1 - 9 [2023 - 04 - 26].